공학윤리

공학윤리

권혁길, 김대용, 김연숙, 김용환, 조일수, 조태훈 지음

인간사랑

서문

공학은 사회적 욕구를 충족하기 위한 인공물 제작을 그 목적으로 한다. 현대 사회가 점점 거대해지고 복잡해짐에 따라 오늘날의 사회에서 공학이 해결해 주기를 기대하는 과제도 점점 복합적이 되고 있다. 그러므로 오늘날 우리가 공학적 과제에 대한 바람직한 해결책을 모색하기 위해서는 단순히 공학 및 과학 · 기술적 관점뿐만 아니라, 사회적 · 윤리적 측면 또한 고려해야 한다. 따라서 오늘날의 엔지니어에게는 공학적 소양뿐만 아니라 사회적 · 윤리적 소양 또한 요구되고 있다고 말할 수 있다.

이 책은 미래의 엔지니어들에게 '공학 현장'에서 필요한 '도덕적 자율성'을 함양시키는 데 그 목적이 있다. 여기서 말하는 '공학 현장'은 엔지니어가 자신의 공학 지식을 활용하여 공학적 과제를 해결하는 과정을 의미한다. 또한 '도덕적 자율성'이란 도덕적 쟁점들에 대해 독자적으로 사고하여 독립적으로 판단하고 이를 실천할 수 있는 능력을 말한다. 우리 저자들은 독자들이 이 책을 통해 공학 현장에서 발생하는 윤리적 쟁점을 스스로 발견하고 이에 대한 독자적 판단 및 실천능력을 함양할 수 있기를 기대한다.

이 책은 크게 세 부분으로 구성되었다. 우선 1장부터 3장까지는 엔지니어로 하여금 윤리적 가치판단의 토대를 형성하도록 하기 위해 기초적인 윤리학 이론과 과학 · 기술에 대한 제반 관점들을 다루었다. 4장부터 10장까지는 공학윤리와 직 · 간접적으로 연관되는 '사회 윤리학'의 주요한 주제들을 선정하여 엔지니어가 공학적 의사결정을 내리는 과정에서 고려해야 할 사회윤리적 요소들을 제시하였다. 11장부터 13장까지는 공학윤리 의식을 실질적으로 연습하고 정리하는 내용들로서, 공학윤리 문제의 해결과정과 구체적인 공학윤리 사례들을 검토하고 있다.

이 책의 대부분의 저자들은 최근 몇 년 동안 대학에서 공학윤리를 강의하였다. 저자들은 공학교육인증제도에 따라 공학윤리 강좌들이 확산되고 있으나 학생들의 수준과 학교 실정에 적합한 공학윤리 교재가 부족함을 절감하였다. 이는 공학윤리 및 그 교육의 역사가 그리 길지 않다는 사실에 비추어 볼 때 어쩌면 당연한 일 일지도 모른다. 또한 저자들은 현재 출간되어 있는 공학윤리 교재 중에는 공학적 지식에 편중되거나 아니면 철학적 혹은 사변적 내용에 치우친 까닭에 공학윤리 강좌의 소기의 목적을 달성하기 어려운 것도 있음을 발견하였다. 저자들은 공학윤리 강좌를 신청하는 대다수의 학생들이 공과대학 1학년 학생이라는 사실을 고려하여 이들의 교양과 지식 수준에 맞으면서도 공학적 지식과 인문학적 지식이 조화를 이룬 공학윤리 교재를 개발하려고 노력하였다.

그러나 저자들은 이 책이 가장 좋은 공학윤리 교재라고 생각하지는 않는다. 저자들 대부분은 철학, 윤리학, 교육학 등의 인문학적 배경을 가졌기에 공학과 관련되는 지식들을 다루는 데 한계가 있었다. 저자들은 궁극적으로 '좋은' 공학윤리 교재는 공학과 윤리학 및 제반 인문학의 학제적인(interdisciplinary) 접근을 통해서 완성될 수 있을 것으로 판단한다. 이와 더불어 이 책은 강의 교재를 만들어야 한다는 시간적 제약으로 말미암아 내용의 정합성과 체계의 일관성 등에서 일부 문제가 있을 것으로 판단된다. 독자 여러분들의 성원과 아낌없는 충고를 기대한다. 독자들의 충고를 반드시 차후의 수정판에 반영할 것을 약속한다.

마지막으로 본서의 출간을 위해 애써주신 인간사랑 여국동 사장님과 이국재 부장님, 그리고 촉박한 일정에도 불구하고 졸고를 훌륭한 책으로 만들어 준 홍성례 편집장님을 비롯한 편집부 관계자 여러분께 깊은 감사를 드린다.

2007년 8월

저자 일동

차례

Chapter 1

기술산업시대의 인간과 윤리

조태훈

1. 기술산업시대와 성격

우리는 현대를 '기술산업시대'로 지칭한다. 여기서 기술산업이라는 용어는 과학과 기술 및 그 응용으로서의 공학과 산업을 두루 포괄하는 뜻을 지닌다.

지금의 우리는 과학기술의 응용영역이 무한히 증대되고 있는 세상, 기술이 생활환경과 문화로 형성되는 세계에 살고 있다. 특히 IT, BT 계열의 기술과 산업발전은 하루가 다르게 변모해 가고 있다. 그 하나의 예로서 컴퓨터에 잠시 주목해 보자.

컴퓨터의 발전과 정보통신혁명의 진전은 혼돈과학, 복합성의 과학, 인지과학, 정보과학, 신경과학, 시스템 공학, 우주과학, 유전공학 등 고도의 기술과학이 요구되는 새로운 첨단과학의 세계를 이룩하고 있다. 반도체

디바이스의 고밀도 · 고집적화 기술의 가속적 발전에 따른 개인용 PC 기억장치의 경이로운 강화, 반도체 프로세스 기술의 획기적 진보에 의거하는 고성능 장치들의 개발, 반도체 레이저와 광집적 회로의 기술이 낳은 광통신시대의 개막, 마이크로파에 의한 위성통신 · 이동통신 · 휴대통신 시스템의 실용화는 현대인들에게 미첼 교수의 표현처럼[1] '전자공학 광장'을 마련해 주고 있으며, 카르델이 말하는[2] '네트워크 사회'를 도래시켰다. 이처럼 컴퓨터의 발전은 새로운 컴퓨터 문화를 확산시키면서 인간의 삶과 여러 과학들에 광범위한 영향을 끼치고 있다.

(1) 기술의 양면성

기술산업의 발전이 인간생활의 물적 토대를 풍요롭게 해주고 있다는 사실, 이를 테면 생활의 편의성을 증진시키고 시공의 거리를 단축 혹은 제거하며, 삶의 질을 향상시키고 인간의 기본권을 확대 · 강화시켜 주고 있다는 사실은 분명코 인간에 대한 축복이다. 그러나 다른 한편으로는 인간의 기술 의존이 심화되면서 인간에 대한 기술의 지배가 점차 강화되고 있다. 그와 더불어 인격적 품위와 존엄을 가능케 해주는 인간의 주체적 · 자발적 이성능력이 약화되고 자유에 대한 열망이나 인간적 감정에의 진정성, 책임의식 등이 둔화되고 있다. 이것은 기술의 양면성을 보

1- William J. Mitchell, *City of Bits : Space, Place and Infobahn*, Massachusetts : The MIT Press, 1996, ch. 2.

2- Manuel Castells, *The Rise of The Network Society*, Blackwell Publishers, 2002.

여준다.

기술의 양면성에 대해서는 인류사의 초기단계에서부터 이미 인식되고 있었다. 이 점을 이해하기 위하여 소포클레스의 『안티고네』에 나오는 합창곡에 귀를 기울여 보자.[3)]

> 무시무시한 것이 많이 있지만, 인간보다
> 무시무시한 것은 아무 것도 없다네.
> 그는 폭풍우치는 남쪽의 잿빛 바다 위
> 거센 파도를 가르며 돌진해 가네.
> 결코 소멸하지도 않고 결코 지칠 줄 모르는
> 신들의 지고한 땅마저 파헤치고
> 해마다 말과 당나귀를 끌고
> 쟁기 보습으로 쑤셔대네.
>
> 쉽게 발견되는 새떼, 망으로 사로잡고
> 야생 짐승의 무리, 대양의 짠물고기,
> 잘 얽어맨 유령 같은 그물로 잡는 그는,
> 무엇에나 정통한 사람.
> 기술로 야생짐승의 주인이 되고,
> 높은 곳 자유롭게 날아다니는 날것의 주인이 되어,
> 말의 덥수룩한 갈기에 멍에를 씌우고
> 항상 민첩한 산짐승 굴복시키네.
>
> 도시의 토대가 되는 말과 자유로운 사상과 감정들을
> 자신에게 가르치고, 황량한 고원에 작열하는 햇빛과

3_ H. Jonas, 이진우 옮김, 『책임의 원칙 : 기술시대의 생태학적 윤리』, 서광사, 2005, pp. 24-25.

쏟아붓는 빗발로부터 자신을 보호하네.
두루 돌아다녀 모든 것에 정통한 그
결코 미숙한 채로 미래를 맞이하지 않네.
오직 죽음만은 피할 수 없지만.
어쩔 수 없었던 질병으로부터 피할 길
생각해내었네.

영리함과 발명의 기술로 앞날을 경계하여
악에서 한 걸음 한 걸음 선으로 나아가네.

나라의 법률, 신에 맹세한 법을 존중하면
그의 나라 영원히 우뚝 서고,
추악한 짓 무모하게 행하면
그는 나라를 잃네.

이 합창곡에서 우리는 크게 두 가지 메시지를 들을 수 있다. 첫째, 인간은 인간적 삶으로서 자신의 삶을 만들어 가는 창조주라는 것이다. 이것은 바로 기술의 기원에 대한 언급이다. 인간은 자신의 타고난 조건과 능력만으로는 삶의 요구를 충족시킬 수 없어 보조적 도구를 만드는 일로부터 기술을 개발하고 발전시켰다. 기술에 의지하여 무엇에나 정통한 사람, 두루 돌이다녀 모든 것에 정통한 사람으로 향상할 수 있었다. 둘째, 자연에 대한 착취와 인간 자신의 문명화는 서로 맞물려 있다는 것이다. 이것은 기술의 한계를 알려주는 내용이다. 그리고 기술적 성장과 자연과의 괴리가 심화될수록 기술의 한계는 두드러지게 나타나는 법이다. 따라서 기술은 축복이면서 동시에 짐이며, 혜택을 주기도 하고 폐해를 주기도 한다.

소포클레스의 경고처럼 "영리함과 발명의 기술로 앞날을 경계하여 악에서 한 걸음 한 걸음 선으로 나아가면서 나라의 법률, 신에 맹세한 법을 존중하면 그의 나라 우뚝" 설 수 있다. 그러나 "추악한 짓 무모하게 행하면 그는 나라를 잃는다." 기술의 한계를 다른 측면에서 바라보면 무한히 발명할 수 있다는 인간의 위대함에도 불구하고 자연의 요소에 견주어 볼 때 인간은 여전히 왜소하다는 사실을 알 수 있다. 예컨대 인간이 많은 질병들에 대해 치유방법을 발견할지라도 죽을 수밖에 없는 그의 유한성 자체는 기술로서 어찌할 수 있는 것이 아니다. 우리가 말하는 기술의 양면성은 무엇보다도 자연과의 관계에 있어 기술이 갖는 이같은 한계에서 기인한다. 따라서 기술의 양면성은 인간이 한계를 인식한 바탕위에서 자연과 조화하는 기술운용으로 겸양의 삶을 살 때 기술은 축복으로 향유될 것이나, 기술의존적 오만으로 말미암아 무모하게도 천지의 이법과 인간 속의 자연(인간 자신의 본성)을 경시할 때 축복이 재앙으로 돌변할 수 있다는 진리를 함축한다.

기술의 양면성이라는 척도에서 볼 때 기술주의가 주도적 문화로 공고화된 현대 기술산업사회의 현실에서는 기술이 주는 축복 못지않게 기술의 폐해가 심각한 문제로 대두되고 있다. 우리는 이하의 논의에서 기술문명의 발전에 따른 인간성의 변화에 초점을 맞추어 주로 그것의 부정적 측면들을 살펴보고자 한다. 이는 과학기술에 대한 반성적 점검과 아울러 미래의 사회와 삶을 위한 대비의 시각을 갖도록 해줄 것이다.

(2) 과학과 기술의 이데올로기화

인간의 세계는 자연과 사회로 구성되어 있다. 자연은 객관적 대상세계이며 사회란 사람들의 상호관계를 통해 생존을 유지해 가는 생활세계이다. 인간이 이들 세계와 관계할 때 사유를 매개로 한다는 점에서 다른 동물들과는 다르다. 동물들은 주어진 세계의 조건들에 적응해 가는 것으로 그치지만 인간은 사유를 통해 자신의 세계를 변용시킨다. 그러한 변용과정을 통하여 자연에 관한 경험과 그로부터 얻어지는 지식들은 과학이라는 것으로 체계화되고 사회에 대한 사념과 평가는 사상과 이데올로기로 된다.

과학과 이데올로기는 똑같이 인간의 세계에 관한 것이면서 일반적으로 과학은 자연에 관한 진리를 담고 있는 데 비해 이데올로기는 허위를 감추고 있는 것으로 이해된다. 과학이 진리체계로서의 학문과 동일시되는 것이라면 이데올로기는 흔히 허위의식으로 간주된다. 프랑스 계몽주의 철학의 선구자인 트라시(Destutt de Tracy)가 이데올로기 개념을 처음으로 사용한 이래 그것은 줄곧 '이데올로기 비판'이나 '허위의식'이라는 용어와 더불어 활용되었다.

지식형태 또는 진리체계로서의 과학은 인간의 자연 관리에 막대한 공헌을 해왔으며, 오늘날 인류의 존립과 번영에 불가결한 힘으로 작용하고 있다. 그리고 과학의 발전에 따른 기술의 진보는 현대 생활에서 야기되는 거의 모든 이론적·실천적 문제 해결에 많은 도움을 주고 있다. 과학이 지식을 제공하기 때문에 그것은 모든 앎의 기본으로 되었으며, 과학이 자랑하는 객관성과 합리성의 기준이 일반적으로 절대시되고 있는

셈이다.[4)]

이데올로기가 거짓이라고 해서 그것이 인간의 삶에서 도외시되는 것은 결코 아니다. 어느 사회나 정치체계가 성립하고 존속하는 데는 이데올로기가 필수적이다. 좋은 의미에서 이데올로기는 어떤 사회구성원들이 자신들에게 가장 알맞다고 느끼는 정치체계와 사회구조를 설명하는 이념체계라 할 수 있다. 이러한 의미에서 이데올로기는 이상적인 사회나 정치질서를 정당화시켜 주는 이론이다. 따라서 이데올로기는[5)] 한편으로는 현존 또는 미래에 기대되는 사회형태를 기술하고 설명할 수 있어야 하며, 다른 한편으로 그 이론은 바람직스럽지 못한 기존질서를 평가할 수도 있어야 한다. 이데올로기는 사실과 가치를 함께 포함한다.

현실적으로 과학과 기술이 이데올로기화되었다는 것은 무엇을 말하는가? 그것은 인간이 자연을 이용 · 관리하면서 축적시켜 온 과학과 기술이 자연뿐만 아니라 인간의 사회적 문제들 일반까지도 해결할 수 있는 막강한 힘을 지닌 것으로 간주되어 과학과 기술이 이상적 사회질서를 정당화시켜 주는 이데올로기처럼 허위의식화된 것을 가리킨다. 하버마스의 개념을 빌려 표현하면, 과학은 원래 '기술적 인식 관심'에서 출발한다. 과학은 자연 관리의 관심에 의해 주도되는 지식체계이다. 이것이 급기야 '실천적 인식 관심'에 의거하는 인간의 사회적 실천문제들 전반으로까지 그 영향과 지배력을 확장시켜 인간과 인간의 정신적 · 의지적 활동까지도 마치 자연대상을 다루듯 처리할 수 있다고 믿는 것을 말한다. 뿐만 아니라 현대를 과학기술시대라고 명명하는 데서도 드러나듯

4_ 차인석 지음, 『사회철학 : 혁신 자유주의와 사회주의』, 민음사, 1992, pp. 132-133 참조.
5_ 위의 책, p. 135.

현대인들은 과학기술 지상주의에 빠져 있다. 과학만이 존재하는 일체를 있는 그대로, 객관적으로 밝혀준다고 믿고 있는 반면에 시와 회화, 음악과 같은 예술은 인간의 주관적 감정을 표현한 것으로서 참된 지식으로서의 가치를 지닐 수 없다고 본다. 이러한 시각과 믿음들을 가리켜 과학기술이 이데올로기화되었다고 평가하는 것이다. 이는 바로 과학기술 만능주의를 달리 표현한 것에 지나지 않는다.

모든 사회는 저마다의 발전역사를 갖고 있으며 독자적인 전통과 문화를 지니고 있음에도 불구하고 과학과 기술의 이데올로기적 지배 하에 있는 오늘의 모든 사회들은 동일한 삶의 양식을 추구한다. 현대 사회에서 전자공학, 컴퓨터화와 자동화, 로봇의 활용 등의 기술이 사회발전의 강력한 추진력임은 말할 것 없다. 그러나 다른 한편으로는 이들이 인간의 존립을 위협한다. 컴퓨터가 인간의 두뇌를 대신하고 자동화가 인간의 생산 수고를 덜어주며 로봇이 수백만의 근로자를 대체하는 세상에서 인간이 차지할 수 있는 자리는 어디인가?

과학과 기술은 합리성의 원리를 바탕으로 한다.[6] 이 원리는 (1) 모든 경험과 인식을 수리화하며, 자연과학의 방법을 가장 정확한 지식획득의 절차로 삼게 한다. (2) 그것은 고도의 생산성을 위해서는 모든 수단의 동원이 조직화되어야 하고, 또 그렇게 되어야만 최상의 능률을 올릴 수 있다는 원리이기도 하다. (3) 그것은 고도 생산에 이바지하는 것만이 타당성을 지니고 또 그것을 돕는 사고만을 참으로 여긴다. 그러므로 합리성의 원리에 따르며 고도성장에 기여하지 않는 여타의 인간적 이념이나

6- 앞의 책, p. 140.

가치들은 불필요한 것으로 마땅히 폐기되어야 한다. 그동안 인류가 이룩해 온 인간의 존엄성, 권리, 자유 등의 가치와 이념이 고도성장이라는 사회적 목표달성에 희생된다 하더라도 별 문제가 되지 않을 뿐만 아니라, 사람들에게 생활의 안락과 만족을 보장해 줄 수 있는 물질적 풍요가 우선시되고 그밖의 가치들은 부수적인 것으로 된다. 과학은 비가시적인 정신적 가치를 인정하려 하지 않고 직접적으로 경험할 수 있으며 확실한 것만을 중요시하기에 과학과 기술이라는 이데올로기에 의해 주도되는 지금의 사회에서는 소유가 인간의 존재를 확정시켜 주며 쾌락의 향유가 삶의 목표로 되고 있다.

과학과 기술이 사회발전의 추진력[7]임은 말할 것도 없다. 그러나 인간의 존엄성과 권리, 그리고 자유의 가치가 사회발전의 방향에 영향을 끼친다는 점도 알아야 한다. 과학과 기술은 인간의 삶이라는 복합구조 내의 중요한 일부에 지나지 않는다.

(3) 기술의 본질 : 니힐리즘

현대 기술에 대한 비판은 니체, 베버, 하이데거, 마르쿠제, 하버마스, 한스 요나스 등 다수에 의해 직접적 또는 간접적으로, 그리고 다양한 관점에서 행해져 왔다. 우리의 기술산업사회에 대한 논의와 관련해서는 기술문명과 대중사회 안에서 인간의 본래성 회복을 역설하고 있는 하이데

7- 과학과 기술이 사회발전의 유일한 원동력은 결코 아니다. 인간의 열정, 사명감, 믿음, 박애정신, 정의감 등도 사회발전에 있어 주요한 힘들로 작용한다.

거의 사유가 우리의 주목을 끈다. 여기서는 '기술의 본질'에 대한 하이데거의 이해를 추적해 본다.

하이데거에 의하면 현대인은 인간복제기술, 핵무기, 생태계 파괴 앞에서 망연자실하고 있다. 뿐만 아니라 모든 나라가 교육개혁, 행정개혁, 경제개혁 등과 같은 총체적 구조조정을 통하여 모든 국민을 언제든지 적재적소에 즉각적으로 사용할 수 있는 노동 에너지로 만들기 위해 힘쓰고 있다. 이로써 "세계의 황폐화, 신들의 사라짐, 대지의 파괴, 인간의 대중화, 모든 창조적이고 자유로운 것에 대한 증오와 의심이 이미 전 지구상에 만연되어 비관주의라든가 낙관주의와 같은 범주들은 일찍이 우스운 것이 되고 말았다."[8)]

이같은 현상을 하이데거는 '고향상실(존재망각, 의미상실, 니힐리즘)'이라고 부른다. 고향상실이란 인간을 비롯한 모든 존재자를 계산 가능한 에너지원으로 무자비하게 동원하는 세계에서, 그리고 모든 것을 계량 가능한 에너지들의 인과관계로 환원시키는 세계에서, 즉 오늘날의 과학기술문명 하에서 인간이 마음 놓고 발붙일 수 있는 고향이 없는 것을 가리킨다. 이에 관한 하이데거의 통찰에 주목해 보자.[9)]

인간은 언제나 자신의 이성을 통하여 파악할 수 있는 궁극적 근거에 의거함으로써 존재자 전체 안에서 자신의 안전을 도모하고자 하였다. 이를 위하여 전통 형이상학은 항시 존재자 전체의 궁극적 근거(신, 실체, 절

8- M. Heidegger, *Einführung in die Metaphysik*, GA 40, Vittorio Klostermann, Frankfurt a.M., p. 41.

9- M. Heidegger, "Modern Science, Metaphysics, And Mathematics (from What Is a Thing?)," "The Question Concerning Technology," *Martin Heidegger Basic Writings*, ed., by J. Glenn Gray, HARPER & ROW, PUBLISHERS, 1977, pp. 244–317.

대정신), 존재자 전체의 공통된 본질(이데아, 모나드, 원자)을 탐구하였다. 그러한 흐름 속의 중세에서는 존재자 전체의 궁극적 근거가 신으로 이해되었으며, 학문과 예술, 건축 등 인간의 삶 일체가 신에 대한 숭배를 중심으로 이루어졌다. 그러니까 중세는 신에 의존하고 복종하는 삶의 양식이 지배적이었다.

현대의 과학기술문명은 존재자들의 근거를 계산할 수 있고 인간이 자신의 목적에 따라 이용할 수 있는 자연법칙으로 파악하였다. 존재자들의 근거가 초월성을 상실하고 존재자들을 지배하기 위해 사용할 수 있는 수단으로 나타난 것이다. 이제 존재자들의 근거는 인간이 그것을 이용해서 존재자들을 자신의 뜻대로 조작하는 것을 가능케 하는 원리들로 되었다. 존재자들의 근거인 존재가 존재자를 지배하는 수단으로 전락하고 존재자가 인간의 지배대상으로 전환된 것이다.

기술의 본질은 모든 것을 자신의 확대재생산을 위한 부품으로 삼는 익명의 체계(익명의 물화체계, 사회적 기능연관체계)의 지배이다. 존재자 전체는 그것의 고유한 본질에 있어서 이해되지 않고 계량 가능하고, 통제할 수 있으며, 제조 가능한 자료로 되고 만다. 즉 모든 것은 무엇을 만들기 위한 부품으로 나타날 뿐 존재자의 소박하면서도 충만한 존재는 존재자를 떠나버린다. 그리고 기술사회에서는 인간 개개인 역시 자연의 에너지를 최대한 발굴해내도록 사회적인 기능연관체계에 의해서 조종당하는 에너지의 집합체, 에너지의 저장소, 에너지의 담지자에 지나지 않는다. 따라서 인간도 자연물과 마찬가지로 기술의 자기 확장과정을 위한 원료에 불과하며, 이러한 면에서 볼 때 현대의 과학기술시대에서는 인간과 물질 사이의 차이가 소멸된다. 현대 사회에서 진정한 의미의 주체는 인간들 하나하나를 계산 가능한 노동력으로 이용하면서 존재자 전체에 대한 지배를 확보해 가는 맹목적이며 추상적인 사회적 기능연관체계이다. 인간은 더 이상 주체가 아니고, 이러한 체계가 자신을 확대재생산하기 위해서 필요로 하는 소모품일 뿐이다.

기술문명 하에서는 사물과 인간, 동물, 식물 등 존재자 전체는 그것의 무게와 유일무이한 가치와 고유한 의미를 상실해 버린다. 과학기술문명이 인간을 색맹으로 만들기 때문이다. 색맹이란 말 그대로 색깔에 대한 맹목, 즉 색깔을 분별할 수 없는 것을 가리킨다. 기술적 생산과 기술의 자기 확장이라는 단선적 요구 외의 모든 색깔들은 눈에 들어오지 않는다. 이로써 가치와 의미를 상실한 존재자 전체는 의미상실, 즉 니힐리즘에 젖는다. 이것이 고향상실의 진상이다. 모든 존재자는 인간의 지배의지의 관점에서 고찰되며, 인간 자신마저도 지배대상으로 되고, 인간을 비롯한 모든 존재자들은 자신들이 지닌 고유한 무게와 의미, 그리고 가치를 상실한다. 현대는 외면상으로는 극히 번창하고 있는 것 같으나 사실은 공허가 이면을 지배하고 있다.

현대인들은 고향상실에서 오는 공허감과 불안감을 벗어나고자 (1) 굉장한 것(거대한 것 및 미소한 것)을 경배하며, (2) 속도를 추구하고, (3) 도취와 열광을 통해 권태와 무의미에서 벗어나고자 강렬한 체험을 바라며, (4) 문화산업에 열광하고, (5) 대용물로서의 소비재의 대량생산에 주력한다.[10)]

하이데거에 있어 고향회복은 인간과 모든 존재자가 자신의 고유한 존재를 발현하면서도 서로 간에 조화와 애정이 지배하는 세계를 지향하

10- 박찬국 지음, 『하이데거와 윤리학』, 철학과 현실사, 2002, pp. 202-212.

는 것이다. 이를 위해서는 인간 자신마저도 비인간적 대상으로 환원시키는 기술문명의 본질을 지양해야 한다. 자연에 대한 이해를 바꿔야 하며, 인간 자신 및 자신의 본질인 이성에 대한 이해도 바꿔야 한다. 인간과 자연을 포함한 전체를 존재라고 부를 경우, 우리는 존재 전체에 대한 이해를 교정해야 한다. 전통 형이상학이나 현대의 과학기술문명과는 전혀 다른 사유가 요구된다.

2. 기술산업의 발전과 인간의 삶

인간의 삶과 관련한 기술산업사회의 특성을 과학주의, 경제제일주의와 문화산업, 통신혁명과 디지털 문화로 개념화하여 그 구체적 내용을 살펴보기로 한다.

(1) 과학주의

여기서 과학주의라고 하는 것은 여러 가지 지식(진리) 중에서 자연과학적 지식만이 신뢰할 수 있는 유일한 진리라고 믿는 입장으로부터 기계, 기술의식 및 기술환경의 지배 하에서 인간 자신이 점차 기계를 닮아가고 있는 현상까지를 아울러 의미한다. 일반적으로 이해하고 있는 바와 같이 가치 또는 문화는 앎을 추구하는 대상분석적 과학의 영역과 정당성 및 합법성을 추구하는 도덕과 법의 영역, 그리고 진실성과 참다움과 본래성을 위주로 하는 예술과 종교의 영역이 함께 어우러져 이룩된다. 그러므로 자연과학적 의미에서의 진리는 여타의 도덕적 정당성이나 예술적 진실성과 마찬가지로 가치와 문화의 일부에 지나지 않는다. 그러함에도 불구하고 실제 사회에서는 오직 자연과학적 진리만이 진리에 해당하는 유일의 것이라는 의식의 편향화 · 이데올로기화가 만연하면서 심지어는 유물론 및 기계론에로의 경도현상마저 빚고 있는데, 우리는 이들을 총괄하여 과학주의로 표현한다. 여기서는 다만 기계화와 기술의식에로 시선을 좁혀서 그것들이 지니는 두드러진, 그리고 본질적인 문제점 몇 가지를 살펴보고자 한다.

1) 기술의 영향

현재의 인간은 어느 정도로 기술의 영향과 규제를 받고 있는가? "생활양식이며 도구들의 총체이고 기계시대를 특징짓는 장치와 고안물들인 테크놀로지는 동시에 사회적 관계를 조직하고 지속 또는 변화시키는 양식이며, 인간의 지배적인 사고와 행동양식의 현상형태이고, 조종과 지배를 위한 도구이다"[11]라는 루이스 멈포드의 테크놀로지 규정 속에 인간과 기술과의 연관이 압축적으로 잘 드러나 있다.

현재와 같은 기술의 지배는 무엇보다도 인간의 기계화를 촉진시킨다. 기계장치의 영향 하에서 개인중심적 합리성이 '기술적 합리성'으로 변하였다. 그것이 대규모 기업들의 주체와 그들의 목표들에만 한정되는

11- Lewis Mamford, *Technics and Civilization*, N.Y. : Harcourt, Brace and World, 1963, p. 364.

것이 아니고 모든 사람들의 사고방식에까지 침투해 들어간다. 합리성·효율성이 판단의 기준을 이루게 되고, 그로써 사람들은 기계장치의 명령을 수용하거나 더 나아가 반기기도 하는 태도를 갖는다. "모든 주체적 자발성을 자신이 다루는 기계장치에다 일임하고 자신의 삶을 주어지는 사실 현상들에 예속시켜 기계가 능동적 행위자로 되고 자신은 피동적 부수물"[12]로 되는 객체적 인격, 즉 주체가 아닌 객체로서의 인간으로 된다. "기계화된 기업에서 조작하는 노동자의 몫은 전형적인 수행원, 보조자의 역할이다. 그의 임무는 기계의 작동과정에 보조를 맞춰서 자신이 맡은 기계의 작동과정에 이상이 발생하면 노동자답게 조작하여 그 작동을 돕는 일이다. 그의 일은 기계를 활용하기보다는 기계의 작업과정을 보완하는 것이다. 반면에 기계의 작동은 노동자를 활용한다."[13] 프롬은 "우리는 기계를 신성으로 추대했고 그 신성에 봉사함으로써 우리 자신이 신과 같아졌다"고 한다. 그는 기술에 대한 현대인의 의존과 숭배가 종교적 차원에 다다랐다고 보면서 이를 '인공두뇌적 종교', '산업시대의 종교'라고 칭한다.[14]

기술이 기계에만 의거하는 한에서는 '인간과 기계'를 아울러 말할 수 있었다. 인간은 기계와는 별도로 자신을 주장할 수 있는 위치에 있어서 기계에 관한 자신의 입장을 선택할 수 있었다. 그러나 기술이 인간을 포함한 삶의 모든 영역으로 진입함으로써 그것은 인간 밖에 존재하는 것이 아니라 바로 인간의 실질적 내용으로 되었다. "그것은 더 이상 인간

12_ 앞의 책, p. 361.

13_ Thorstein Veblen, *The Instinct of Workmanship*, N.Y. : A. M. Kelly Bookseller, 1964, p. 361.

14_ E. Fromm, 『소유냐 존재냐』, 까치글방, 1996, p. 198, 199, 207.

과 일 대 일로 대면하지 않고 점차 인간과 하나가 되어 인간을 흡수해 간다."[15)]

삶의 기계화는 인간의 기계화로써만 완결될 수 있을 것이다. 인간의 기계화는 곧 인간의 비인간화의 완결이다. 그러한 비인간화의 과정은 인간의 기계화가 더 이상 자신의 희생으로 느껴지거나 그렇게 이해되지 않고, 더 이상 거부감이 없어짐은 물론 오히려 환영하는 순간에 정점에 도달하게 될 것이다. 그 순간은 '무조건 자아를 포기하는 것'[16)] 외의 다른 것이 아니다.

2) 인간 조작

현대의 기술은 정보의 생산과 전달이라는 면에서 종전의 것과는 다른 특성을 지닌다. 이 사실은 대규모의 미디어들이 지니는 압도적인 영향을 보면 수월하게 이해할 수 있다. 먼저 문화의 상징생산 기구를 지배하는 힘이 인간의 의식을 형성시키는 환경을 창조할 수 있는 힘이라는 골드센(Rose K. Goldsen)의 지적에 주목해 보는 것이 좋겠다. 이 말은 미디어를 조종하는 영향력 있는 엘리트들이 일반인에 대해 다양한 내용과 형태의 감춰진 설득을 전개하여 결국은 사람들로 하여금 무력한 대중, 사로잡힌 대중이 되게 한다는 말이다.

이러한 추세와 더불어 '설득의 기술'과 '설득의 심리학'이 발전하여 인간의 의사소통 과정을 변화시키고 설득자의 힘을 크게 증가시킨다. 설

15– Jacques Ellul, *The Technological Society*, N.Y. : Knopf, 1964, p. 6.

16– Ashley Montagu and Floyd Matson, *The Dehumanization of Man*, McGrew–Hill Book Company, 1983, p. xxx.

득의 본질적 이유는 공중의 요구와 취향을 조작하기 위함이다. 소비자를 관리하는 가장 중요한 수단은 욕구를 불러일으키고 기호를 조장하는 일이다. 그런데 신체적 및 물질적 욕구를 만족시키기 위해 충당되는 재화의 비율은 이미 줄어들었으며 또 급격히 축소되고 있다. "사람들이 신체적 욕구로부터 벗어나면 벗어날수록 자신의 구매와 관련하여 점점 더 설득 또는 관리에 노정된다. 그것이 아마 점차 풍요로워지는 경제에 있어 가장 중요한 귀결로 될 것이다."[17)]

현재의 우리가 경험하고 있는 바와 같이 기술산업사회에서는 상업적 목적, 즉 상품판매를 위한 욕구 관리, 기호와 욕망의 조종이 중시된다. 자유로운 의지와 이성적 선택능력을 지닌 책임 있는 존재로부터 조건반사, 인공적 욕망, 인위적으로 조장되는 욕구를 지닌 수용적 유기체로 전환시키려는 노력이 지금 추진되고 있다. 사회심리학자들이 말하는 인식부조화, 즉 감관에 주입되는 것의 무게와 양이 두뇌의 회전을 압도하게 되면 정신기능이 마비되어 모든 정보가 소음으로 되는 상태에 이르는 것도[18)] 그런 과정에서 기인하는 다른 일면이라고 볼 수 있다.

현대인은 부단한 조종과 설득을 통하여 무조건 자아를 포기하도록 유인되고 있다. 자신이 깨닫지 못하는 사이에 점차 자아에 대한 의식이 둔화 · 마비되고 있는 것이다. "미래의 가장 중요한 맨하탄 프로젝트(제2차 세계대전 중 미 육군의 원자탄 개발계획)는 정부의 대폭적 지원 하에서

17– J. K. Galbraith, *The New Industrial State*, Boston : Houghton Mifflin, 1967, p. 202.

18– Michael Selger, *Terrorist Chic : An Explanation of Violence in the Seventies*, N.Y. : Hawthorn, 1979, pp. 132–133. 셀거는 '인식부조화'와 더불어 체험을 받아들이고 다른 사람이나 대상과 관계를 맺거나 관계를 지속해 갈 내면의 공간과 의욕이 없어지는 '체험의 식욕감퇴' 역시 기술산업사회에서 빚어지는 현대성의 산물이라고 지적한다.

정치인들과 더불어 거기에 참여하고 있는 과학자들이 '행복의 문제' 라고 명명하게 될 과제—달리 말해서 사람들로 하여금 자신들의 노예상태를 사랑하도록 하는 과제—를 탐구하는 일이다." "노예상태를 사랑하는 것은 인간의 마음과 육신에 있어서 대변혁이 일어나지 않으면 불가능하다."[19] 마음과 육신에 있어서의 대변혁이란 '자아망각' 이라는 혁명을 지칭하는 것이다.

헉슬리의 언급처럼 우리는 종교개혁을 경험하였으며, 정치 · 산업 · 경제 · 민주주의 등의 혁명들을 겪었다. 우리의 후손들이 발견하게 되겠지만 지금 우리가 급속히 거기로 치닫고 있는 심리적 혁명과 비교하면 그것들 모두는 보수주의라는 대양 속의 잔물결에 지나지 않을 것이다. 우리가 겪게 될 심리적 혁명이야말로 실제의 혁명, 혁명 중의 혁명이다. 이 혁명이 끝나면 인류는 더 이상 고통을 맞지 않을 것이다. 고통을 느낄 마음도 자아도 없을 것이니까.

3) 인간성의 공동화

오늘날 기술은 인간의 능력을 대체해 간다. 위에서 살펴본 것처럼 설득적 자극의 과다로 말미암아 감각의 마비 · 둔화현상이 빚어지고 '체험의 식욕감퇴' 가 초래된다. 정신의 정보처리 능력이 약화되면서 이제는 인간의 로봇화가 추진된다. 사람이 기계의 효율성, 규칙성, 예측 가능성을 예찬하면서 자동기계처럼 행동하고 존재하는 병리를 지니게 된다는 것이다. 인간의 로봇화는 일탈이라기보다는 오히려 '돌연변이' 라고 보

19– Aldous Huxley, "Forword" in *Brave New World*, N.Y. : Bantham Book, 1946, p. xvii.

아야 할 인간과 기계의 결합으로서, 그것은 새로운 유형의 사회적 성격을 빚어낸다. 느낌의 위축과 둔화, 효율성과 목적 합리성에 대한 맹신, 권위에 대한 자발적 복종 따위가 그러한 것들인데, 이는 곧 인성의 공동화가 극으로 치닫고 있음을 예감하도록 해준다.

자신의 주체적 사고와 선택, 감성적 느낌과 자기 지양의 끈질긴 의지 같은 것이 약화 · 소멸해 버리면 결국 인간은 저항력도 없이 '명랑한 로봇', '조직인간', '부드러운 자동인형'으로 변화된다. 그런 존재에게는 책임의식이 깃들일 여지가 없어진다. "행동에 대한 충분한 책임을 떠맡는 인격인은 증발되고 만다. 아마 이것이 현대 사회에서 구조적으로 조성되는 악들의 가장 흔한 특성일 것이다."[20] 개인적 선택과 행동에 대한 책임을 거부 혹은 의식하지 못하는 것, 이것이 현대 사회와 문화의 중심적 병리현상이라는 것이다. 또한 그러한 존재들은 생명이 없는 물건들에 경도되어 인간과 생명에 대한 애정을 지니기가 어렵게 된다. 많은 사람들이 자연이나 인간과 같은 살아 있는 존재보다는 생명력 없는 인공물에 더욱 쏠리며, 인간적이고 정서적인 것보다는 경직된 법과 질서를 더 중시한다. 그들의 행동은 흔히 적대적 · 비동정적 · 공격적 태도를 취하게 된다. 프롬의 지적처럼[21] 그런 사람들에 있어서 느낌은 이기고자 하는 욕구, 다른 사람들보다 우월해지고자 하는 의욕, 성적 흥분과 속도와 소음에 대한 요구로 흐르게 된다. "21세기는 로봇 병의 만연으로 특징될

20– Stanley Milgram, *Obedience to Authority : An Experimental View*, N.Y. : Harper & Row, 1975, p. 11.

21– E. Fromm, *The Anatomy of Human Destructiveness*, Greenwich, Conn., Fawcett Publication, 1975, p. 142.

지도 모른다."[22]

그런 존재들은 마르쿠제가 말하는 '행복의식'에 젖는 특성도 지닌다. 행복의식이란 "현실적인 것이 합리적이며, 어쨌든 기존의 제도가 재화를 제공해 준다는 믿음을 반영하는 것이다. 사람들은 기존의 생산장치 안에서 생각과 행동의 효과적인 촉진제를 찾고자 하며, 그것들을 위해 개인적인 생각과 행동을 포기할 수 있고 또 포기해야 한다."[23] 이때의 행복의식이란 비판의식의 마멸과 현실순응주의 외의 다른 것이 아니다. 더욱이 이러한 상황에서는 생산장치가 도덕적 관리자의 역할을 담당한다. 양심은 물화되어 총체적인 물질적 필요성으로 흡수된다. 현실적인 것이 합리적일 뿐만 아니라 철저히 존중할 만한 것이기도 하다. 물질적인 것이 이상적인 것으로 된다. 양이 질이다. 재화를 제공해 주는 제도가 선도 제공해 준다. 행복의식에 젖어 있는 인간은 곧 소비의 영웅들이다. 기계적 장치와 그 작동을 활용하여 즐거움과 안락을 추구하는 소비의 주인공들은 점차 패쇄적 · 피동적으로 경화될 수밖에 없다.

(2) 경제제일주의와 문화사업

경제제일주의는 어렵잖게 이해할 수 있는 내용이다. 토우니(R. H. Tawney)가 말하는 '소유에 미친 사회', '소유 중심의 사회', 그리고 일반적으

22- Lewis Yablansky, *Robopaths*, Indianapolis : Bobbs-Mervill, 1972, pp. 14-15.

23- H. Marcuse, *One Dimensional Man : Studies in Ideology of Advanced Industrial Society*, Boston : Beacon Press, 1964, p. 79.

로 '시장 중심 사회'라는 개념을 경제제일주의를 지칭하는 것으로 이해해도 좋겠다. 무엇 제일주의라는 말은 그것이 최고의 가치를 지니며, 그것 밖의 다른 것은 그것에 기여하는 것만큼의 값과 의미를 지닌다고 보는 입장을 가리킨다. 그러기에 경제제일주의라는 말은 인간세상에서 경제가 최상의 위치를 차지하며, 그밖의 모든 것은 최소한 경제에 이바지하는 한에서 의미나 가치를 가질 수 있다는 사고방식 또는 믿음을 일컫는다.

사실상 자본주의 세계 경제는 끝없는 자본축적, 박차를 가해가는 만사만물의 상품화, 초국가적 교역망의 강화, 광속의 상품교역(CALS : Commerce at Light Speed) 등의 현상을 수반하면서 월러스틴이 지적하듯 (1) 빈부격차, (2) 자원고갈, (3) 생태계의 위기, (4) 삶의 질 저하라는 심각한 문제에 직면해 있기도 하다. 경제제일주의가 지닌 문제점들을 인간의 삶과 관련시켜 보다 구체적으로 들여다 보자.

1) 인류의 삶은 인격시장(Personality Market)으로 치닫고 있다. "나는 내가 행하는 모든 것이다"라는 창조적 행위주체로서의 나가 아니라 "나는 당신이 나에게 요구하는 대로이다"라는 너에 의한 구매대상으로서의 나로, 즉 나가 시장에서의 상품으로 전락한다. 이러한 인간의 상품화 및 사물화는 인간관계를 사물의 관계로 변질시키면서 인격가치보다는 상품을 우선시하고, 급기야는 상품을 신으로 숭배하는 현실을 빚는다.

2) 하버마스가 말하는 이른바 '생활세계의 식민화'가 진척되고 있다. 근대적 합리화의 진전은 생활세계를 점차 합리화 · 기술화함으로써 체계, 예컨대 정치체계, 경제체계 등의 분화와 복잡화를 증대시켜 급기야

그들 체계에 의한 생활세계의 식민화를 초래하였다. 이는 체계(노동=전략적 행위)가 생활세계(상호작용=의사소통 행위)를 지배해 가는 사정을 말한다. 이러한 시각에서 볼 때 인간의 삶은 점차 탈언어화 · 탈규범화하여 매체의존적인 체계의 메커니즘에 의해 지배되고 있다. 이와 더불어 인간의 이성과 그 선험적 장소로서의 생활세계 또한 과학(진리), 도덕(정당성), 예술(진실성) 등 서로 다른 영역들로 분화 · 파편화되어 간다. 자본과 권력이 중심매체로 기능하고 있는 기술산업사회에서 자유롭고 이상적인 의사소통을 어떻게 구체화시킬 수 있을 것인가가 중요한 과제로 등장한다.

3) 더 나아가 상업영역의 확대, 특히 문화산업의 문제도 심각성을 띤다. 오늘의 사람들은 하루 생활의 거의 대부분을 경제영역 안에서 보내게 된다. 리프킨의 경고처럼[24] 모든 것을 삼키는 상업관계망으로 인간존재의 본질이 빨려든다면 과연 인간은 어떻게 될까? 대부분의 관계가 상업적 관계로 변하고 개인의 모든 삶이 24시간 내내 상품의 틀에 갇혀 있을 때 비상업적 관계, 다시 말해서 혈연, 이웃, 문화적 취향의 공유, 종교적 결사, 민족의식, 형제애, 시민의식에 바탕을 둔 관계는 어떻게 되는 것일까? 사실상 20세기에 들어와 정치영역과 문화영역의 가치는 경제영역으로 포섭되어 끊임없이 상품화되었다. 이제 우리가 먹는 음식, 우리가 생산하는 물건, 우리가 남을 위해 수행하는 서비스, 우리가 공유하는 문화적 체험에 이르기까지 우리의 존재 전체가 상품화되고 있다. 더욱이

24– Jeremy Rifkin, *The Age of Access : The New Culture of Hypercapitalism, Where all of Life is a Paid–For Experience*, 이희재 옮김, 『소유의 종말』, 민음사, 2001, pp. 166–167.

"공동체가 공유해 온 문화가 네트워크 경제에서 자꾸만 파편화된 유료 경험으로 쪼개지면서 접속권도 자연히 사회적 영역에서 상업적 영역으로 이동한다."[25)]

아도르노와 호르크하이머가 1944년에 간행한 『계몽의 변증법』에서 '문화산업'이라는 용어를 처음으로 등장시킨 이래 지금은 그것이 상업 분야의 주류로 부상하였다. 새로운 '문화자본주의' 시대가 펼쳐지고 있다. 결국 개인과 공동체의 살아 있는 경험, 즉 문화생활을 구성하는 수많은 관계를 상품화하기에 이르렀다. 문화가 미디어 시장으로 끌려들어가 인정사정 없이 상업적으로 개조된다. 체험도, 의미망도, 심지어는 개인의 생각까지도 그러하다. 흔히 지적하고 있는 것처럼 문화영역이 온통 상업영역으로 흡수되면 인간관계도 근본적으로 변화되고 사회의 앞날에 심각한 결과가 초래될 것이다. "인간의 생각마저도 그렇게 중요한 상품으로 거래될 수 있다면 중요하지만 상업성이 없는 사유는 어떻게 되는가? 자기 인생의 길잡이가 될 만한 생각을 상업의 영역에서 가져오는 사람이 점점 늘어나는 문명에서 상업성과는 거리가 먼 관점, 의견, 관념, 개념이 존립할 수 있는 여지가 과연 있을까?"[26)]

(3) 통신혁명과 디지털 문화

흔히 오늘의 상황을 '아톰의 문명'으로부터 '비트의 문명'으로 이행

25_ 앞의 책, p. 206.

26_ 앞의 책, p. 85.

하고 있다고 표현한다. 아톰은 물리적 세계의 최소단위를 말하고 비트는 전자적 세계의 최소단위를 가리키는 만큼 '아톰의 문명'이란 아날로그 시대의 문명을 뜻하고 '비트의 문명'이란 디지털 시대의 문명을 가리킨다. 지금의 우리는 디지털 시대의 문명으로 진입하고 있다. 이같은 디지털 혁명이 가능하였던 것은 주지하는 바와 같이 커뮤니케이션과 자본에 의거한 덕분이었다. 즉 디지털화된 커뮤니케이션 인프라가 다시 자본과 만나 글로벌한 수준의 디지털 자본으로 변모했기 때문에 디지털 혁명의 전 지구적 확장이 가능하였다. "바로 이런 '커뮤니케이션-디지털-자본'의 3자 결합이 디지털 혁명의 요체요, 전 지구적 수준에서 변화를 일으키고 있는 근원이자 핵심이다. 그리고 바로 그 변화의 소용돌이 한복판에 오늘날 21세기의 인간이 서 있다."[27]

디지털 통신기술은 위에서 간략히 살핀 문화상업주의를 불러온다. 새로운 통신기술이 일상생활을 지배하는 추세 하에서 인간이 공유하는 경험으로서의 문화가 점차 경제영역으로 끌려가는 것이다. 디지털 통신 혁명과 문화상업주의는 인간의 의식을 변화시키는 '지구문화의 동질화'를 재촉한다. 먼저 인간의 변화를 추정해 보면 "새로운 인간형이 탄생하고 있다. 그는 사이버스페이스의 가상세계 안에서 자기 몫의 인생을 즐기고, 네트워크 경제가 돌아가는 이치를 잘 알고 물건을 쌓아두는 데는 관심이 없지만 흥미롭고 신나는 체험에는 관심이 많고, 온라인 세계와 오프라인 세계를 자유자재로 넘나들 수 있고, 가짜든 진짜든 눈앞에서 펼쳐지는 새로운 현실에 자신의 인격을 재빨리 적응시킬 수 있다. 21세기

27- 정진홍, "디지털문화의 전개 : 센소러지와 감성융합," 『사상』, 2001년 봄호, 사회과학원, p. 14.

의 주역으로 등장할 이 새로운 인간은 산업시대를 살았던 부모와 조부모 세대의 부르주아 인간형과는 종자부터 완전히 다르다."[28] 심리학자 로버트 리프턴이 변화무쌍한 인간으로 부르고 있는 21세기의 주역은

1) 먼저 '과정의 존재'로 이해된다. 이 새로운 인간은 생산이나 축적보다는 생생한 경험과 수많은 관계의 접속에 흥미를 가짐으로써 자아란 끊임없이 갱신되고 재편집되는 이야기의 전개로 여겨진다.

2) 자율성을 가진 자아라는 관념이 파편화되면서 자아의 성격이 자율성에서 관계성으로 변모하여 '다면적 자아'로 된다. "가상공간에서 만들어진 여러 개의 '나'는 현실 속의 통일된 자아관념을 허물어뜨린다."[29] 컴퓨터, 하이퍼텍스트, 접속점, 링크, 네트워크로 이루어진 새로운 세계에서 자아를 섬에 비유한 19세기의 발상, 다시 말해서 자아는 자율성이 있고 시장에서 거래되는 책이나 공산품처럼 확실한 경계선과 실체가 있다고 하는 생각은 이제 유지되기가 어렵다는 것이다. 새로운 자아는 섬처럼 고립된 자아가 아니라 관계를 지향하는 자아이다. "이 자아관념의 파편화는 조리가 없고 일관성이 없는 관계들의 복수성과 맞물려 나타난다. 이런 관계들은 무수히 많은 방향에서 우리를 끌어당기면서 다양한 역할로 우리를 초대한다. 그래서 알아볼 수 있는 윤곽을 가진 '진정한 자아'는 점점 우리의 시야에서 사라진다."[30]

28– Jeremy Rifkin, 이희재 옮김, 앞의 책, p. 274.

29– Sherry Turkle, *Life on the Screen : Identity in the Age of the Internet*, N.Y. : Simon & Schuster, 1995, p. 267.

다면적 인격, 즉 복수의 인격을 가진다는 것에 대해서는 낙관론과 비관론이 엇갈리고 있다. 그러는 가운데 비교적 분명하게 예상되고 있는 바는 감성적 인간으로 변해간다는 점이다.

3) 디지털화된 인간은 의식이나 이성 중심으로부터 벗어나 감성적 인간으로 이행해 간다는 것이다. 디지털 인간의 최근 모습은 '캐후(CaHu : Computer aided Human-being)', 즉 '컴퓨터에 의해 지원받는 인간'이다. 컴퓨터, 인터넷, PCS 등을 사용하여 자신의 감각 및 지각능력을 확장시키는 모든 사람이 '캐후'이다. 그러나 디지털 혁명의 진전은 캐후를 넘어서 디지털 인간의 보다 진화된 모습을 예상하도록 해준다. 이를 테면 인간의 감각융합과 확장을 지원해 주던 단말기로서의 컴퓨터는 사라지고 우리를 둘러싼 환경세계 자체가 거대한 감성 인터페이스 '몰'을 구성하는 가운데 전 지구적 수준에서 생태지능과 인공지능이 벽 없이 자유롭게 교감하고 커뮤니케이션하는 새로운 생활세계가 펼쳐져 인간은 '비후', 즉 진정한 '바이오-디지털 인간(Bio-digital Human-being)'으로 거듭날 것이라고 한다.[31] '비후'에 있어서는 느낌 · 감각 · 감성의 분별을 지양하고 느낌 · 감각 · 감성의 융합이 이루어지며, 아날로그화된 모노 미디어에서의 감각분할의 수용행위가 오감융합의 수용행위로 전환하고, 디지털과 아날로그, 아톰과 비트, 온라인과 오프라인이 만나서 얽히는

30- Kenneth J. Gergen, *The Saturated Self : Dilemmas of Identity in Contemporary*, N.Y. : Basic Books, 1991. Jeremy Rifkin, 이희재 옮김, 앞의 책, p. 310에서 재인용.

31- N. Gershenfeld, *When Things Start To Think*, Cambridge, Mass., : Cambridge University Press, 1999, 이규형 역, 『생각하는 사물』, 나노미디어, 1999, p. 14.

오감 총체의 문화를 빚게 된다. 이것은 곧 현재를 희생하고 미래를 위해 살아가는 인간, 즉 역사를 지향하는 인간이기를 그만두고 현재를 위해 살아가는 인간, 곧 개인생활이나 사회생활에 있어 절정감과 카타르시스가 효율성과 생산성보다 우위를 차지하는 치료를 지향하는 인간으로 변화됨을 예고해 준다.

이러한 변화는 앞에서도 지적했던 바와 같이 우리의 존재 전체를 상품화시키면서, 특히 사이버스페이스는 상상할 수 있는 모든 종류의 문화상품이 공연될 수 있는 새로운 세계무대로 된다. 마크 슬루카가 지적하고 있는 것처럼 "인공환경 안에서 보내는 시간이 점점 늘어나면서 우리의 삶 자체가 상품으로 바뀐다. 누군가가 우리를 위해 삶을 만들어 주고 우리는 그것을 구입한다. 우리는 우리 삶의 소비자로 되어버린다."[32)]

세상은 점차 상업 네트워크의 세상으로 되어간다. 이것은 우리에게 어떤 물음을 제기하는가? 재산 소유보다는 접속의 권리를 더 좋아하는 세상, 경제생활과 사회생활이 점차 사이버스페이스 안에서 이루어지는 세상, 문화가치가 최고의 상품으로 각광받는 세상, 인간관계에 항상 돈이 개입되고 체험도 돈을 내야만 할 수 있는 세상, 자율성을 가진 자아는 물러나고 복수로 존재하는 인격과 연극정신이 지배하는 세상, 이런 세상에서 살아간다는 것은 도대체 무슨 의미를 지니는 것인가? 또한 지구문화의 동질화는 어떻게 이해하고 대응해야 하는가? 달리 말해서 지역의 전통문화는 점차 소멸해 가고 많은 언어가 사라지면서 그 빈 자리에 영어가 새로운 문화상품의 표준어로 밀고 들어오고 있는 현상은 어떻게

32_ Mark Slouka, *War of the World : Cyberspace and the High-Tech Assault on Reality*, N.Y. : Basic Books, 1995, p. 75. Jeremy Rifkin, 이희재 옮김, 앞의 책, p. 251에서 재인용.

이해해야 하는 것인가?

3. 기술산업시대의 윤리적 기반

"이제까지 전혀 알려지지 않았던 힘을 과학을 통해 부여받고 경제를 통해 끊임없는 충동을 부여받아 마침내 사슬로부터 풀려난 프로메테우스는 자신의 권력이 인간에게 불행이 되지 않도록 자발적인 통제를 통해 자신의 권력을 제어할 수 있는 하나의 윤리학을 요청한다."[33] 무엇보다도 우리의 권력의 발전과 더불어 인간행위의 본질이 변하였다는 사실을 깨달아야 한다. 따라서 인간행위의 변형된 본성으로 말미암아 윤리학에 있어서도 변화가 요청된다. 그리고 "기술시대에 적합한 윤리학은 한편으로 인간의 삶과 공동생활의 일반적 조건을 정당화하는 도덕원리를 산출해야 하며, 다른 한편으로 우리가 직면하고 있는 시대적 상황을 고려하여 이 원리를 구속력 있는 행위의 준칙으로 매개해야 한다."[34] 여기서는 다만 구체적 윤리내용들을 위한 원리적 기반 몇 가지를, 그것도 개략적인 윤곽과 방향을 제시하는 정도로 생각해 보고자 한다.

33– Hans Jonas, 이진우 옮김, 앞의 책, p. 5.

34– 이진우, 『도덕의 담론』, 문예출판사, 1997, p. 118.

(1) 주체성의 원리

우선적으로 주체적 자아의 정립이 중요하다. 주체적 자아가 세계 및 우주의 초점이기 때문에 자아의 크기가 세계 수용(이해)의 범위를 결정한다. 이것이 이른바 "아는 만큼 볼 수 있다"는 명제의 의미이다. 주체란 자신을 자각하고 있음과 동시에 외부세계와의 대립을 의식하며, 이에 대하여 제어 · 조정하려는 의욕을 가진 우리의 존재를 의미한다. 헤겔식으로 표현하면[35] 주체는 근거요 힘인데, 이 근거에서 실존(구체적으로 현존하는 나)이 태어나며, 이 전체로서의 힘이 스스로를 배출하고 전개시키는 데서 그때그때의 현실적 나가 생긴다.

주체성은 주체적 자각과 더불어 확보될 수 있으며, 주체적 자각은 아래와 같은 능력을 지닐 때 실질적일 수 있다. 먼저, 외래적인 것의 수용에 있어서 분별이 있어야 한다. 수용하는 나와 수용되는 것 간의 차이나 모순 또는 유사성이나 조화를 따질 수 있는 것도 주체에 대한 분명한 자각을 전제한다. 다음으로, 주체의 자기 주장은 어디까지나 현실적 힘에 의해 뒷받침되어야 한다. 추억에 잠기거나 막연한 꿈에 의지한 자기 주장은 부질없는 것일 수밖에 없다. 셋째로, 주체를 단순히 타자와 대립시키거나 또는 과거의 이력이나 역사에 얽매인 추상적 자기 동일성의 면에서 파악하는 한계를 넘어서야 한다. 주체적 자각은 체험을 쌓음으로써 깊어진 '내면성', 즉 자신의 고유한 역량을 바탕으로 해서만 밖으로 솟아나

35– G. W. F. Hegel, *Enzyklopaedie*, Hamburg : Verlag von Felix Meier, 1967, 124, 137절.

고 펼쳐나갈 힘을 지닐 수 있으며, 주체적 인간이 참으로 줏대와 실속을 갖추기 위해서는 말 그대로 탈자적으로 도약해서 세계를 향해야 한다. 주체성의 원리에 대한 이해를 위하여 주체성 개념을 보다 폭넓게 음미해 보는 것이 좋겠다.

1) 주체성은 자아정체성 확립의 바탕이 되는 이성적 자율역량, 즉 인식과 분별과 판단의 능력이다. 그러므로 칸트가 일깨워 주고 있듯 인격적 존재로서의 주체적 인간으로 되기 위해서는 스스로 법칙을 부여하는 개인으로 되어야 한다. 자기 입법자일 수 없는 인간, 달리 말해서 이성의 자율적 능력에 의거하여 스스로를 규제할 수 없는 인간은 진정한 인격, 즉 법과 도덕의 주체일 수 없다.

2) 주체성은 자기 지양의 능력이다. 진정한 주체는 자기 자신과 세계 및 역사와의 부단한 대결을 통하여 자기갱신을 거듭하는 데서 그 힘을 증대시킬 수 있다. "언제나 애쓰며 노력하는 자는 구원받을 수 있다"는 파우스트적 고투가 바로 자기 지양의 생생한 모습을 말해주는 것이라 하겠다. 꾸준한 자기 지양의 과정에 있어 진리는 이미 이루어진 인식내용이 아니라 새로운 인식으로 이끌어가는 진리에의 의욕이다. 이 의욕은 극단의 비판정신이요, 부정하는 정열이며, 안식할 줄 모르는 물음이다. 그러므로 진정한 주체는 단호한 비판정신과 창조를 향한 뜨거운 정열을 견지한다.

3) 주체성은 능동의 활동양식을 취한다. 주체성의 본질이 곧 능동성이라고 말할 수 있다. 능동이란 어떤 것인가? 니체가 말하는 '운명애(amor

fati)' 가 그 좋은 예이거니와 능동에 대한 규정으로는 스피노자의 이해에 의거하는 것이 좋겠다. 그에 따르면[36] 능동은 (1)자기가 하는 행동의 충분한 원인인 경우이며, (2)그것은 사람의 힘을 크게 증대시키며, (3)인격의 성장을 표시하는 행복감 또는 행복의 쾌감, 달리 표현하여 인간의 마음에 보다 높은 덕 또는 완전성에로 향상될 때에 수반하는 만족감을 가져다 준다. 그리고 주체성은 사람과 사물에 대한 애정으로서 자발적 · 능동적으로 활동하는 데서 살려지고 또 강화된다.

(2) 공존의 원리

기술산업시대의 여건은 인간과 인간 간의 공존뿐만 아니라 더 나아가 인간과 자연이 또한 하나로 되는 삶을 요구하고 있다. 현대의 기술문명이 직면하고 있는 식량, 자원, 에너지, 그리고 온실효과 문제가 잘 보여주고 있듯이 인간의 기술적 간섭에 의한 자연의 결정적인 가침성은 한편으로는 '인간행위의 본성이 실제로 변화되었다' 는 사실과, 다른 한편으로는 전체로서의 자연이 이제는 인간행위의 대상이 되었으며, 따라서 동시에 책임의 대상이 되었다는 사실을 여실히 말해준다. 그러므로 책임문제가 인간을 넘어 자연의 차원으로까지 확장되어야 한다.[37] 따라서 공존의 원리는 우선적으로 자연 또는 생태계와 인간적 동반자로서의 '타자'

36_ B. Spinoza, *Ethics*, Encyclopaedia Britanica, INC. 1978, 제3부, 특히 정리 3, 명제 1, 3, 11, 17, 25 참조.

37_ 이진우 지음, 『탈현대의 사회철학』, 문예출판사, 1997, p. 128.

를 포용하는 것이어야 한다.

1) 책임의 확대 : 새로운 윤리

기술시대의 윤리문제는 인간 외부의 환경세계에 대한 인간의 지배력 확장과 긴밀히 연결되어 있다.[38] 과학과 기술을 통해 발전된 인간의 권력은 인간행위의 대상영역을 양적으로 확장시켰을 뿐만 아니라 나아가 인간행위의 본질마저 근본적으로 변화시켰다. 이와 관련하여 전통윤리의 한계를 발견하게 된다. 한스 요나스에 따르면[39] 전통윤리학은 인간의 본성이 불변적이며 인간을 초월하는 자연 역시 불변적이라는 전제에 바탕을 두고 있다. 그러므로 전통윤리학이 규범적 토대로 설정하였던 자연과 현대의 기술행위의 대상으로 전락한 자연 간에는 본질적 차이가 빚어질 수밖에 없다. 우주적 질서로서의 자연의 불변성과 불가침성은 인간행위의 전제조건이었기 때문에 전통윤리는 그러한 자연에는 관심을 갖지 않은 채 전적으로 인간영역에만 치중하였다. 그러니까 전통윤리에서는 행위가 직접 영향을 미치는 인간 상호 간의 관계만을 문제시하였다.

전통윤리학의 모든 도덕적 명령과 격률은 행위의 직접적 영역에 제한되고, 윤리적 세계는 동시대인들로 구성되어졌으며, 이 세계의 미래 지평은 예견될 수 있는 삶의 기간만으로 제한되어 있었다. 그리고 모든 인륜성은 행위의 근접영역에 맞추어져 있었다. 이제 이 모든 사정이 많이 달라졌다.[40] 현대 기술이 산출한 행위들의 규모, 즉 행위대상과 행위결

38- 앞의 책, pp. 125-131 참조.

39- Hans Jonas, 이진우 옮김, 앞의 책, pp. 29-30.

40- 위의 책, pp. 33-34.

과가 너무나 새로운 것이기 때문에 전통윤리의 틀로서는 이 행위들을 더 이상 파악할 수 없다. '이웃' 윤리의 전통적 규범들, 예컨대 정의 · 자비 · 성실 등은 인간 상호작용의 가장 가까운 일상적 영역에서는 여전히 타당하지만, 그러나 이 영역은 점차 증대되고 있는 집단적 행위영역에 의해 가려져 있다. 이 집단적 영역 안에서는 행위자, 행위, 결과 등이 더 이상 근접영역에서와 같은 것들이 아니다. 그리고 집단적 영역의 거대한 힘을 통해 오늘날의 윤리는 이전에는 생각하지도 못하였던 새로운 차원의 책임을 강요한다.

현재의 기술문명이 직면한 생태학적 위기는 현재의 직접적 행위를 통해 인간의 자기 완성을 도모하였던 전통적 '현재윤리'로부터 인간행위의 척도를 인간과 세계의 미래 상태에 대한 지식으로부터 도출하는 '미래윤리'로의 전환을 요구한다. "인간은 행위하는 까닭에 윤리가 있어야 한다. 그리고 윤리는 행위의 질서를 위해, 또 행위할 수 있는 권력의 규제를 위해 존재하는 것이다. 따라서 규제해야 할 행위의 권력이 크면 클수록 윤리는 더욱 더 있어야 한다 … . 그러므로 새로운 종류의 행위능력은 윤리의 새로운 규칙을 요구하며, 또 새로운 종류의 윤리를 요구하기까지 한다."[41]

2) 생명경외

특히 산업화 과정에서 야기된 오염과 공해, 자원고갈, 자연과 생태계의 훼손, 그리고 생명경시 풍조는 우리의 장래에 따르게 될 재앙을 예감

41_ 앞의 책, p. 61.

하도록 한다. 생명경외는 인간과 자연이 하나로 됨과 더불어 살기, 생태계의 복원과 유지, 사람의 사람다움 등을 아울러 보장해 줄 수 있을 최선의 도덕 개념이다.

숭고한 것을 위하여 생명을 바치는 경우도 있기에 생명이 최상의 가치를 지니는 것이라고 말할 수는 없더라도 모든 것의 의미는 생명을 전제한 바탕 위에서 가능하다. 이를 테면 헌신, 봉사, 희생 등은 생명을 위하는 것인 한에서 저마다의 의미를 지닌다. 또한 생명은 모든 존재의 근원이다. 근원에 대한 외경심은 동시에 모든 가치의 원천을 이루는 것이다. 생명존중, 생명사랑으로부터 다른 모든 인간적 가치가 파생된다. 기독교의 사랑, 공자의 인, 불교의 자비 등은 모두가 생명경외로 수렴된다.

3) 인간존중

사람이 사람을 인격존재로서 존중하지 않는다면 너는 나의 거래대상 또는 물적 대상, 아니면 사소하고도 우연한 상관자로 되고, 그 속에서의 나 역시 품격 없는 초라하고 빈곤한 너의 단순한 대상에 지나지 않게 된다. 나의 인정을 받지 못하는 너, 너의 승인을 얻지 못하는 나는 똑같이 당당한 존재, 정당한 자아, 주체적 인격으로 존립할 수가 없다. 자아 및 주체는 타자의 인정으로부터 빚어지는 것이기 때문이다. 그리고 인간적 상호 존중이 실현되지 않는 곳에 고귀함, 훌륭함, 아름다움, 위대함, 성스러움 따위가 존립할 수 없음은 더 말할 것 없다.

(3) 가꿈의 원리

'가꿈'이란 옛말로 표현하자면 절차탁마(切磋琢磨)를 의미하는 것이고, 지금의 일반적 용례로는 문화화를 뜻한다. 따라서 가꿈의 원리란 문화적 도야의 원리를 지칭하는 것이다. 지금의 "우리는 가치의식의 각성을 필요로 한다. 현대인의 생활에는 안정과 정관이 없다. 초조하고 휴식이 없는 생활이다. 목표도 자각도 없이 그저 서로 경쟁하고 있다. 한순간이라도 정지하면 다음 순간에는 뒤지고 만다. 우리는 부단히 새로운 것을 취하고, 새로운 것들 중에서도 가장 새로운 것이 판을 치고, 바로 그 앞의 것은 이해는커녕 옳게 보기도 전에 잊어버린다. 우리는 자극에서 자극으로 옮아간다. 자극을 뒤쫓아 다니는 동안에 우리의 통찰력은 약화되고 가치감은 마비된다. 뿐만 아니라 현대인은 저급한 것들을 도리어 덕으로 삼고 있다. 놀라움, 감격, 외경에의 무능력이 증대하고 있다. 새로운 덕성, 위대한 것에 대한 새로운 헌신, 새로운 외경이 요구된다."[42] 뿐만 아니라 기술산업사회에서의 일반적 삶은 물적 소유와 소비 위주로 치닫고 있어 인간적 품성을 함양하거나 인격적 격조를 도야하는 데는 거의 무관심해져 있다.

주지하는 바와 같이 세계와 인간의 삶은 공히 의미와 가치의 매듭들로 이루어지는 그물망이다. 현대인들이 인간적 본래성을 간과한 채 기술적 조작과 거래의 대상으로 전락하여 존재의 의미를 상실하고 조직과

42_ N. Hartmann, *Ethik*, Berlin : Walter De Gruyter & Co., 1962, pp. 16-17.

체계에 길들여지면서 자유를 상실해 감은 인간적 비극이 아닐 수 없다. 인간 소외라든가 인간의 비인간화, 또는 인간의 사물화, 인간의 탈인격화 등의 표현은 바로 이같은 기술산업사회의 인간상을 묘사해 주는 것들이다. 그러므로 현재의 우리는 사람다움을 회복해야 한다. 그와 더불어 인간의 존엄과 아름다움과 신비와 위대함 등을 되살려내야 한다. 문화적 도야가 이를 위한 것이다. 그렇다면 문화적 도야를 위한 길은 어떤 것인가?

1) 가치감을 함양하여 높은 차원의 가치를 지향해야 한다. '가치감'이란 가치를 감득 · 감수할 수 있는 능력을 말한다. 가치의 여러 차원들을 식별하여 향유하며, 보다 높은 차원의 가치들을 지향하는 능력을 길러야 한다는 말이다. 그뿐만 아니라 창조적 가치를 증진시키고 체험가치를 축적해 가면서 태도가치를 다듬고 유지하는 일 또한 중요하다. 이들은 곧 올바른 가치관을 정립하는 일로 귀결된다.

현대인의 가치의식의 혼돈과 그로 인한 인간성의 피폐화는 심각한 지경에 이르렀다. "근래에 중지하지 않고 또 저항을 받음도 없이 인간성이 피폐해지고 있으며, 세계적 규모에 걸쳐 전염병의 수준에 도달한 정신의 질환, 정신의 감염이 점차 심화되고 있다. 이 감염은 과학에는 알려져 있지 않고 의학(정신병 측면)은 인정도 않는다. 그러나 그것의 파괴적 증후는 모든 이들의 눈에 명백하며, 그것의 치명적 결과는 도처에서 나타나고 있다. 그것은 분명하게 살인을 저지르는 것도 아니고 눈에 띄는 신체적 위해를 가하는 것도 아니다. 그러면서도 그것의 파괴적 위해의 범위는 이미 기록상의 어떤 전쟁, 전염병, 기근, 자연재해의 그것보다 크다."[43] 보다 구체적으로 지적하자면 인간적인 감정과 정열의 상실, 재미와 폭력으로의 경도현상, 범죄에 대한 죄책감 부재, 점차 도를 더해가는 냉혹성, 나태 · 게으름 · 일에 대한 무관심 등의 정신적 욕구 감퇴, 로봇화, 일차원적 인간화, 순응주의 등이 오늘날 거의 일반화된 행태들인데, 이것들은 모두가 가치관의 혼돈에서 빚어지고 있는 탈인격화의 현상들이다.

2) 문화를 부흥시키며 또한 문화 다양성을 보존해야 한다. 잘 알려져 있는 바와 같이 시장과 네트워크는 문화를 벗어나 독자적으로 존립할 수 없다. 경제는 물질적 안정, 육체적 안락, 특정한 지식, 오락과 유희 같은 가치 있는 것을 제공하며, 이것들은 충만한 삶을 영위하는 데 하나같이 중요하다. 그러나 경제는 문화와 인간성의 기본틀을 세우는 데 가장 중요한 가치와 감정, 다시 말해서 사회적 신뢰와 공감을 만들어낼 능력은 없다. 상업영역이 인간문화와 체험의 조각조각을 닥치는 대로 짜깁기하여 제공할 때, 우리에게 중요한 인간적 가치와 감정을 끌어낼 수 있는 우물은 독으로 오염될 위험성이 있다.[44] 더욱이 경제가 문화영역에 온전히 남아 있던 것을 해체, 재가공, 포장, 판매함에 있어서야 더 무슨 말을 할 수 있겠는가?

문화와 상업이 생태학적으로 균형을 회복할 수 있도록 만드는 일이 중요하다. 이를 위해서는 문화상품에 길을 터주는 것 못지않게 지역문화를 소생시키려는 노력이 절실히 요구된다. 특히 문화 다양성을 보존하려는 노력은 생물 다양성을 보존하려는 일과 더불어 21세기의 중요한 사

43_ A. Montagu and F. Matson, 앞의 책, p. xi.
44_ Jeremy Rifkin, 이희재 옮김, 앞의 책, p. 364.

회운동으로 전개되어야 한다. 이것은 자기만의 문화 정체성을 앞세우면서도 다양한 문화가 공존하는 세상을 위해 싸우는 것을 의미한다. 이를 위한 태도는 의식은 세계적으로, 행동은 지방적으로라고 규정할 수 있겠다.

3) 우리의 전통문화를 바르게 이해하고 높은 가치를 지니는 것들을 재해석 · 재생시켜야 한다. 대표적인 것들로 효, 예절, 인애와 협동 등을 들 수 있다.

• **효** : 우리에게 있어 효는 가정윤리의 중심 개념이다. 효도라는 말에는 우리의 전통윤리의 진수가 담겨 있다. 효도라는 개념은 어떻게 이해하느냐에 따라 이미 낡아버린 도덕적 덕목으로 해석될 수도 있다. 그것을 부모의 명령이나 지시를 무조건 따르는 것이라고 해석한다면, 오늘날 자유롭고 평등하며 또 이성적인 개인들을 중심으로 하는 합리적 개인주의 사회에서는 그것이 지난 봉건적 권위주의 시대의 도덕으로 여겨질 수도 있다. 그러나 효도가 부모와 자식 간의 사랑과 상호 존중과 신뢰에 바탕을 둔 가족공동체의 기본적인 윤리적 원칙이라면 가정이나 사회의 환경이 아무리 변하였다고 하더라도 그것은 언제나 타당한 도덕적 의무가 아닐 수 없다.

효도가 가족들 간의 바람직한 인간관계를 규율해 주는 기본 도덕일진대, 지금처럼 인간관계가 복잡해지고 사랑과 대화를 통한 인격적 교류가 무엇보다 소중히 여겨지는 사회에서는 인간다운 인격을 형성하고 사람들 간의 평화롭고 정의로운 삶을 가능케 하기 위하여 효도가 윤리적 원칙들의 기반으로 요청된다.

• **예절** : 예절 역시 이해하기에 따라서는 지난날의 신분사회에서 시

행되었던, 신분적 질서를 위한 형식으로서의 의례로 간주해 버릴 수도 있다. 그러나 순자의 해석에 따르면,[45] '예'란 사람을 사람답게 만들어 주는 기본요건인데, 예의 기능에는 두 가지 측면이 있다. 하나는 인간의 성정을 절제하는 측면이고, 다른 하나는 인간의 성정을 격식화하는 측면이다. 성정을 절제하는 측면을 보면 인간의 정욕의 발로는 적당한 절도와 본분에 맞아야 하는데, 절도와 본분에 맞는 것이 곧 중도에 부합하는 것이다. 중도란 인간의 정욕발로의 적절한 한 지점으로서, 이 지점을 넘으면 타인 혹은 자기 자신의 다른 측면과 충돌이 생긴다. 이런 면에서 예는 인간에게 중도를 얻게 하는 표준적인 외부 규범이다.

인간의 성정을 격식화하는 기능은 『순자』에 따르면 상례와 제례 속에서 가장 잘 볼 수 있다. 우리의 마음에는 정감과 이지의 두 측면이 있는데, 예컨대 친한 사람이 죽을 경우 이지적 관점에서 보면 죽은 사람은 다시 살 수 없고 그의 영혼이 계속 존재한다는 설 또한 증명이 안 되고 막연하여 믿기 어렵다. 그러나 우리의 정감은 죽은 사람이 다시 살아나고 그의 영혼이 계속 존재하기를 몹시 바란다. 그러므로 양자를 절충하여 이지와 감정을 아울러 고려하는 것이 사람을 대하는 '예'이다. 곧 예란 정감을 격식화하는 기능을 갖는다는 것이다. 더 나아가 우리는 인간의 일상사에서 '예'가 지니는 인간들 간의 관계의 기능, 이를 테면 매너, 태도가치, 절제, 법도, 격조 등이 지니는 아름다움과 융화를 위한 기능을 위시하여 인간사회의 문화 전반이 넓은 의미의 '예'에 속함을 알 수 있다. '예'란 인간의 행위를 꾸며주는 격식이고 품격이며, 동시에 사람의 삶을

45_ 『순자』, 권13.

표현하고 또 이끌어 주는 문화이다. 달리 말해서 좁은 의미에서의 예는 예의범절인바, 올바른 규칙을 뜻하고 넓은 의미에서의 예는 문물과 제도, 곧 문화를 의미한다.

• **인애와 협동** : 오늘날의 생활양식은 점차 인륜적 관계로부터 계약관계로, 공동체적 협동관계로부터 이익추구의 거래관계로 이행하고 있다. 개개인은 원자화되고 사회적 결속은 저마다의 이해에 따르는 타산적 관계로 변하고 있다. 사람들의 삶이 점점 힘들어지고 고독과 불안은 증가한다. 일탈과 사회적 병리가 심화되고 있음도 엄연한 사실이다. 이들 현상은 동정과 공감에 의거한 사람들 사이의 참다운 결속이 붕괴되고 경쟁과 다툼이 격화되고 있는 데서 기인한다. 협동에 기반을 두지 않은 개인은 무력하고 빈곤해질 수밖에 없다. 마르크스가 통찰한 바와 같이 인간은 사회적 관계의 총화이기 때문이다. 대립적 투쟁관계는 투쟁적 인간을 빚고, 인애와 협동의 관계는 배려하는 인간성을 부추긴다. 이것이 기술산업사회에서 인애와 협동이 요망되는 까닭이다.

생각해 볼 문제들

1. '진리' 추구에 있어 과학과 도덕(법)의 접근방법은 각기 어떻게 다른가?
2. 과학과 기술이 인간의 삶에 미치는 긍정적인 것들과 부정적인 것들을 구체적으로 살펴보자.
3. 과학과 기술의 시대, 기술산업사회에서 전통윤리(유학 등)에 대한 요구가 일고 있는 것은 어떠한 연유에서인가?
4. 인간의 삶에 있어 세계관, 가치관 등의 사상은 어떤 역할을 하는가? 그리고 "모든 사상은 과학적 검증을 거쳐야 한다"는 주장은 과연 타당한 것인가?

더 읽어야 할 책들

1. 구승회, 『에코필로소피 : 생태, 환경의 위기와 철학의 책임』, 새길, 1995.
2. 한국철학회 편, 『기술문명에 대한 철학적 반성』, 철학과 현실사, 1998.
3. 정범모, 『학문의 조건』, 나남출판사, 2006.
4. 박찬국 지음, 『들길의 사상가, 하이데거』, 동녘, 2004.

참고문헌

구승회, 『에코필로소피 : 생태, 환경의 위기와 철학의 책임』, 새길, 1995.
박찬국 지음, 『들길의 사상가, 하이데거』, 동녘, 2004.
정범모, 『학문의 조건』, 나남출판사, 2006.
한국철학회 편, 『기술문명에 대한 철학적 반성』, 철학과 현실사, 1998.
H. Jonas, 이진우 옮김, 『책임의 원칙 : 기술시대의 생태학적 윤리』, 서광사, 2005.
Jeremy Rifkin, *The Age of Access : The New Culture of Hypercapitalism, Where all of Life is a Paid-For Experience*, 이희재 옮김, 『소유의 종말』, 민음사, 2001.
Lewis Mamford, *Technics and Civilization*, N.Y. : Harcourt, Brace and World, 1963.
William J. Mitchell, *City of Bits : Space, Place and Infobahn*, Massachusetts : The MIT Press, 1996.
N. Gershenfeld, *When Things Start To Think*, Cambridge, Mass. : Cambridge University Press, 1999, 이규형 역, 『생각하는 사물』, 나노미디어, 1999.

Chapter 2

과학전통과 자연관

김연숙

1. 고대의 과학 · 기술과 자연관

도구를 만들고 도구를 제작하는 기술행위는 동물과 인류를 구분지우고 인류의 진화를 가져온 중요한 원인이 되었다고 볼 수 있다. 이를 벤자민 프랭클린은 "인간이란 도구를 만드는 동물이다"라는 말로 간명하게 표현한다. 도구를 제작할 수 있는 인간의 특성으로 말미암아 인간은 호모 파베르(Homo Faber, 도구제작자)라 칭해지기도 한다.

원래 고대 사회에 있어서 기술행위는 주술과 분리되지 않았으며, 초자연적인 성스러운 마음과 일상의 욕구에 의하여 기술을 만들어내는 형태였다고 유추할 수 있다. 이런 주술과 관련된 기술을 타일러(E. B. Tylor, 1832-1917)는 비교과학(秘教科學, occult science)이라 하였고, 프레이저(J. G. Frazwr, 1854-1941)는 의과학(疑科學, pseudo-science)이라 하였다. 예컨대 천문학의 기초가 된 점성술, 화학의 출발이 된 연금술 등의 예를 들 수 있다.

일반적으로 과학의 기원은 고대 그리스 시대에서 찾고 있으나 그 과학의 뿌리를 찾는다면 인류문명의 발생지라 설명하는 나일강 문명이나 티그리스, 유프라테스 문명으로 거슬러 올라간다. B.C. 5,000년 이미 대규모의 농경과 토목공사가 수행되었으며, 농사를 짓기 위한 역(曆, 달력)의 개발과 천문학에 관한 지식, 병을 치료하기 위한 약초에 관한 학문인 본초학의 발달 등이 있었다. 메소포타미아 수학은 B.C. 3,500년경의 문헌에 이미 가법, 승법, 십진법, 60진법 등이 사용되었다. 60진법은 오늘날 시간, 분, 초의 시간단위가 되고 있다. 현대 우리들이 알고 있는 세계 최고의 수학문헌은 아메스 파피루스(A'hmese papyrus)이다. 이것은 B.C. 1,550년경 아메스라는 한 승려가 쓴 것으로 고대 이집트인의 산술, 기하 및 삼각법에 대한 우리들 지식의 원천을 담고 있다고 한다. 기수법(記數法)은 중국, 인도, 마야, 메소포타미아 문명에 기원하고 있는데, 메소포타미아 기수법에는 영(零)의 개념이 없다고 한다. 영의 기호는 인도차이나 혹은 인도에서 7세기 전에 발명되었다고 밝히고 있다.

2. 그리스 과학 · 기술과 자연관

그리스인들에게 자연은 만물의 생성과 성장과정을 뜻하였으며, 발생(genesis)이란 용어와 거의 동의어를 의미하였다. 물질(matter)은 신적 존재 자체로서, 물질과 신적 존재는 하나로 일치되어 있었다. 이들에게 자연은 끊임없이 스스로를 재생시키는 영속적인 것으로, 물활론적인 것으로 이해되었다.

자연을 보고 그리스인들은 "우주의 근원은 무엇인가?"를 물었다. 밀레토스 학파에 속한 탈레스(Thales, 624-546 B.C)는 우주의 근원을 물이라고 보았으며, 아낙시만드로스(Anaximandros, 610-546 B.C)는 우주의 근원을 '무한한 것' 으로 설명하였다. 그리스 식민지 크로톤에서 시작된 피타고라스 학파(Pythagorean School, 582-500, B.C)는 '수(數)' 를 만물의 근원으로 설명하였다. 엘레아 학파의 파르메니데스(Parmenides, 540-470, B.C.)는 자연불변의 원질을 생각하고 이것은 움직이지 않고 변하지 않는 하나로서 유일한 것으로 생각하였다. 그리스 과학은 대체로 사변적인 논증으로 그쳐 자연을 그대로 파악하고 구명하는 자연철학은 있었으나 사실을 실험하는 자연과학은 거의 없었다.

그리스 자연사상은 자연철학사상을 거쳐 소크라테스를 선두로 한 플라톤, 아리스토텔레스 등의 목적론적 사상으로 향하였다. 아리스토텔레스의 자연사상은 중세 스콜라 철학의 기초를 이룬다. 아리스토텔레스는 생물학 연구에서 실증적인 관찰을 중시하였으나 물리학, 천문학, 기상학에서는 플라톤의 목적론적 철학의 영향을 받아 유물론적 경험적인 요소가 배제되었다.

플라톤은 자연철학에 관한 견해를 담은 『티마이오스』에서 세계는 조물주 데미우루고스(demiurgos)의 손으로 형성된다고 쓰고 있다. 이 조물주는 합리적인 설계로서 영원불변의 이데아의 모델을 따르며 재료물질로서 4원소를 필요로 한다. 그는 본질의 이론에서 실제 세계를 형성하는 원질은 절대불변의 이데아이며, 현상과 변화의 불완전한 가시적 세계는 단지 이데아의 허상일 따름이라고 본다. 우주 자체도 하나의 신적인 존재, 지고한 신의 상이며, 조물주는 그 자신을 포함하여 하늘, 땅, 신들까지도 창조한 것으로 본다. 플라톤에서 자연(physis)은 가시적인 사물의 세계 이상으로 이데아, 세계혼, 천체까지도 포함하는 광범위한 개념이다. 플라톤의 세계혼은 우주를 움직이는 생명을 불어넣는 원리가 된다.[1)]

아리스토텔레스는 그리스의 자연철학으로부터 16–7세기의 과학혁명 시기에 이르기까지 자연에 관한 탐구에서 가장 오랫동안 큰 영향을 미쳤던 과학사상으로 기록된다. 그의 자연관의 특징은 목적론적인 경향으로서, 그의 원인론은 질료와 형상의 구별에서 출발하여 4개의 원인, 즉 질료인(質料因, Causa Materialis), 형상인(形相因, Causa Formalis), 운동인(運動因, Causa Efficiens), 목적인(目的因, Causa Finalis)을 설정하고 모든 물체 운동을 이것에 의해 설명했다. 질료인은 사물이 그것으로 만들어지는 것, 형상인은 그것이 만들어진 모양, 목적인은 그것이 변화 혹은 정지하도록 하게 하는 것, 목적인은 그것이 만들어진 목적이다. 이것이 바로 형이상학과 관련된 아리스토텔레스의 목적론의 기초이다.[2)]

아리스토텔레스는 우주는 구형(spherical)이고 그 중심에 지구가 위치한다고 보았다. 그의 세계는 양분되어 제5원소인 에테르로 구성되고, 원운동만이 일어나는 완전한 천상세계(superlunar world)와 4원소(흙, 물, 공기, 불)로 구성되며, 자연적인 운동으로서는 상하 방향의 직선운동만이 부여된 불완전한 지상세계(sublunar world)로 구분된다. 달을 경계로 하여 그 바깥의 천체를 천상계라 하고 달 아래의 대기와 땅을 포함한 것을 지

1– 김명자, 『동서양의 과학전통과 환경운동』, 동아출판사, 1992, p. 45.

2– 박익수, 『과학기술의 사회사』, 진한도서, 1995, p. 72.

상계라 하였다. 천상계는 변화가 없고 영원한 세계이며, 이곳에서는 모든 천체운동이 완전한 원모양을 이루면서 영원히 지속된다고 설명된다. 그렇다면 천구를 움직이게 하는 것은 무엇인가? 아리스토텔레스는 자기 스스로 움직이면서 다른 것을 움직이게 하는 절대자를 인정했으며, 그것이 바로 우주의 제일 바깥에서 모든 천구들을 움직이게 하는 종동천(宗動天, Primum Mobile)이라 설명했다. 이 종동천이 바로 절대자이며, 유한하고 위계질서에 따라 꽉 짜인 우주를 움직이게 하는 기동자라는 것이다. 그런데 그의 기동자는 작용인이 아니라 목적인일 따름이다. 즉 기동자는 창조자가 아니며, 아리스토텔레스의 세계와 그 속의 형상, 물질 등은 모두 영원한 것이다. 아리스토텔레스는 불완전한 지상세계에서는 변화가 일어나지만 변화는 형상의 구속을 받는다고 본다. 즉 개체는 끊임없이 사라지고 거듭 생겨날 수 있으나 그런 변화 자체는 항상 동일하다. 아리스토텔레스는 우주의 기본물질을 흙, 물, 공기, 불의 4원소로 정하고 이들은 두 가지 근본성질을 가진다고 규정한다. 즉 불은 열과 건, 공기는 열과 습, 물은 냉과 습, 흙은 냉과 건의 성질을 가진다고 정하고, 이런 형상의 배합에 의하여 원소 간의 전환과 변화가 이루어지며, 따라서 원소는 쪼갤 수 없는 것도 아니고 불변한 것도 아니라 설명한다.[3)]

아리스토텔레스는 생물학 분야에서 특히 놀랄 만한 업적을 보였다. 그는 동물학에서 "우리들은 일반원리를 단순 논리에서만 받아들여야 한다. 그것을 각 사실에 비추어 증명하여야 한다. 왜냐하면 우리들이 일반원리를 탐구해야 하는 것은 사실에 관한 것이며, 이것은 귀납에 의하여

3_ 앞의 책, pp. 73–74.

일반법칙으로 만들어 사실과 항상 일치하게 하여야 하기 때문이다"라고 했다. 또 동물의 발생에 대하여 "실험을 이론보다 신뢰해야 하며, 이론은 그것이 실험적 사실과 일치하는 범위에서만 만들어져야 한다"고 했다. 그는 500종류의 동물을 기재해서 설명했고, 생물을 최저단계에서 최고를 향한 단계적 발전으로 파악하고 인류를 최고단계의 위치에 놓았다. 그는 생물에 세 가지 종류의 영혼을 상정하는데, 식물에는 성장과 생식을 지배하는 식물적 영혼이 존재하고, 동물에는 그것과 더불어 운동과 감각을 지배하는 동물적 영혼이 존재하며, 인간에는 그것 외에 이성적 영혼이 존재한다고 설명함으로써 궁극에 있어서는 생기론적 생명론 내지는 초자연적 존재를 상정하는 목적론적 입장을 견지한다.[4)]

대체로 과학은 자연현상에 관한 합리적이고 체계적인 지식의 추구인 한편, 기술은 인간생활의 물질적 편의를 위해 고안된 도구, 기법 등의 의미로 파악된다. 고대에서 기예(art)의 의미는 측량과 계산술을 비롯하여 법률의 제정, 빵 굽기 기술, 그림 그리기 등을 포함하는 것으로 현대의 기술과는 그 의미를 달리했다. 이를 테면 고대의 것과는 달리 근대적 기술은 자연에 인공적인 변화를 일으켜 인간에게 봉사하도록 '자연에 대한 인간의 지배권'을 획득했다는 차이를 지닌다. 그리스인들은 기술의 기원은 자연의 모방에서 비롯된다고 보았다.

아리스토텔레스는 "인간의 기술은 농업분야에서처럼 '자연을 바탕으로 해서 자연이 할 수 있는 것보다 더 많은 일을 해내거나' 베짜기와 같이 '자연을 모방하는 것'에 지나지 않았다"고 평가한다. 데모크리토

4- 앞의 책, p. 75.

스에 의하면 "베짜기는 거미가 가르쳐 주었고 집짓기는 제비가 가르쳐 주었다." 자연에 신성이 부여된 한에는 인간이 자연의 일을 똑같이 수행한다는 것은 신적인 특권을 주장하는 것과 마찬가지였다. 기계에 의해 힘을 덜 들이고 무거운 짐을 들어올리는 것도 자연을 거역하는 행위로 받아들여졌으며, 기계학은 자연과 상반된 일을 하고 자연을 속이려는 경향이기 때문에 학문이 아니라 마술로 받아들여졌다.만일 인간이 그런 행위로 영원한 세계질서인 운명을 범하는 짓을 한다면 신은 그 영역의 침범에 대한 복수로 당연히 인간에게 천벌을 내릴 것으로 믿었다. 신들로부터 불을 훔친 프로메테우스의 형벌은 신의 복수를 보여준 것이었다. 결국 고대 그리스인의 과학지식은 실용성을 위한 응용과는 무관하게 존재했으며, 자연에 관한 탐구는 진리를 향한 열망에 의한 관조적 지식으로 추구되었다.

3. 중세인의 과학기술과 자연관

중세의 과학전통은 이슬람 과학과 기독교권의 유럽과학을 중심으로 살펴볼 수 있다. 이들 주 전통은 자연과 신의 관계가 중시되는 특징을 지닌다. 이슬람 세계의 과학은 이슬람의 기본정신에 입각해 있다. '이슬람' 은 복종과 평화의 두 가지 의미를 지니며, 이는 '신적 의지와 일치함' 을 의미한다. 이슬람은 우주적 의미를 지니는바, 우주만물은 애당초 모두 신의 의지를 따르도록 되어 있으며, 지식을 추구하는 사람은 그 자신의 개체적 존재로서가 아니라 신성의 지성을 능동적으로 반영한다. 그러므로 과학과 지식의 추구는 근본적으로 신이 창조한 '대자연과의 일치'를 의미한다고 본다. 여기서 일치는 직접 표현되기보다는 상징과 추상으로 설명된다. 과학은 신성에 복종하는 한 합법적이며 고귀하다고 여겨졌다. 대체로 이슬람 세계의 과학은 근대성을 증진시킨 면이 있는 한편, 우주 만물이 신에 의해 창조되고 인간은 오직 신성을 받아들여야 한다고 믿음으로써 자연과의 일치를 추구하는 이슬람의 한계를 안고 있는 것으로 보인다.[5)]

중세 유럽의 자연관과 기술은 이슬람으로부터의 그리스 자연철학의 재수입에 기초하고 있다. 아리스토텔레스를 발견하기 전까지 유럽인의 자연관은 기독교와 플라톤주의, 즉 성서-「창세기(genesis)」와 플라톤의 『티마이오스』에 토대를 두고 있었다. 플라톤의 데미우루고스 창세신화의 교설은 천지창조를 신의 의지로 설명하는 기독교 입장에서는 받아들이기가 쉬었던 것이다. 자연현상을 설명하는 데 있어서 목적인을 중시한 목적론적 사고와 우주를 천상세계와 지상세계로 구분하고 달, 태양, 그 밖의 모든 행성을 지구를 중심으로 원운동한다는 지구중심설을 주장한 아리스토텔레스의 사상은 크리스트교의 세계관과 부합되어 크리스트교의 교리를 합리화하는 과학적 이론의 기초가 되었다. 이처럼 중세 유럽의 대부분의 자연과학적 지식은 '창조주'의 전능과 피조된 세계를 찬미하는 데 이용되었다.

그런데 온전한 세계인 하늘에서는 영구적인 원운동만이 일어나며,

5- 김명자, 앞의 책, pp. 53-54 인용 및 참조.

지상세계는 네 개의 원소들로 구성되어 있다는 아리스토텔레스의 우주론에서는 논리적 필연성(ananke)에 의해서 삼라만상이 상호 밀접하게 연관되어 있다는 생각이 담겨 있다. 즉 "항상 있으며 필연적으로 존재하는 자연에서는 어떤 일도 자연에 반해서 일어나는 일이 없다"고 본 것이다.[6] 즉 아리스토텔레스의 자연계는 자연에 내재하는 자신의 운동의 원리에 따라 스스로 완성되는 것이지, 초월적인 타자가 자연의 바깥에서 의도적으로 만든 것이 아니기 때문에 초월자의 의지를 인정하지 않게 된다. 즉 '스스로 완성된 자연'과 같은 필연론적 생각은 기독교인들이 주장하는 '피조물로서의 자연관'이나 신의 전능성과 역할을 제약할 여지를 가지고 있으므로 기독교는 결국 아리스토텔레스의 명제에 대해 금지령을 내리기에 이른다. 금지된 명제에는 신이 진공을 만들 수 없다는 것, 신이 새로운 종(species)을 창조할 수 없다는 것, 신이 천체들에 원운동 외에 다른 운동을 부여할 수 없다는 것 등이 포함된다.

중세의 자연관은 범신론(sufism)과 물활론(animism)에 근거한 생물학적 세계 구성으로 '존재의 대연쇄'라는 개념으로 요약될 수 있다. 즉 우주를 구성하는 모든 요소가 하나의 거대한 사슬에 의해 서로 연결되어 있으며, 이 사슬의 제일 위쪽에 자리한 존재가 신이라고 믿는다. 이들 요소들은 신을 정점으로 하여 이미 결정된 위계질서에 의해 결합되며, 상호 간에 긴밀한 의존성을 지닌다. 삼라만상은 모두 존재의 의미를 갖는 것으로, 돌이나 흙조차도 존재사슬 꼭대기의 신으로부터 부여되는 영혼에 의해 생명을 지닌 존재였다.[7] 이와 같이 인간과 자연이 함께 존재 사

6– 야마모토 요시타카, 이영기 역, 『과학의 탄생』, 동아시아, 2005, p. 199.

7– 김명자, 앞의 책, p. 59.

실에 포함되고 있다는 사실은 인간이 자연을 하나의 유기적 관계로 파악했다는 것을 보여준다.

4. 근대인의 과학기술과 자연사상

(1) 기계론적 자연관

소르본의 역사과 교수인 튀르고(Jacques Turgot)는 1750년 진보라는 개념을 처음으로 창출하였다. 진보의 개념에 의해 그는 그리스인들이 믿었던 역사의 순환성이나 중세인들이 지녔던 지속적 붕괴의 개념을 거부하였다. 그는 역사를 누적적 · 진보적인 것으로 보면서 역사는 그 이전의 것보다 진보한다고 주장하였다. 이런 근대인의 진보사관은 기계론적 패러다임(the mechanical paradigm)과 결합하여 근대인의 세계관을 지배하고 구성하는 요소가 된다.

근대 과학은 16, 7세기의 유럽에서 발생한 일련의 과학혁명을 배경으로 하고 있다. 코페르니쿠스는 1543년 『천구들의 회전에 관하여(*De revolutionbus orbium coelestium*)』라는 글에서 천문학의 혁명이라 할 만한 주장을 제기하였다. 그것은 지구가 우주의 중심이 아니고 우주공간의 떠돌이별에 불과하다는 것이다. 그는 천체운동에 대하여 천체의 전 운동은 모두 공통의 중심을 갖고 있지 않으며, 지구는 단순한 달의 궤도의 중심으로서 자전하고 있다고 보았다. 모든 원운동은 태양의 주위에서 행해지며,

세계의 중심 부동점은 지구가 중심이 아니고 태양의 근방에 있으며, 태양과 지구 간의 거리는 천구의 크기와 비교하면 무시할 정도로 작다. 또한 태양의 운동은 지구가 운동하기 때문에 그렇게 보이는 것이며, 행성 운동에서 볼 수 있는 머무름, 역행 등도 행성 자신의 운동이 아니라 지구의 운동에서 그렇게 보인다는 것이다.[8] 결국 이것으로 말미암아 중세인이 믿었던 우주의 중심이 지구에서 태양으로 바뀌면서 세계 공간은 천상계와 월하권으로 구분되는 것이 아닌 것이 되었고, 신의 이마고로서 인간의 특수한 지위를 믿었던 중세인의 신념체계는 도전을 받게 되었다. 또한 전통적인 질료-형상에 입각한 운동이론의 근간도 흔들렸다.

기계적 세계관의 건축가(The Architects of the Mechanical World View)로는 보통 베이컨(Francis Bacon, 1561-1626), 데카르트(René Decartes, 1596-1650), 뉴턴(Isaac Newton, 1642-1727) 등이 꼽힌다. 베이컨은 전통지식을 "논쟁을 일삼는 지식(contentious learning)으로 쓸데없는 말만 늘어놓을 뿐 생산하지는 못한다. 그들의 지혜는 말에만 있지 실제적인 일에는 없다"고 비판하였다. 즉 인간의 조건을 개선하거나 이익을 줄 수 있는 단 한 가지 실험도 이루어내지 못하였다는 것이다. 그의 저서 『신기관(*Novum Organum*)』(1620)은 아리스토텔레스의 기관에 대하여 새로운 기관, 새로운 논리학을 말하는 것으로, 이것은 아리스토텔레스의 삼단론법, 연역법에 대하여 귀납법을 강조하고 사변과 권위에 의한 중세적인 학문방법에 반기를 든 것이다. 이런 비판적 관점에 입각하여 그는 "왜라는 질문으로부터 어떻게라는 물음으로 지식추구의 방법론을 전환하여야 하며, 과학

8_ 박익수, 앞의 책, pp. 179-178.

적 방법론으로 관찰자와 그 대상물을 분리할 것과 객관적 지식을 통해 사람들로 하여금 자연계의 대상물들, 즉 신체, 약, 기계적 힘 등을 지배할 수 있어야 한다"고 주장한다. 이러한 생각은 "지식은 힘이다(Scientia est potentia)"라는 그의 명제에 잘 나타나 있으며, 발생(genesis)으로서의 자연 개념은 제작관념으로 대체되어 갔다. 그리고 자연은 명상의 대상이 아니라 조종의 대상으로 격하된다.

그는 우선 객관적 자연탐구를 방해하는 네 가지 우상을 제거할 것을 주장한다. 첫째, 종족의 우상(Idola tribus)은 인간의 본성, 인류의 본성 속에서 인간정신이 갖고 있는 제약이나 미숙한 감각기관 속에 뿌리박힌 것으로, "인간은 만물의 척도이다"와 같은 그릇된 편견과 같은 것이다. 둘째, 동굴의 우상(Idola specus)은 인간의 개인적인 특질, 인간 각 개인이 받은 교육에서 오는 여러 조건으로 생긴 것이다. 이 때문에 인간이 자연을 자기의 동굴로부터 관찰하는 습관을 가지며, 이것을 극복하고 참으로 자연을 올바르게 보려면 집단적 경험과 관찰의 조력을 통해 가능하다고 주장한다. 셋째, 시장의 우상(Idola fori)은 인간의 공동생활 및 종족 상호의 접촉과 연합하는 여러 형식 속에서 생기는 것으로, 낡은 개념이나 용어, 옳지 않은 어법, 사변적 지식, 언어 마술을 극복해야 한다. 넷째, 극장의 우상(Idola theatri)은 권위에 대한 맹목적 신앙과 전통적인 철학체계나 논리법칙에 맹종하는 데서 생기는 것으로, 기교적 구상을 하는 점에서 '극장'이라 부른 것이다. 이런 선입관은 생활에 가까운 경험과 자연에 대한 직접적 연구를 통해 극복해 가야 한다고 주장한다.[9)]

9- 야마모토 요시타카, 앞의 책, pp. 167-169.

베이컨은 과학이 인간의 타락으로 상실된 자연에 대한 인간의 지배권을 회복하도록 도울 수 있다고 보았으며, 과학을 통해 삶의 고통, 질병, 가뭄, 기아, 홍수, 전염병, 무지 등을 극복해 갈 수 있다고 믿었다. 인간에게 봉사하는 과학을 통해 이상을 실현하려는 그의 꿈은 뉴아틀란티스(New Atlantis)의 설계로 나타난다. 여기서 그는 자연의 화합물의 인위적 생성, 새로운 금속의 생성, 생물계 종의 변이, 기후의 인공적 변화 등의 상상력을 보이고 있다. 과학의 진정하고 합리적인 목표를 '새로운 발명품과 부를 통해 인간의 삶에 봉사하는 것' 으로 설정한 베이컨이었지만 실질적으로 그는 과학자로서의 업적을 냈던 것은 아니다. 즉 과학의 연구분야에 새로운 업적이나 주목할 만한 가설을 제시했던 것도 아니다. 다만 그의 유명한 실험이 그의 죽음을 가져왔던 것이 일화로 남아 있다.

그 이야기는 다음과 같다. 어느 겨울날 베이컨과 그의 친구 위더본 박사는 마차를 타고 길을 달리고 있었다. 베이컨은 땅에 쌓인 눈을 보고는 그 속에 고기를 묻어 소금처럼 저장할 수 있지 않을까 생각했다. 이를 실험하기 위해 두 사람은 닭 한 마리를 사서 내장을 제거한 후 그 속에 눈을 채워넣었다. 이 과정에서 베이컨은 감기에 걸려 심한 기관지염에 시달리다가 시험결과를 보지 못한 채 사흘 후 숨을 거두고 만다. 이런 이유로 인해 베이컨은 과학실험의 순교자가 된 것이다. 그러나 베이컨의 위대함은 과학실험이 아니라 과학적 발명품이 가져올 문제를 심도 있게 다루었다는 측면에 있다고 볼 수 있다.[10)]

베이컨이 실증성을 중시한 것과는 대조적으로 "나는 생각한다 그러

10_ 닐 포스트먼, 김 균 옮김, 『테크노폴리』, 궁리, 2005, pp. 54-55.

므로 존재한다(cogito erg sum)"라는 철학적 명제로 유명한 데카르트는 합리성을 중요시한다. 즉 베이컨이 개개의 실증적 지식에 의해 순차적으로 귀납적 방법으로 일반적인 결론에 도달할 것을 주장한 데 반하여, 데카르트는 명석한 판단에 의하여 일반원리를 만들고 이것에서 연역적 방법으로 지식의 체계를 만들어야 한다고 강조했다. 이런 생각에서 그는 수학적 정신을 존중하였고 수학적 방법을 신뢰하였다. 원래 수학은 인간사유의 소산으로 연역적 성격을 지니며, 합리적 · 연역적 사상이 그의 사상의 중심을 이루게 된 것은 이런 수학정신에서 유래한 것이라 하겠다.[11)]

수학에 대한 그의 확신은 "세계를 이해하고, 세계에 숨겨진 비밀을 해석하고, 인간을 위해 세계를 조종하는 열쇠가 한 마디로 발견되었는데, 그것은 바로 수학이다"라는 그의 말에서도 잘 나타난다. 그는 "물질에 대해 곰곰이 생각해 본 결과 모든 물질은 질서와 측정을 연구하는 수학으로 설명될 수 있고, 그것은 측정 가능한 어떤 것이든 마찬가지이다"라고 말한다. 그는 자연을 운동하는 물질(matter in motion)로 보고, 모든 물질을 양(quantity)으로 환원시킨 이후 공간과 위치만을 중요한 문제로 다루었다. 이런 그의 생각은 "나에게 외연(extention)과 운동(motion)을 달라. 그러면 나는 우주를 건설할 것이다"라는 자신감으로 표현된다. 어쨌든 수학을 통해 총체적 질서를 표현하고 삼라만상을 질서정연하게 측정하고 질서지우고자 했던 것이다.[12)] 데카르트는 물질적 자연에 대하여 기

11– 야마모토 요시타카, 앞의 책, pp. 208–209.

12– John Herman Randall, *The Making of the Modern Mind,* Cambridge, Mass, : Houghton Mifflin, 1940, p. 259. 제레미 리프킨, 김명자 역, 『엔트로피』, 동아출판사, 1994 재인용, p. 34.

계론적 설명을 하고 생물도 하나의 자동기계로 보았으나 인간은 영혼을 가지며 사유하는 정신을 가졌다는 물심이원론의 입장을 취하였다. 이런 사고는 세계의 질서정연함을 확신하고 예측 가능성을 통한 세계에 대한 기계적 패러다임의 구축에 일조를 하게 된다.

뉴턴은 그의 주저 『프린시피아-자연철학의 수학적 원리-(*Philosophiae Naturalis Principiphia Mathematica*)』에서 과학에 있어서의 역학적 자연관을 완성하였다. 여기서 그는 지상계와 천상계에서의 기계적인 운동에 관해 기술하는 수학적 방법, 즉 만유인력의 원칙으로 알려진 과학법칙을 제시한다. "사과가 지구 중심으로 떨어지고 싶어하는 성질을 가진 것이 아니라 사과를 끌어당기는 것은 지구"라는 주장과 같이 그는 자연계의 만물을 수학법칙으로 설명하고자 하였다. 그는 만유인력의 법칙을 "물체 사이의 인력은 질량의 곱에 비례하고 거리의 제곱에 반비례한다"는 것으로 공식화하고, 가깝고 무거운 것일수록 인력작용은 커진다는 주장을 편다. 그리고 "외부에서 힘이 가해지지 않는 한, 운동하지 않는 물체는 그대로 움직이지 않으려 하고, 운동하고 있는 물체는 그대로 직선운동을 하려고 한다. 물체의 가속도는 가해진 힘에 정비례하며, 그 방향은 가해진 힘의 방향과 같다. 모든 힘에는 크기가 같고 방향이 반대인 반작용의 힘이 있다"고 주장한다.

뉴턴은 만유인력과 운동법칙에 의하여 지구상의 모든 자연현상을 역학적으로 설명할 수 있다고 믿었을 뿐만 아니라 지구와 별, 별과 별의 운동관계도 그렇게 설명할 수 있다고 믿었다. 이것은 천상계와 지상계를 구분하여 이질적인 세계로 설명한 중세의 우주관 혹은 자연관을 완전히 부정하는 것이었으며, 우주의 동질성, 즉 세계의 일원화를 의미하는 것이었다. 뉴턴 물리학은 모든 자연을 역학관에 의해 기계론적으로 일원화하여 설명하고자 하였으며, 동시에 모든 자연은 인과 필연의 관계에서 설명할 수 있다고 믿었다. 실증을 원칙으로 하여 과학적 방법을 확립한 것이 갈릴레오라 하면 모든 자연을 역학의 법칙에 의해 통일적으로 설명할 수 있다고 믿은 것은 뉴턴이다.[13)]

(2) 기계론적 세계관의 한계

뉴턴은 "나는 가설을 만들지 않는다(Hypotheses non fingo)"라고 하였지만 그것은 하나의 이념에 불과할 뿐이었다. 한정된 관찰과 실험에서 얻은 일반적인 결론이라는 것은 그 결론에 반대되는 사실이 장래에 있어서 절대 나타나지 않는다는 보장은 없으며, 이 점에서 엄밀한 의미에서 가정이라 할 수 있다.[14)]

갈릴레오, 뉴턴과 이들의 후계자의 업적인 기계론적 세계관은 자연의 양상을 밝혀냄에 있어 강점과 동시에 한계점을 지니고 있다. 이들이 안고 있는 핵심적인 문제 중의 하나는 가속도에 대한 기술이다. 이는 어떤 물체의 운동상태에 의하여 겪는 변화가 간단한 수학적 용어들로 공식화될 수 있다는 것이다. 뉴턴의 운동법칙의 수식화는 행성운동에 대한 케플러의 법칙과 낙하물체에 대한 갈릴레오의 법칙이 이용되었다. 뉴턴의 동역학적 과학의 승리는 단 하나의 힘, 중력이 하늘에서 행성과 혜성의 운동과 땅으로 떨어지는 물체의 운동을 결정한다는 것을 발견한 것

13_ 박익수, 앞의 책, p. 207.

14_ 앞의 책, p. 207.

이다. 이는 모든 물체는 그것의 크기가 어떻든 질량을 갖고 있다는 것으로, 중력이 작용하고 있는 물체들 간의 운동법칙의 기본적인 특성은 준법성, 결정론, 가역성이다.[15] 동역학적 궤적의 가역성은 만일 계의 모든 점들의 속도가 거꾸로 뒤집어진다면 그 계는 시간에 따라 뒤로 가게 될 것임을 내포하고 있다. 계는 이전에 일어났던 변화 중에 겪었던 모든 상태를 다시 밟아간다는 것이다.

그러나 실재는 가역적 세계의 바깥에 있다. 더욱 어이없는 가정은 초기 조건들이 운동법칙으로부터 완전히 독립적이라는 것이다. 돌을 집어 들고 사람의 육체적인 힘에 의해서만 제한받는 경우는 어떤 초기 속도로 던지는 것이 가능하다. 그러나 많은 입자들로 구성된 복잡한 기체와 같이 복잡한 계에서는 어떠한가? 이 경우에 우리는 더 이상 임의의 초기 조건을 강요할 수 없다.[16] 변화에 대한 뉴턴적 개념은 이미 접촉하고 있는 부품들 간에 충돌이나 마찰이 없이 운동이 전달되는 이상적인 기계들에 관한 과학과 멀리서 상호작용하고 있는 천체들에 관한 과학의 종합으로 보인다. 기계론적 세계관은 모든 관측 대상물이 어떻게든 운동과 연관시켜 설명될 수 있는 한은 받아들여질 수 있는 것이었다. 그러나 그것이 그렇지 않다. 불안정한 입자들은 운동과 관련지을 수 있는 에너지를 지니고 있지만 또한 비가역과정과 보다 밀접한 관계를 지닌 매우 다른 종류의 관측 대상물인 수명을 지니고 있다.

기계적 세계관은 수학과 과학과 기술의 세계관이자 물질주의와 발전

15- 일리야 프리고진, 이사벨 스텐져스 공저, 신국조 옮김, 『혼돈으로부터의 질서』, 고려원미디어, 1993, p. 108.

16- 위의 책, p. 110.

을 지향하는 세계관이다. 또 그것은 인간이 경험하는 세계를 설명할 수 있다고 주장하는 세계관이다. 이러한 세계관 속에서 물질들은 차갑고 기계적인 우주에서 상호작용하는 물리적 현상에 불과한 것이 된다. 기계적 세계관의 가정은 다음과 같다.

첫째, 우주에는 정확한 수학적 질서가 존재하며, 천체의 운행으로부터 연역될 수 있다. 지구상의 모든 것도 우주에 존재하는 질서를 반영하도록 만물을 재배치하여야 한다. 이에 대한 답은 역학분야의 과학적 원리를 원용하여 인간의 물질적 자기 이익을 최고로 증진시키는 방향으로 자연을 재배치하는 것이다. 둘째, 인간이 기계적 · 물질적 행복을 더 많이 누릴수록 세계는 더 질서 있는 상태로 정돈되는 것이다. 과학과 기술은 그러한 작업을 수행할 수 있는 막강한 수단이다. 셋째, 기계적 세계관은 수학, 과학, 기술의 세계관이자 물질주의와 발전을 지향하는 세계관이다.

그러나 그런 세계관을 지지해 주던 에너지 환경이 거의 종말에 가까워짐에 따라 그 세계관의 생명력도 생기를 잃기 시작하고 있다. 뉴턴의 과학이론은 곧 도전을 받게 된다. 푸엥카레(Henri Poincare)는 뉴턴 물리학이 닫힌 체계의 역학으로 환원주의적 성격을 지녔음을 지적한다. 닫힌 계(closed system)는 외부의 영향이 없이 몇몇 상호작용하는 물체들로 이루어진 계로서, 규칙성과 예측 가능성을 지닐 수 있다. 예컨대 마찰이나 공기저항이 없는 진공 속의 단진자는 그 에너지를 보존하여 영원히 진동운동을 할 수 있다. 이 진자의 에너지는 엔트로피에 의한 소멸, 즉 에너지를 주변에 빼앗기는 일이 없다.

뉴턴의 중력법칙은 달과 지구 또는 지구와 태양의 이체(Two-body) 간에는 언제든지 성립한다. 이체의 경우 궤도는 안정적이기 때문이다. 달과 지구라는 두 개의 행성만 상정한다면 둘 사이에 작용하는 궤도도 안정적이고 둘 사이에 작용하는 인력도 계산 가능할 것이다. 그러나 만일 우주에 두 개의 행성만 존재하는 것이 아니라 세 개, 네 개 또는 여러 개의 행성이 존재하는 경우, 예컨대 지구-달의 궤도에 태양의 중력효과를 더하는 경우에 뉴턴 공식은 풀리지 않는다. 나아가 화성과 목성 궤도 사이에 산재하는 소행성들의 궤도에 태양과 목성의 중력효과를 계산하기 위해서는 각각의 근사치를 이체문제의 해에 첨가해야 한다. 각각의 근사치는 그전의 근사치에 비하여 점점 작아지고, 원리적으로 무한개수의 근사 교정치가 더해감으로써 정답을 얻어 보려는 것이다.

푸엥카레는 이 근사방법이 처음에는 잘 맞아가지만 그 뒤에 따라 나오는 작은 무한개의 항들은 계산되기 어려움을 지적한다. 즉 이체나 삼체는 선형적 계산이 가능하지만 다체(many-body)는 비선형적인 것이다. 푸엥카레는 어떤 궤도들은 궤도 내의 작은 섭동을 궤도 안으로 흡수하기도 하지만, 경우에 따라서는 작은 섭동만으로도 엄청난 무질서 내지는 혼돈된 양상으로 변화한다는 것이다. 뉴턴 역학에 대한 푸엥카레의 이의제기는 막스 플랑크와 아인슈타인의 양자이론과 상대성이론을 촉발하는 계기가 된다.[17)]

17- 존 브리그스 · 데이비드 피트, 김광태 · 조혁 옮김, 『혼돈의 과학』, 범양사, 1990, pp. 27-8.

5. 현대인의 과학기술과 자연사상

(1) 엔트로피 법칙

제임스 와트(JamesWatt)가 발견한 증기기관의 급속한 전파는 열의 기계적인 효과에 대하여 새로운 흥미를 불러일으켰지만, 열역학은 열이 기계적 에너지를 생산할 수 있는 가능성에 관심을 두고 열의 본성에 대해서는 관심을 두지 않았었다. 다만 프리에가 열의 흐름은 온도의 기울기에 비례한다는 것을 밝혔다. 균일하지 않은 온도분포를 지닌 격리된 물체에 적용된 프리에의 법칙은 열평형을 기술한다. 비가역에 관한 최초의 정량적인 표현에 이르게 한 열역학 제2법칙의 독창적인 설립은 1824년 사디 카르노(Sadi Carnot)에 의하여 이루어졌다.

엔트로피의 개념을 처음 도입한 것은 1865년의 클라우지스였다. 그의 목표는 첫째, 보존과 가역성에 대한 개념을 구별하는 것이었다. 가역성과 보존이 일치하는 기계적인 변환들과는 달리 물리화학적 변환은 비록 그것이 되돌려질 수 없는 것이라 해도 에너지가 보존될 수 있다. 이런 예로는 운동이 열로 전환되는 마찰이나 열전도의 경우이다. 그러나 우리는 에너지 보존원리에서 나아가 순환과정에 있어서의 유용한 에너지 교환과 비가역적으로 낭비된 무산된 에너지를 구별하여야 한다. 이것이 바로 클라우지스의 새로운 함수인 엔트로피이다.

엔트로피의 처음 정의는 보존을 중심으로 이루어졌다. 즉 각 순환과정의 마지막에는 계의 상태의 함수인 엔트로피가 초기의 값으로 돌아가야 한다는 것이다. 그러나 이상적인 기관과 실제의 기관은 다르다. 이상적인 상황에서 엔트로피 변화는 기관과 그 주위 환경 간의 교환들에 의하여 표현될 수 있다. 우리는 열이 계 안으로 흘러들어 오는 대신 계가 열을 주어버리는 실험들을 할 수 있다. 그러나 실제 기관에서는 다르다. 이 경우 가역적인 교환들 이외에도 계 안에는 열손실, 마찰 등과 같은 비가역적 과정들이 있다. 이들은 계 안에서 엔트로피의 증가 또는 엔트로피 생산을 가져오게 한다. 모든 비가역적 과정들과 마찬가지로 엔트로피 생산은 언제나 같은 방향으로 진행된다. 따라서 엔트로피 생산은 계 안에서 비가역적인 변화들이 일어나고 있음을 나타내는 것이다.

주변과 아무런 교환도 하지 않는 격리된 계에서 엔트로피 흐름은 정의에 의하여 0이 된다. 여기서는 더 이상 가역적 변환의 근사로서 비가역적 변환에 대한 문제가 아니며, 증가하는 엔트로피는 계의 자발적인 진화에 해당되는 것이다. 따라서 엔트로피는 시간의 화살이 되며, 미래는 엔트로피가 증가하는 방향이다. 이런 개념이 클라우지스의 열역학의 두 법칙, 즉 세계의 에너지는 일정하다는 법칙과 세계의 엔트로피는 최대치를 향하여 증가한다는 법칙의 근거를 이룬다.[18]

엔트로피 법칙은 열역학 제2법칙이다. 열역학 제1법칙은 우주의 물질과 에너지 총량은 일정하기 때문에 생성되거나 소멸될 수 없고 오직 그 형태만 바뀌는 것이라고 말한다. 제2법칙은 물질과 에너지는 한 방향으로만 바뀔 수 있음을 천명한다. 즉 사용할 수 있는 형태로부터 사용할 수 없는 형태로, 얻을 수 있는 형태로부터 얻을 수 없는 형태로, 질서 있

18_ 프리고진 · 스텐져스, 앞의 책, pp. 175-8.

는 상태로부터 무질서한 상태로 변할 수 있음을 말한다. 우주의 어느 계에서 사용 가능한 에너지가 사용할 수 없는 형태로 얼마나 변형되었는가에 대한 척도가 바로 엔트로피이다. 엔트로피 법칙에 의하면 지구의 어디에선가 질서가 더 생기는 것은 그 주위 환경에 그보다 더한 무질서가 생기는 것을 의미한다.[19)]

열역학 제1법칙과 제2법칙은 다음의 한 문장으로 나타낼 수 있다.

우주의 전체 에너지 양은 일정하고 전체 엔트로피는 항상 증가하려고 한다.

제1법칙은 '에너지 보존의 법칙'이다. 아시모프(Issac Asimov)는 다음과 같이 설명한다. "일정 양의 열을 일로 바꾼다고 상상해 보라. 그때 열은 소멸된 것이 아니라 다른 장소로 이동하였거나 또는 다른 형태의 에너지로 변환되었을 따름이다." 좀더 구체적으로는 자동차 엔진의 경우에, 소모된 휘발유의 화학 에너지는 '가솔린 엔진이 한 일과 거기에서 발생된 열과 그리고 배기가스의 에너지를 합한 것'과 같다. 다시 말해 우리는 어떤 경우에도 절대로 에너지를 만들어낼 수 없다는 것이다. 우리가 할 수 있는 유일한 가능성은 에너지를 한 형태로부터 다른 형태로 변환시키는 일이다.[20)]

에너지가 한 상태로부터 다른 상태로 변환될 때는 반드시 사용 가능한 에너지의 손실이 일어난다. 여기서 열역학 제2법칙이 주어진다. 엔트로피는 더 이상 일로 바꿀 수 없는 에너지의 양에 대한 척도이다. 즉 사용 가능한 에너지와 사용 불가능한 에너지의 구분을 시도한 것으로, 엔

19– 제레미 리프킨, 앞의 책, p. 15.

20– 앞의 책, p. 48.

트로피의 증가는 사용 가능한 에너지의 감소를 뜻한다. 사용 불가능한 에너지는 바로 공해에 해당된다고 볼 수 있으며, 환경오염이라는 것도 사용 불가능한 에너지 형태로 변환된 사용 가능한 에너지의 총량이다. 따라서 쓰레기는 분산된 에너지이다. 열역학 제2법칙에 의하면 자연계에서 에너지는 분산된 상태로의 한 방향으로만 변환이 가능하다. 따라서 환경오염은 엔트로피에 대한 또 다른 이름으로, 현재의 사용 불가능한 에너지에 대한 척도이다.[21)]

(2) 엔트로피와 자유 에너지

클라우지스는 닫힌 계에서는 에너지가 준위의 차이가 없는 평형상태(theequilibriumstate)로 변화를 일으킨다는 것을 별견하였다. 평형상태의 에너지는 구속 에너지(boundaryentropy), 즉 사용 불가능한 에너지로 전환되어 엔트로피가 최대치에 도달한 상태이다. 여기에서는 일을 할 수 있는 자유 에너지(freeenergy)가 더 이상 없는 상태이다. 그는 "세계에서 엔트로피는 항상 최대가 되려고 한다"고 결론짓는다.[22)]

지구상의 사용 가능한 에너지는 지상의 부존자원과 지구 외부로부터 내리쬐는 태양열 두 종류가 있다. 경제학자 데일리는 이들을 다음과 같이 설명한다. "지상의 자원이나 태양열은 두 가지 다 한정되어 있다. 지질학적 시간 척도상 재생 불가능한 지상의 부존자원은 전체 사용량에

21_ 앞의 책, p. 49.
22_ 앞의 책, p. 50.

있어서 한정되어 있으며, 재생 가능한 지상의 자원 역시 사용할 수 있는 양이 한정되어 있기 때문에 고갈될 정도로 남용한다면 이는 재생 불가능한 것이나 마찬가지이다. … 태양열은 실제적으로 총량으로는 거의 무한이지만 지상에 도달하는 속도나 형태에 있어서는 제한되어 있다."[23)]

엔트로피의 증가과정을 거꾸로 돌릴 수는 있다. 그러나 그러기 위해서는 부가적인 에너지가 사용되어야 하며, 따라서 주위의 총체적인 엔트로피는 증가되어야 한다. 물질의 재순환의 경우에도 우리는 자원의 재순환을 위해서 회수하고 재처리하는 데 있어서 가외 에너지를 필요로 하고, 이것은 다시 전체 엔트로피를 증가시키는 대가를 치러야 가능하여진다. 엔트로피 증가를 국부적으로 역전되게 할 수 있지만, 이것은 어디까지나 주위의 총체적인 엔트로피가 증가함으로써 가능하다. 앙그리스트(Angrist)와 헤플러(Hepler)는 "인간이나 기계에 의하여 이루어진 국부적인 엔트로피 감소는 주위의 엔트로피를 그 이상 증가시키는 것에 의해서만 가능하므로 결국 전체 엔트로피는 증가할 수밖에 없다."[24)]

여기서 강조되어야 할 것은 지구의 물질적 엔트로피는 계속 증가하고 있으며, 최대를 향한다는 것이다. 그 이유는 지구가 닫힌 계로서 그 주위와 에너지는 교환하지만 주위와 물질은 교환하지 않는 닫힌 계이기 때문이다. 유기물질이 계속 재생산되고 있지만, 이런 유기체의 소멸은 결국 지구의 엔트로피를 증가시키게 되어 미래에 유기물을 만드는 데 필요한 물질이 차츰 감소되는 것이다. 생명체가 형성되기 위해서는 태양

23– Herman Daly, Steady–State Economics (SanFrancisco : Freeman, 1977), Ibid., pp. 50–1.

24– Stanley Angrist and Loren Hepler, "Demons, Poetry and Life : A Thermodynamic View," Texas Quarterly 10 (September 1967) : p. 30.

에너지가 지상의 물질자원으로 형성된 닫힌 계와 반응하여 그들 물질을 생명과 보조생명으로 전환시켜야 한다.

에너지를 더 이상 사용할 수 없게 되는 경우에 대해 '열종말(heat death)'이라는 용어가 사용된다. 사용할 물질이 더 이상 존재하지 않는 경우에는 '물질혼돈(matter chaos)'이라는 용어를 사용한다. 이 두 경우는 모두 엔트로피로 인한 경우이다.[25] 고립된 계에서는 모든 에너지가 질서 있는 상태로부터 무질서한 상태로 옮겨간다. 에너지 농도가 가장 높고 사용 가능한 에너지가 최대인 상태가 최소의 엔트로피 상태이며, 또한 가장 질서 있는 상태이다. 반면 사용 가능한 에너지가 완전히 분산되고 흩어져 있는 상태는 엔트로피가 최대인 상태이며, 동시에 최고로 무질서한 상태이다.

(3) 시간의 화살과 진화

19세기에 이르러 물리학의 주된 관심이 동역학에서 열역학으로 바뀌고 열역학 제2법칙이 제창됨에 따라 시간은 갑자기 관심의 초점이 되었다. 왜냐하면 열역학 제2법칙에 의하면 이 우주에는 피할 수 없는 에너지 손실이 있다는 것이다. 우리는 엔트로피를 보충하기 위하여 이 우주를 거꾸로 돌릴 수는 없다. 장기간에 걸쳐 일어나는 사건은 다시 반복할 수 없다. 이는 시간의 방향성을 말하는 것으로, 에딩턴은 이를 시간에서

25- 제레미 리프킨, 앞의 책, pp. 52-4.

의 화살이라고 불렀다. 시간은 더 이상 가역적인 것이 아니고, 비가역적인 것이다.

『시간의 화살과 진화(*Time's Arrowand Evolution*)』라는 저서에서 블럼(Harold Blum)은 다음과 같이 말했다. "유기체의 생성으로 나타난 국부적인 미소한 엔트로피의 감소는 우주 엔트로피의 더 큰 증가가 수반됨으로써만 가능하다."[26] 모든 생명체에는 평형을 향하여 이동하려는 자연적인 경향이 있다. 인간은 죽음의 평형상태로 분산되는 것으로부터 스스로를 보호하기 위하여 끊임없이 자유 에너지(음의 엔트로피)를 주위로부터 흡수하여야 한다. 생명계에 제2법칙을 적용하는 데 있어서는 닫힌 계(주위 환경과 에너지는 교환 가능하지만 물질의 교환이 불가능한 계)와 구별하여야 한다. 생명계는 열린 계이다. 물질과 에너지 모두 교환된다. 생명체가 살아 있는 한 절대로 평형상태에 이르지 못하며, 죽음에 이르러서야 평형상태로 떨어진다. 생명체는 주위로부터 유용한 에너지를 계속해서 흡수함으로써 정상상태를 유지한다. 물질과 에너지의 교환이 중지될 때 생명체는 평형상태에 도달한다. 따라서 생명체는 비평형 열역학의 분야로 분류한다.[27]

에너지는 살아 있는 모든 유기체의 내부를 끊임없이 흐르고 있는데, 높은 수준의 에너지로 들어가서 더 붕괴된 형태로 나오게 된다. 유기체는 환경으로부터 음의 엔트로피를 축적하는 것에 의하여 살아간다. 생존을 위한 투쟁은 생물이 사용 가능한 에너지를 흡수하는 장치를 얼마나

26- Harold F. Blum, *Time's Arrow and Evolution*(Prinston, N.J. : Prinston University Press, 1968), p. 94.

27- 제레미 리프킨, 앞의 책, p. 70.

잘 갖추었나에 따라서 결정된다. 에너지의 흐름과 생물학적 진화를 최초로 관련지은 사람은 로트카(Alfred Lotka)였다. 그는 초기에는 자연선택은 체내에서 에너지 흐름을 최대로 하는 생물을 선택한다는 주장을 폈지만, 후에는 현재 사용 가능한 에너지의 여분이 존재할 경우에만 에너지 흐름의 극대화가 생태계 발전의 초기단계에서의 공통된 반응이라는 주장한다.

일반적으로 다양한 종들은 주어진 생태계의 서식처를 채우기 시작하면 에너지 흐름을 조절하여 환경과 조화를 이룬다. 최대 흐름의 초기단계는 일반적으로 식민단계(colonizing phase)라고 하며, 최소 흐름의 후기단계는 절정단계(climactic phase)라고 한다. 그러나 전반적으로 인류는 식민단계에서 절정단계로 옮겨가지 않았다. 이것은 인류문명의 생멸을 설명해 준다. 특히 고도산업사회에서는 인간과 사회체계 양쪽에서 에너지의 흐름을 증가시키는 방식으로 행동하고 있다. 오늘날 전 세계적인 인간위기는 일종의 전환위기이다. 다음 세대의 인류는 절정단계를 통해서만 정착할 것인데, 그 단계에서 인류와 사회는 모두 에너지의 흐름을 최소화하는 방식으로 살게 될 것이다. 만약 이런 전환에 실패한다면 멸종된 다른 종의 전철을 밟게 될 것이다. 생물계의 서사시는 멸종된 종의 역사이다.[28)]

엔트로피는 시간의 방향에 대하여 말해주지만 속도에 대해서는 말해주지 않는다. 시간의 방향을 설정함에 있어서 제2법칙은 인간의 행동영역을 제한한다. 우리는 결코 시간이나 엔트로피 과정을 역전시킬 수 없다.

28_ 앞의 책, p. 73.

그러나 엔트로피가 진행되는 속도는 조절할 수 있다. 인간의 행위는 엔트로피를 가속시키거나 이완시킨다. 우리의 선택에 따라 사용 가능한 에너지의 분산을 결정한다. 과학이 윤리학 분야와 만나는 곳이 이곳이다.

프리고진의 불확정성 원리에 따르면, 어느 임계값 이상의 복잡도를 넘어서면 계들은 예측할 수 없는 방향으로 나아간다. 즉 그들은 초기 조건을 잃어서 그 조건으로 되돌아가거나 회복될 수 없다. 이렇게 시간적으로 되돌아갈 수 없음을 '엔트로피 장벽'이라고 한다. "자동장치에는 자유와 윤리가 들어설 자리가 없다. 그러나 일단 세계가 충분히 복잡하다는 것을 알면 가치의 문제가 달라진다. 우리가 행위하는 것에 따라 갈래질의 어느 한쪽 가지에 도달하게 된다. 우리의 행위는 미래를 건설한다. … 아주 작은 요동조차도 자라서 전체 구조를 변화시킬 수 있기 때문에 개인적인 행위도 충분한 의미를 가질 수 있는 것이다. … 반면에 안정되고 영구적인 규칙에 대한 보장은 우리 우주에서 영원히 사라진 듯 보이기 때문에 우리는 위험하고 불확실한 세상에 살고 있다"라고 그는 말한다.[29)]

(4) 저엔트로피 세계를 향해서

저엔트로피 세계관에서의 지배적인 윤리원칙은 에너지 흐름을 극소화하자는 것이다. 과도한 물질적 부의 추구는 세계의 귀중한 자원을 복

29- 존 브리그스 · 데이비드 피트, 김광태 · 조혁 옮김, 앞의 책, pp. 151–152.

원할 수 없는 상태로 감소시킨다. 저엔트로피 사회에서는 '적은 것이 많은 것'이 최고진리가 된다. 또 물질의 소비를 억제하며, 검소가 슬로건이 된다. 인간의 필요는 충족되지만 변덕스럽고 탐닉하는 욕망은 절제되어야 한다.[30)]

저엔트로피 문화에서 개인은 훨씬 더 검소한 생활방식을 영위하도록 기대된다. 소비는 더 이상 인간의 존재목적으로 간주되지 못하며, 새 시대의 인간다운 생활에는 생산과 소비가 적을수록 좋다. 저엔트로피 문화와 고엔트로피 문화에서는 노동과 생산의 접근방식에서도 차이가 난다. 고엔트로피 사회는 노동절약적 장치로 가득 차 있다. 산업주의의 관점에서는 생산에 목적을 두고 일은 거기에 도달하기 위한 수단으로 간주된다. 일은 통속화되어 시계와 생산량에 의하여 분할되고 측정된다. 그리고 초월적 의미를 부여받지 못하므로 짐일 수밖에 없다. 그에 반하여 저엔트로피 사회에서의 일은 의식의 깨우침을 위한 필수단계로 된다. 여기서 인간의 노동은 '우리가 참으로 누구인지를 알도록 도와주는' 활동으로 신성시된다. 이 가치는 인간에게 자신의 능력을 활용하고 개발할 기회를 주며, 인간이 자기 중심성을 탈피하여 다른 사람들과 함께 공동의 임무를 해가게 하며, 재화와 용역을 제공한다. 저엔트로피 문화에서 일은 잠이나 명상처럼 삶의 균형을 적절히 맞추는 활동으로 이해되는 것이다.[31)]

저엔트로피 사회에서는 인간을 자연생태계의 작동으로부터 분리시켜 생각하던 것으로부터 모든 상호 관련에서 합일적으로 이해하는 방향

30_ 제레미 리프킨, 앞의 책, pp. 236-8.

31_ 앞의 책, p. 242.

으로 나아간다. 저엔트로피 문화는 자연의 일부로서 인간을 파악하며, 따로 분리시켜 생각하지 않는다. 자연은 조작할 대상이 아니라 생명의 원천으로서, 그 생명은 자연의 총체적 작용 내에서 보존되어야 하는 것이다. 일단 인간이 자연과 일체라는 이해가 성립되면 그로부터 인간의 활동이 적절하가 아닌가를 판단할 수 있는 윤리적 근거가 마련되는 것이다. 생태계의 제1법칙은 '모든 것은 다른 것과 연관되어 있다는 것이다.' 그러므로 자연의 한 부분이라도 파괴한다면 인간을 포함한 다른 부분에 그 영향이 돌아간다. 저엔트로피 사회에서는 자연을 정복한다는 생각에서 벗어나 다른 생물들과의 전체 환경조화를 이루어야 한다는 믿음으로 대치된다. 모든 다른 형태의 생명체들처럼 하나하나의 인간은 지상을 거쳐가는 길손일 뿐이다. 그리고 그들에게는 뒤에 올 인간이나 다른 생명체들이 삶을 즐길 수 있도록 가능한 한 최대한 자연을 보존할 책임이 주어진다.[32]

32- 앞의 책, p. 243.

생각해 볼 문제들

1. 과학의 기원이 되는 수학, 기하학, 본초학 등은 고대 동 · 서양의 각 문명권에서 상당한 정도로 발전하였다. 그런데 유독 서구에서 근대 과학이 주도적으로 발달하게 된 근본적 원인은 무엇일까?
2. 고대의 물활론적 · 유기체적 자연관과 근대의 기계적 자연관에서 보는 자연에 대한 관점의 차이를 설명하고 그러한 입장 차가 가져온 결과를 생각해 보자.
3. 엔트로피 세계관이 현대 문명에 전하는 시사점은 무엇인가? 우리의 일상생활에서 저엔트로피를 위하여 할 수 있는 것은 무엇일까?

더 읽어야 할 책들

1. 김명자, 『동서양의 과학전통과 환경운동』, 동아출판사, 1992.
2. 닐 포스트먼, 김 균 옮김, 『테크노폴리』, 궁리, 2005.
3. 박익수, 『과학기술의 사회사』, 진한도서, 1995.
4. 제레미 리프킨, 김명자 역, 『엔트로피』, 동아출판사, 1994.

참고문헌

김명자, 『동서양의 과학전통과 환경운동』, 동아출판사, 1992.
널 포스트먼, 김 균 옮김, 『테크노폴리』, 궁리, 2005.
박익수, 『과학기술의 사회사』, 진한도서, 1995.
제레미 리프킨, 김명자 역, 『엔트로피』, 동아출판사, 1994.
일리야 프리고진, 이사벨 스텐져스 공저, 신국조 옮김, 『혼돈으로부터의 질서』, 고려원미디어, 1993.
존 브리그스 · 데이비드 피트, 김광태 · 조혁 옮김, 『혼돈의 과학』, 범양사, 1990.

Chapter 3

윤리이론의 근본원리

조태훈

1. 윤리이론들

윤리이론 또는 윤리학이란 무엇인가? 먼저 칸트의 문제의식에서 윤리학의 출발점을 검토해 보자. 칸트에 따르면, 세계시민적 의미에서 철학 분야는 다음과 같은 물음으로 요약할 수 있다. (1)나는 무엇을 알 수 있는가? (2)나는 무엇을 해야 하나? (3)나는 무엇을 희망할 수 있는가? (4)인간이란 무엇인가? 첫 번째 물음에 답하는 것이 형이상학이고, 두 번째 물음에 답하는 것이 윤리학이며, 세 번째 것은 종교, 네 번째 것은 인간학이다."[1)] 칸트의 문제의식에 의하면 윤리학은 인간의 행위를 주제로 삼고

1– I. Kant, *Werke*, Hartenstein ed., Vol. III, p. 25.

있는 학문이다. 실제의 우리는 생활하는 매 순간마다 "무엇을 해야 하는가"라는 문제에 부딪친다. 즉, 삶의 과정에서 만나는 하나하나의 새로운 상황이 우리에게 행위의 문제를 부과한다. 이같은 "무엇을, 어떻게 행해야 하느냐"는 문제에 응답하는 것이 윤리학의 주제이다.

윤리학의 성격을 이해하기 위하여 우리는 학문탐구의 영역을 크게 '존재의 학' 또는 '사실의 학'과 '당위의 학' 또는 '가치의 학'으로 나누어 살펴보는 것이 도움이 되겠다. '존재의 학'이란 존재하는 사실을 존재하는 그대로 밝히고자 하는 것으로서, 진리의 인식을 목적으로 하는 것인 데 비해 '당위의 학'은 인간이 마땅히 행해야 할 바의 올바른 실천을 밝히고자 하는 것이다. 앞의 것이 말 그대로 있는 사실에 관한 것이라면 뒤의 것은 있어야 할 것을 위한 실천에 관한 것이다. 윤리학은 사실에 관한 논의를 포함하는 경우도 있지만 일반적으로 '당위의 학'에 속한다. 결국 윤리학이란 "우리가 어떻게 살 것인가"라는 인간의 근본적인 실천의 문제를 주제로 삼는다고 하겠다.

그렇다고 하여 모든 실천적인 문제가 빠짐없이 윤리학의 관심대상인 것은 아니다. 실천적인 것들 중에서도 단순히 어떤 것의 수단에 관한 것이거나 기술적인 문제들은 윤리학의 관심사가 아니다. 윤리학자들이 직접적으로 관심을 기울이는 것은 목적 자체의 선택과 관련을 갖는 것이었다. 즉 어떤 목적을 달성하기 위해 필요한 수단에 관한 것이 아니라, 성취시키고자 하는 목적 자체를 결정하는 일이 윤리학의 근본주제이다. 종래의 고전적 윤리이론들은 "우리가 목적으로 삼아야 할 인생 또는 그 인생의 주체적 당위로서의 인격, 또는 그 인생 내지 인격의 기본적 구성요소로서의 행위에 관한 실천적 제 문제를 다룬 당위의 학이었다고 묶어서 말할 수 있다."[2] 그리고 이상적인 인생이나 인격의 실현이 올바른 행위를 통해서만 가능한 것이라면 '당위의 학'으로서의 윤리학은 결국 행위에 관한 규범의 학이라고 하겠다.

규범의 학으로서 윤리학이 가능하려면 도덕적 평가기준이 확립되어야 한다. 즉 도덕판단의 진위를 가릴 표준이 확립될 수 있어야 한다. 이에 따라 고전 윤리학이 제기하였던 "우리는 무엇을 해야 하는가"라는 문제와는 별도로 행위의 시비를 평가하는 발언의 옳고 그름을 밝힐 방법이 있느냐 하는 문제, 즉 "윤리학이 학으로서 가능한가"라는 문제가 제기되었다. 달리 말해서 '당위의 학'으로서 종래의 윤리학에 수용될 수 없는 탐구주제를 다루는 윤리학의 다른 한 흐름이 등장한 것이다.

윤리학의 새로운 부분, 곧 윤리학의 학으로서의 가능성 여부를 묻는 탐구를 메타윤리학(meta-ethics)이라 하여 당위의 문제를 탐구하는 종래의 규범윤리학(normative ethics)과 구별한다.[3] 그리고 메타윤리학에 종사하는 학자를 분석학자(analyst)라 부르고 규범윤리학에 종사하는 사상가를 모럴리스트(moralist)라 부른다. 이밖에도 무어(G. E. Moore)는 인생의 목적 또는 행위법칙의 발견에 관한 방법론을 기준으로 하여 윤리학을 (1)형이상학적 윤리설, (2)자연주의 윤리설, (3)직각론적 윤리설로 분류하였다. 여기서 우리는 이들 윤리이론들을 주도하고 있는 목적주의와 법칙주의, 자연주의와 직각론, 도덕실재론과 도덕상대주의 등의 원리들을 상호 대비적으로 살펴보려고 한다.

첫째, 우주나 인생에는 우리가 실현시켜야 할 목적이 있다는 데서 출발하여 "인생의 궁극적 목적이 무엇이냐"를 근본문제로 삼는 목적주의

2_ 김태길 저, 『윤리학』, 박영사, 1984, p. 24.

3_ 위의 책, pp. 164-165.

윤리설(teleological ethics)과 인생에는 특별한 목적이 있다고 믿지 않는 대신에 행위의 옳음과 그름을 구별해 주는 표준의 구실을 하는 도덕법칙이 주어져 있다고 믿는 법칙주의 윤리설(deontological ethics)이 있다.

둘째, 우주나 인생의 궁극목적이 있고 행위의 시비를 가려줄 보편적 법칙이 있다고 하더라도 그러한 목적이나 법칙을 어떻게 발견하느냐는 문제를 두고 자연주의 윤리설(naturalistc ethics)과 직각론적 윤리설(intuitional ethics)을 대비시킬 수 있다.

셋째, 형이상학적인 절대주의 윤리설, 윤리적 보편주의, 가치실재론 등과 동질적인 것으로서, 도덕적 사실이 실재한다고 믿어 객관주의적 윤리설을 주장하는 도덕적 실재론(moral realism)이 있고, 그 건너편에는 가치상대주의(상대주의적 가치설), 도덕사실의 다원주의, 비실재론, 도덕 니힐리즘 등과 동질적인 도덕적 상대주의(moral relativism)가 있다.

2. 목적주의와 법칙주의

고전 윤리학의 여러 이론들은 그 기본적 믿음의 차이에 따라 목적주의 윤리설과 법칙주의 윤리설로 대별할 수 있다. 앞의 것은 우주나 인생에는 우리가 수행해야 할 목적이 있다는 믿음에 입각해 있다. 행위의 옳음과 그름은 행위가 그러한 목적을 수행하는 데 얼마나 기여하는가에 따라 판단된다고 보는 것이다. 설령 우주의 목적이 있다고 하더라도 인간이 자신의 행위를 통해 그러한 우주의 목적을 어떻게 달성할 수 있는가 하는 의문을 가질 수도 있다. 그러나 목적론의 시각에서는 인간이 창조자로서의 자기 사명을 다하지 않는 한 세계의 창조는 완성될 수 없으며, 인간이 창조자로서의 자기 사명을 다한다는 것은 곧 자신의 목적을 성취하는 것이라고 믿는다. 그러므로 목적주의 윤리설의 중심주제는 "삶의 궁극목적이 무엇이냐"는 것이다.

목적주의 윤리설의 대표적 인물은 아리스토텔레스이다. 아리스토텔레스에 의하면 우주와 더불어 이 세상의 모든 것은 목적을 가지고 있다. 자연은 결코 불필요한 것을 생산하지 않는다. 인간이 성취하여야 할 목적은 좋음(선)을 실현하는 것이다. 그에게 있어 목적이라는 관념과 좋음의 관념은 자연스럽게 연결된다. 목적은 실현되어야 할 것이며, 실현은 곧 좋음이다. 모든 인간활동의 목적은 덕과 일치하는 영혼의 활동으로서의 좋음을 추구하는 것이다.[4] 그리고 최고목적인 좋음은 행복으로 귀속될 뿐만 아니라 좋음은 그 자체로서 행복한 상태이다.[5]

법칙주의 윤리설은 이와는 달리 우주나 인생에 성취해야 할 목적이 있다고 보는 대신에 행위의 옳음과 그름을 구별해 줄 기준이 되는 도덕법칙이 존재하며, 이러한 도덕법칙은 언제 어디서나 타당한 절대적 권위를 지니는 것이라고 믿는다. 따라서 법칙주의 윤리설의 중심주제는 "보편타당한 행위의 법칙, 즉 도덕률이 무엇이냐"는 것이다. 이러한 법칙주의 윤리설을 선택한 현대의 윤리학자들로서는 프리차드(H. A. Prichard), 케리트(E. F. Carrit), 브로드(C. D. Broad) 등을 들 수 있으나 법칙주의의

4– Aristoteles, *Ethica Nichomachea*, 이창우 · 김재홍 · 강상진 옮김, 『니코마코스 윤리학』, 이제이북스, 2006, 제1권 제7장.

5– 위의 책, 제1권, 제4장.

고전적 전형은 아무래도 칸트에게서 찾아볼 수 있다. 옳은 행위를 위한 절대기준의 존재와 의지의 자유를 기본 신조로 삼고 출발한 칸트는 먼저 실천법칙으로 하여금 실천법칙으로서 타당케 하는 자격, 즉 보편성과 필연성을 갖추기 위하여 만족시켜야 할 제약의 원리로서 '선천적 입법의 형식' 을 살핀 후, 이 형식이 요청하는 바에 맞춰 모든 무제약적 실천법칙이 만족시켜야 할 기본원리인 실천이성의 근본법칙을 마련한다. 그것은 "네 의지의 준칙이 항상 (주관적인) 동시에 보편적 법칙수립이라는 원리로서 타당하도록 행위하라"[6]는 것이다.

칸트의 실천이성의 근본법칙이 의미하는 바는 일정한 상황에 있어서 나에게 옳은 행위는 누구에게나 옳은 행위이며, 나에게 그른 행위는 누구에게든 그른 행위라는 것이다. 각 개인의 경험적 사정의 차이는 행위의 시비를 가림에 있어 전혀 무관하다는 것이다. 그러므로 도덕적 실천법칙은 단순히 주관적 의지의 규정근거인 '준칙' 과 구별되어야 하며, 또한 오직 어떤 조건 아래서만 타당하는 '가언명령' 과도 구별되는 '정언명법' 이 아니면 안 된다.

윤리학의 임무 또는 사명이라는 시각에서 보자면, 우주와 인생에는 달성해야 할 목적이 있는데 그것을 밝히는 것이 윤리학의 사명이라고 보는 것이 목적론적 윤리설이고, 시비와 선악을 구분해 줄 도덕법칙이 있는데 그것이 무엇인지를 가르쳐 주는 것을 윤리학의 임무라고 믿는 입장이 법칙론적 윤리설이다.

이들 윤리설을 다시 다른 시각에서 대비켜 볼 수도 있다. 이를 위해서

6– I. Kant, *Kritik der Praktischen Vernunft*, 최재희 역, 『실천이성비판』, 박영사, 1981, p. 33.

는 롤스의 언급에 귀 기울여 보는 것이 좋겠다. 롤스에 따르면 "윤리학에 있어 두 개의 주요 개념은 옳음(정당성)과 좋음(선)이며, 도덕적으로 가치 있는 인격이라는 개념도 이들로부터 달성된다고 생각한다. 그래서 윤리설의 구조는 대체로 이 두 가지 기본 개념을 규정하고 관련지우는 방식에 의해 결정된다. 그런데 그들을 관련지우는 가장 간단한 방식으로는 목적론을 들 수 있는데, 여기서는 우선 좋음을 옳음과 상관없이 규정하고, 그리고 옳음은 그 좋음을 극대화하는 것으로 규정한다."[7] 이같은 목적론과는 대조적으로 법칙론은 옳음과 독립적으로 좋음을 규정하지 않거나 혹은 옳음을 좋음의 극대화로서 해석하지 않는 입장이다.[8]

법칙론자들은 옳음이 좋음에 의해 규정되지 않는다고 믿으며, 그들은 좋음이 옳음에 우선한다는 사상을 거부한다. 사실상 법칙론자들은 올바른 행위와 선한 행위는 명백히 별개의 것이라고 믿는다. 프라이드는 "궁극적 결과가 좋다고 하여 그것을 산출한 행위들이 옳은 것으로 보장되는 것은 아니다. 법칙론자들에 있어서는 이들 두 영역이 분명히 구분될 뿐만 아니라 옳음이 좋음에 우선한다"[9]고 한다.

올바르게 행위하기 위해서는 무엇보다도 행위자가 사실상 그른 것이라고 평가될 수 있는 것을 피해야 한다. 실제로 그른 것으로 판명될 수 있는 여러 가지를 피하기 위한 특정 요건들은 규칙, 법칙, 법칙론적 제약, 금지, 제한, 규범 등 다양한 이름으로 불릴 수 있으나 일반적으로 '법칙론적 제약'이라고 칭하는 것이 좋겠다. 법칙론의 입장은 법칙론적 제약

7– John Rowls, *A Theory of Justice*, 황경식 옮김, 『사회정의론』, 서광사, 1990, p. 46.

8– 위의 책, p. 51.

9– C. Fried, *Right and Wrong*, Cambridge, Mass. : Oxford University Press, 1978, p. 9.

을 강조한다. 이로써 법칙론의 입장은 행위자들이 그릇된 것을 피함으로써 결과적으로 더 큰 손상을 초래할 것이 예상되는 경우에도 그릇된 것은 피해야 한다고 본다. 이로써 보건대 법칙론의 입장은 비결과론적이다. 법칙론에 의거해 볼 때 거짓말하는 것이 그름은 특정의 거짓말이 갖는 결과가 나쁘기 때문이 아니라 거짓말은 일정한 규칙기준에 의해 그른 것으로 분류되기 때문이다. 따라서 거짓말은 좋은 결과를 가져오리라고 예상되는 경우이더라도 나쁜 것이다.

목적주의와 법칙주의를 이해함에 있어 한 가지 유의할 점은 목적주의와 법칙주의 간의 대립이 결과주의와 동기주의 간의 대립과 반드시 일치하는 것은 아니라는 것이다.[10)] 목적주의와 결과주의가 수월하게 결합될 수 있듯이 법칙주의와 동기주의도 상호 연관이 용이한 것은 사실이다. 그렇다고 하여 목적주의가 반드시 결과주의로 되어야 한다거나 법칙주의가 반드시 동기주의로 되어야 한다고 말할 수는 없다. 결과주의와 동기주의가 뚜렷이 대립적인 것인 데 비해 목적주의와 법칙주의는 경우에 따라 동질적일 수도 있다. 예컨대 아리스토텔레스는 인생의 궁극목적이 행복에 있다고 본 목적주의자이지만, 그는 행복이 정지된 상태가 아니라 활동의 과정이라고 본다. 따라서 행복하다는 것은 '잘 산다'는 뜻이요, '잘 산다'는 것은 '잘 한다'는 뜻이다. 그러므로 인간으로서 잘 사는 길은 인간적 기능을 잘 발휘하는 것이다. 인간으로서 고유한 기능, 즉 이성과 사유기능을 잘 발휘하는 것이 사람답게 사는 길이며 행복하게 사는 것이다. 이것은 곧 "우리는 어떻게 행위해야 하느냐"는 실천문제에

10- 김태길, 앞의 책, p. 26.

대해 "이성의 법칙에 따라 처신하라"고 권유하는 법칙주의자의 입장과 다르지 않다. 뿐만 아니라 법칙주의자들이라 하더라도 목적관념을 떠나 삶의 문제를 궁리할 수는 없다.

3. 자연주의와 직각설

자연주의 윤리설이란[11] 보편적 인생의 목적이나 절대적인 행위의 법칙을 자연적 사실, 즉 경험할 수 있는 사실로부터 추론해낼 수 있다고 믿는 윤리적 입장을 말한다. 존재하는 사실로부터 당위적 원리를 밝히고자 하는 점에서 자연주의 윤리설은 형이상학적 윤리설과 같은 입장이다. 그러나 형이상학적 윤리설이 당위의 근거를 초경험적 실재에서 찾고 있음에 반하여 자연주의 윤리설은 그 같은 존재를 경험적 사실에서 구하고 있다는 점에 근본적 차이가 있다. 자연주의자들이 도덕판단이란 참 혹은 거짓일 수 있으며 또한 인식가능하다고 믿는 점에서는 직각론자들과 같지만, 자연주의자들이 직관을 통해 인식할 수 있는 어떤 특이한 도덕적 사실 또는 속성들이 있다고 생각하지 않는다는 면에서는 직각론자들과 다르다. 그 대신 그들은 좋음 또는 옳음은 일부의 다른 속성(행복, 신의 의지)과 동일시되거나 또는 다른 속성으로 환원시킬 수 있다고 생각한다.

11_ 앞의 책, p. 32.

자연주의자들은 자신들의 입장을 옹호함에 있어서 사실로부터 가치를 도출하는 것은 오류라는 주장에 대처해야 한다.

자연주의를 다음과 같은 몇 가지로 특성화시켜 볼 수 있다.

첫째, 자연주의는 인지주의적 이론이다. 그것은 도덕판단이란 명제적 진술이라는 사실에서 출발한다. 도덕판단은 존재하는 것을 존재하는 그대로 말하고자 한다. 따라서 자연주의는 도덕판단을 감탄, 심리적 자극, 준명령 등으로 다양하게 표현하고 있는 정의주의(emotivism)와 규범주의(prescriptivism) 같은 비인지주의와 대립한다. 자연주의에 있어 도덕판단은 명제적 진술이며, 그것은 참이거나 거짓이다. 그러므로 여러 형태의 비인지주의는 그릇된 것이다.

둘째, 자연주의는 약한 의미에서 실재론적이다. 다시 말해서 자연주의는 일부의 도덕판단은 자명하게 참된 것이라고 본다. 이러한 면에서 자연주의는 도덕판단이란 참될 수도 있고 거짓될 수도 있는 것이지 그 자체로 참되다고 볼 수 있는 것은 존재하지 않는다는 주장에 반대한다. 자연주의자에 있어 도덕은 허구나 신화가 아니고 진리의 체계, 최소한 정보의 체계이다.

셋째, 자연주의는 느슨한 의미에서 환원론적이다. 도덕적 진리들, 즉 참된 진술들이 존재하지만 비도덕적 용어를 활용하여 구체화시킬 수 있는 사실과 속성들을 초월하여 특이한 도덕적 사실이나 속성은 결코 존재하지 않는다. 이 점에서는 무어(G. E. Moore)와 같은 '직각론'의 철학자들과 대조된다. 무어에 의하면[12] "내가 '무엇이 선(좋음)이냐'는 질문을

12- G. E. Moore, *Principia Ethica*, Cambridge : Cambridge University Press, 1978, p. 6.

받으면 선은 선이다. 그것이 모두라는 것이 나의 답변이다. 또는 '선을 어떻게 정의할 수 있는가' 라는 질문을 받으면 그것은 정의할 수 없다는 것이 그것에 대해 내가 말할 수 있는 모두라고 답한다"는 것이다. 무어의 말은 자신이 어떤 것이 좋은 것인지를 다른 사람에게 일러줄 수 없다는 뜻이 아니다. 예컨대 그는 우정 및 아름다움에 대한 숙고는 좋은 것이라고 생각한다. 그는 형이상학적 또는 존재론적 지적을 하고 있는 것이다. 즉 좋은 것들이 지닌 좋음은 그것들이 좋음의 속성, 곧 더 이상 분석하거나 설명할 수 없는 실재의 근본적 특성을 소유하고 있기 때문이다. 자연주의자들은 이 점에 동의하지 않는다. 자연주의자들에 있어서 좋음은 더 분석하거나 설명할 수 있다. 달리 말해서 좋음은 다른 어떤 것으로 환원되거나 또는 다른 어떤 성질들과 동일시된다. 사실상 자연주의자들은, 무어가 인식하고 있는 것처럼, 좋음이라는 고유하고 독자적인 성질이 존재한다고는 생각하지 않는다. 따라서 나쁨, 옳음, 그름 등도 마찬가지이다. 이들은 다른 무엇에로의 환원을 통해 규정되고 이해되는 것이다.

선, 악 등이 무엇에로 환원되며 또 이 환원이 어떻게 수행되느냐에 대하여 자연주의자들 내에서도 입장의 차이가 나타난다. 첫째, 좋음의 사실을 쾌락과 고통의 사실로 환원시키는 쾌락주의적 자연주의가 있다. 우정이 지닌 좋음은 그것이 쾌락에 기여하는 데 있다. 둘째, 좋음의 사실을 인간의 본성과 인간의 성장이라는 사실로 환원시키는 아리스토텔레스적 자연주의가 있다. 우정은 그것이 어느 정도 인간의 욕구 또는 인간의 본성과 조화하기 때문에 좋은 것이다. 셋째, 신학적 자연주의도 있다. 여기서 우정의 좋음은 그것이 신에 의해 인가된 것이기 때문이다. 그리고 자연주의적 윤리설을 대표하는 고전적 윤리학자들로는 에피큐러스(Epikuros), 벤덤(J. Bentham), 홉스(T. Hobbes), 스펜서(H. Spencer) 등을 들 수 있다.

무어에 따르면 자연주의자들은 모두가 '자연주의적 오류'를 범하고 있다. 그가 이 오류를 자연주의적이라고 부르는 까닭은 일반적으로 자연주의자들이 도덕을 과학적 사실들에다 정초시키려 하기 때문이다. 무어가 '자연주의적 오류'라는 개념으로 말하고자 하는 것은 자연주의자들에게서 보듯이 경험적 사실을 바탕으로 하여 거기로부터 가치를 규정하는 도덕판단을 이끌어낼 수 없다는 것이다. 무어에 의하면 자연주의자들은 가치술어를 경험적 용어로 정의하려 함으로써 자연주의적 오류를 범한다.

'직각론적 윤리설'은 위에서 본 자연주의가 존재나 사실에 관한 인식으로부터 당위나 가치에 관한 이론을 도출해낼 수 있다고 보는 것에 반대한다. 직각론에 따르면, 도덕의 원리는 사실에 관한 명제를 전제로 하여 간접적으로 이끌어낼 수 있는 것이 아니라, 인간의 어떤 선천적 능력을 동원하여 직접적으로 파악해야 하며 또 그렇게 파악할 수 있다는 것이다. 다시 말해서 직각론은 도덕적 주장들의 참이나 거짓은 객관적으로 확인할 수 있으며, 어떤 도덕원리가 올바른 것인가는 일종의 직관이나 혹은 도덕적 속성들에 관한 직접적 인식에 의거하여 알 수 있다고 믿는다.

직각론에 의하면[13] 우리가 어떤 대상이 '좋다'거나 혹은 '옳다'는 판단을 내릴 때 우리는 좋음 혹은 옳음의 속성에 의거해서 그렇게 하는 것이다. 일반적으로 객관적 가치라고 부르는 이같은 속성들은 궁극적이며

13- 폴 테일러 지음, 김영진 옮김, 『윤리학의 기본원리』, 서광사, 1985, pp. 238-243 참조.

환원 불가능한 것이다. 다시 말해서 이러한 속성들은 경험적인 속성 또는 일단의 속성들로 분석되거나 정의될 수 없는 것이다. 직각론은 그러한 객관적 가치속성들의 존재가 경험적으로 검증될 수 없으므로 속성들에 대한 지식 역시 감각적 경험에 의거하는 것이 아니라고 주장한다. 그렇다면 그러한 지식은 어떻게 얻어지는가? 직각과 자명성에 의하여 얻어진다. 우리는 가치판단이 참인지 거짓인지는 직각에 의해 알게 되며, 직각은 어떤 것에 들어 있는 객관적 가치속성을 직접적으로 파악하거나 인지한다. 어떤 것이 옳다고 판단하는 경우 우리는 직접 어떤 것의 좋음을 직감함으로써 그것이 좋다는 것을 안다. 그렇다면 그같은 가치속성이 객관적으로 존재한다는 것을 어떻게 아는가? 이에 대한 직각론자들의 해답은 어떤 가치판단의 진리는 자명하다는 것이다. 예컨대 "이것은 약속을 어기는 행위이다"라는 사실판단으로부터 "이 행위는 그르다"라는 도덕판단으로 나아가기 위해 추리의 방법을 활용할 필요가 없다. 약속을 어김과 그릇됨 사이에는 약속을 어기는 모든 행동은 그르다는 것을 직각적으로 명백하게 해주는 어떤 필연적인 연관성이 있다. '그르다' 는 말이 '약속 어김' 으로 정의될 수 있기 때문이다.

이들 직각론자들에도 몇 가지 부류가 있다.[14] 가장 소박한 직각론자들은 '도덕감' 이라 부를 수 있는 선천적 기능에 의거하여 모든 개별적 사례에 있어 행위 하나하나의 옳고 그름을 직접적으로 파악할 수 있다고 믿는다. 이로써 거짓말, 고자질, 고리대금, 소매치기 등등 무수한 행위 하나하나가 도덕적 직각의 대상이라고 주장하는 입장을 지각적 직각설

14- 김태길 저, 앞의 책, pp. 33-34.

(perceptual intuitionism)이라고 부른다. 어떤 직각론자들은 도덕적 직각이 개별적 행위 하나하나의 시비와 선악을 모두 파악하는 것이 아니라 도덕 문제에 관한 몇 가지 기본원리를 파악하여 그것으로부터 연역적 추리에 의거하여 구체적 행위 하나하나를 판단할 수 있다고 주장하는데, 이들을 다원론적 직각설(pluralistic intuitionism) 또는 독단론적 직각설(dogmatic intuitionism)이라고 부른다. 이들과는 달리 도덕에 관한 단 하나의 최고원리만을 직각적으로 파악할 수 있다고 보는 입장이 있는데, 이를 철학적 직각설(philosophical intuitionism)이라고 말한다. 그리고 직각론을 견지하는 대표적인 사람들로는 커드월스(R. Cudworth), 모어(H. More), 프라이스(R. Price) 등을 꼽을 수 있다.

4. 실재론과 상대주의

도덕실재론은 객관적인 도덕적 사실이 존재하며, 따라서 도덕은 객관적이라고 주장한다. 도덕실재론자들은 도덕문제들에는 올바른 해답이 있으며, 해답이 올바를 수 있는 것은 객관적인 도덕적 사실에 의거하기 때문이고, 도덕 사실들은 환경에 의해 규정되는데, 우리는 도덕적 반성을 통하여 환경에 의해 규정되는 객관적인 도덕적 사실들이 무엇인지를 찾아낼 수 있다고 주장한다. 여기서의 객관적이라는 말은 단지 도덕적 견해들에 있어서의 수렴 가능성을 의미한다. 또한 도덕실재론자들은 도덕적 사실이 우리에게 행위의 이유를 마련해 준다고 본다. 그러나 인간의 심리에 대한 일반적 이해에 의하면 행위를 위한 이유를 갖기 위해서는 욕구를 지녀야 하며, 한 사람의 욕구가 다른 사람의 그것과는 유사하지 않을 수 있다는 점에서 욕구는 주관적인 것으로 보인다. 이 점이 도덕실재론이 지니는 부담거리이다.

도덕실재론은 간단히 말해 도덕 사실들이 존재한다는 형이상학적 또는 존재론적 견해이다. 이 실재론의 심리학적 참조는 인지주의이다. 인지주의에 따르면 도덕판단은 도덕적 사실들에 대한 우리의 인식을 표현하는 것이며, 우리는 도덕적 논의나 반성을 통해서 도덕적 사실들을 발견할 수 있다. 따라서 도덕실재론은 도덕에 관한 다른 두 가지의 형이상학적 견해와 대립된다. 즉 비실재론(irrealism : 때로는 '반실재론'이라고도 한다)과 도덕적 니힐리즘(moral nihilism)이 그것이다. 비실재론자들에 의하면 도덕적 사실들이란 존재하지 않으며, 도덕적 실천에 의미를 부여하기 위해 도덕적 사실이 필요한 것도 아니다. 우리의 도덕판단들이란 단순히 사람들이 어떻게 행동해야 할 것인가에 관한 우리의 요구를 표현하는 것이다. 그리고 비실재론의 심리적 참조는 비인지주의라고 칭하는 것이다. 비실재론에는 정의주의(emotivism), 규범주의(prescriptivism) 따위가 속한다. 그리고 도덕적 니힐리즘은 상대주의의 극단적 형태를 가리킨다.

도덕실재론자들이 강조하는 '도덕적 사실'이란 무엇인가? 도덕실재론자들은 우선 도덕적 사실이란 사회적 세계에서 어떤 '설명의 역할'을 하는 것이라고 본다. 즉 올바른 행위는 사회적 안정을 의도하는 행위이며, 반대로 그릇된 행위는 사회적 불안을 의도하는 행위라는 것이다. 이를 아리스토텔레스의 입장에서 말하자면, 올바른 행동은 인간의 고유한 기능에 부합하는 행위이고, 그릇된 행동은 이같은 고유한 기능에 부합하지 않는 행동이다. 다시 말해서 도덕적 사실이 행위의 옳고 그름을 설명해 주는 기준 역할을 한다는 것이다. 따라서 도덕실재론자들에 있어서 도덕적 반성 및 도덕적 논증이란 행위의 어떤 특성이 사회적 안정을 촉진시키는지 아니면 사회적 불안을 촉진시키는지를 살피는 것이다. 이를 다시 아리스토텔레스의 입장에서 표현해 보면, 도덕적 반성 및 도덕적 논증이란 어떤 행위가 인간의 고유한 기능에 부합하는 행위인지, 따라서 궁극적으로는 무엇이 인간의 고유한 기능인지에 관한 것이다. 이로써 도덕실재론에 있어 도덕적 사실은 인간의 고유한 기능에 입각해서 특성화된다.

도덕적 사실을 사회적 안정 또는 불안으로의 성향에 의거하여 특성화할 수 있다는 점은 부인하기 어렵다. 왜냐하면 사회학적 사실이 밝혀 주고 있듯이 우리가 올바르다고 생각할 수 있는 행위, 이를 테면 사람들의 서로 다른 이해관심을 보다 공정하게 만족시켜 주고자 하는 행위는 사회적 안정을 지향하고 나쁘다고 생각할 수 있는 행위, 즉 사람들의 서로 다른 이해관심을 공정하게 만족시켜 주지 못하는 행위는 사회적 불안으로 나아가는 경향이 있기 때문이다.

도덕적 사실이 지닌 설명적 역할에 중점을 두는 도덕실재론자들은 다른 한편으로 도덕적 사실을 우리가 행위해야 할 이유라는 사실로도 이해한다. 올바른 행위란 사회적 안정을 지향하는 행위라고 생각하는 경우, 올바른 행위란 곧 합리적 이유를 지닌 것이기 때문에 그러한 경향을 갖는다고 생각하는 것이다.

이로써 우리는 도덕실재론이 의거하는 도덕적 사실에 관해서는 두 가지 견해가 있음을 확인할 수 있다. 하나는 사회적 안정 및 불안으로의 성향에 의거하는 도덕적 사실이 있고, 다른 하나는 행위하거나 행위하지 말아야 하는 이유로서의 도덕적 사실이 있다. 뒤의 견해에 따르면 옳음과 그름에 대한 판단은 그것이 행위해야 할 이유를 갖고 있는가 아니면 행위하지 말아야 할 이유를 갖고 있는가에 대한 판단이다. 즉 행위해야 할 이유에 의거한 행위는 올바른 것이고, 행위하지 말아야 할 이유에 의거한 행위는 그른 것이다.

우리가 행위해야 할 이유로서의 사실은 어떤 종류의 사실인가? 도덕실재론자의 이해에 의하면 그것은 단순히 우리가 욕구하고 있다는 사실이 아니고 사람들이 이상적인 조건, 말하자면 충분한 정보와 냉정함과 평온함이 갖춰진 조건 하에 있다면 아마도 누구나 욕구하게 될 그런 사실이다. 그렇다면 우리가 충분한 정보와 냉정함과 평온함을 갖추는 경우 우리들이 갖는 욕구는 하나로 수렴되는 것일까? 다시 말해서 이상적 조건 하에서 우리의 욕구는 수렴될 것인가, 아니면 그러한 조건 하에서도 언제나 이성적으로 설명할 수 없는 차이의 가능성이 존재하는 것인가? 심리학의 연구에 따르면, 그러한 이상적 조건 하에서마저 우리의 욕구들에서는 합리적으로 설명할 수 없는 어떤 차이가 늘 존재한다고 한다. 이것이 사실이라면 도덕판단의 객관성과 실천성을 결합시키고자 하는 도덕실재론의 시도는 실패할 수밖에 없다. 우리는 사람들이 갖는 이유들에는 근본적인 상대성이 존재한다는 사실을 받아들여야 한다. 우리가 갖는 행위의 이유는 어떤 이상적 조건 하에서 우리가 욕구하는 바에 따라 상대적이다. 그리고 행위의 이유는 사람에 따라 다를 수도 있다. 그것은 도덕적 사실이 그러한 것으로 추정되고 있듯이 우리의 환경에 의해 결정되는 것이 아니다. 우리가 갖는 행위의 이유에 근본적인 상대성이 존재한다면 도덕적 사실에 대한 우리의 믿음, 따라서 우리의 욕구 측면에 있을 수 있는 모든 수렴은 전적으로 우연적인 것이다.

도덕상대주의는 우리의 윤리적 삶에서 일어나는 수많은 갈등들에 대응하는 흔한 반응이다. 예컨대 낙태문제라든가 해외 이주자들이 일상생활에서 겪는 바의 문화적 차이에서 빚어지는 윤리적 문제가 그런 류의 갈등이다. 갈등들에 대한 반응으로서의 도덕 상대주의는 흔히 어떤 단일한 도덕률이 보편적 타당성을 지닌다는 사실을 부인하고, 도덕적 진리와 정당성은, 만약 그런 것이 존재한다면, 문화적 및 역사적으로 우연하게 이룩된 요소들에 따라 상대적이라는 형식을 취한다. 이처럼 도덕적 진리와 정당성의 상대성에 관한 이론을 메타윤리적 상대주의라 부른다. 이와는 달리 우리와는 전혀 다른 가치관을 지닌 사람들에게 어떻게 대처해야 하는가에 관한 이론을 규범적 도덕상대주의라고 부른다. 규범적 도덕상대주의에 의하면, 우리와는 전혀 다른 가치관을 지닌 사람들에 대해 우리를 기준으로 하여 도덕적 판단을 내리거나 아니면 그들로 하여금 우리의 가치관에 순응하도록 하는 것은 잘못이다. 그 까닭은 그들의 가치관도 우리의 것만큼 타당한 것이기 때문이다. 요약하면, 메타윤리적 상대주의란 도덕문제에 있어서는 보편적 진리가 존재하지 않으며, 그 대신 도덕은 특정 사회나 문화에 따라서 상대적이라는 견해이다. 그리고 규범적 상대주의란 다른 문화를 지닌 사람들의 가치관에 대해 판단하거나 또는 그것을 변화시키려고 시도해서는 안 된다는 입장이다. 이들 두 가지 형태의 상대주의를 좀더 자세히 알아보자.

먼저 메타윤리적 상대주의에로 눈을 돌려본다. 플라톤이 밝혀주는 바에 따르면, 그리스 최대의 소피스트인 프로타고라스는 인간의 관습이 아름다움과 추함, 의와 불의를 규정해 준다고 보았다. 사람들에게 있어 아름다움과 추함, 의와 불의는 관습에 따라 상대적이라는 것이다. 이러한 주장이 지닌 문제점은 관습이 강한 의미에서 아름다움과 추함, 의와 불의를 규정해 준다는 사실을 과연 받아들일 수 있느냐는 것이다. 사람들이 무엇이 아름다운 것이고 무엇이 정의로운 것인가를 판단하는 데 관습이 영향을 미친다고 보는 것과 관습이 아름다움과 정의를 규정해 준다고 보는 것은 전혀 다른 것이다. 관습이 도덕판단에 영향을 미친다고는 하겠으나 관습 자체가 도덕 판단을 규정해 준다고 보기는 어렵다.

프로타고라스의 주장과는 다른 또 하나의 상대주의적 논거는 어떤 사회의 관습적인 윤리적 믿음은 그 사회를 위해 기능상으로 불가피한 것이라는 주장이다. 이러한 주장의 결론은 그 사회에서는 그러한 믿음이 참이지만 다른 사회에서도 반드시 그런 것은 아니라는 것이다. 16세기의 몽테뉴가 이런 논의를 전개하였는데, 후일 부분들이 상호 의존해 있는 유기적 전체로서의 사회 연구가 갖는 중요성을 강조한 20세기의 인류학자들 또한 이러한 입장을 지지하였다. 비록 한 사회의 제도와 관행이 어떤 신념들을 수용하는 것에 크게 의존한다고 하더라도, 그런데 이러한 논의의 문제점은 비록 한 사회의 제도와 관행이 어떤 신념들을 수용하는 것에 크게 의존한다 하더라도 이들 신념의 정당성은 그 제도와 관행이 도덕적으로 수용될 수 있는 것인가에 의거한다. 예컨대 파시스트 사회의 존속을 위해 필요한 어떤 신념들을 밝히는 것이 이런 신념들을 정당화시켜 주는 것은 아니다.

관습이나 신념의 다양성에 의거하는 도덕적 상대주의의 논거는 신념이 다양하다고 하여 신념들 중에는 보다 참되고 또 보다 정당한 것이 있을 수 없는 것은 아니라는 사실에 의해 비판받게 된다. 전 세계의 반수 정도의 사람들은 아직 태양과 달과 행성이 지구 주위를 돌고 있다고 믿고 있지만 그것이 우주의 구조에 관한 유일한 진리의 가능성을 반증해 주는 것은 아니다. 결국 신념의 다양성은 지혜의 정도상의 차이에서 비롯되는 것이라고 볼 수 있다. 달리 말해서 사람들은 진리에 관해 저마다의 제한된 시각을 갖고 있으며, 각각의 시각은 나름대로의 결함을 지니는 것이라 하겠다.

다음으로 규범적 상대주의를 보자. 규범적 상대주의의 입장은 근본적으로 우리와는 다른 가치관을 지닌 사람들에 대해서는 누구도 도덕적 판단을 내리거나 또는 그들로 하여금 우리 자신의 가치관에 순응하도록 해서는 안 된다는 것이다. 규범적 상대주의에 대한 이같은 규정은 주로 그것을 반대하는 사람들에 의해 주어지는 것으로서, 극단적인 형태이긴 하지만 어쨌건 이것은 옹호될 수 있는 입장이 아니다. 규범적 상대주의자는 자신들의 입장을 보다 합리화시켜서 사람들이 자신과는 다른 가치관을 지닌 사람들에 대해 도덕적으로 평가하는 것을 허용해야 한다. 우리와는 다른 가치들이 중립적 입장에서 보아 우리의 가치와 마찬가지로 정당화된다고 하더라도 우리에게는 아직 우리의 가장 중요한 가치들과 모순되는 것들을 악이라든가 혹은 기이한 것이라고 '평가할 수 있는 권리'가 있다. 이러한 평가에 의거해서 우리가 '무엇을 할 수 있는 권리'를 갖는 것인지의 여부는 다른 문제이다.

규범적 상대주의의 견해를 보다 분명하게 이해하기 위하여 낙태가 도덕적 지위를 가진 생명을 죽이는 것이기 때문에 도덕적으로 그른 것이라고 믿는 사람들의 입장을 생각해 보자. 이 집단 안에서도 태아의 도덕적 지위를 중시하는 일부는 그것에 대해 자신들과는 견해를 달리하는 사람들이 있다는 것을 잘 알고 있다. 그들은 낙태금지를 바란다. 그러나 이 집단 내의 다른 일부는 낙태가 그르다고 보면서도 합리적인 사람들은 낙태금지에 동의하지 않을 수 있으며, 인간의 이성은 이 문제를 해결할 수 없는 것이라고 본다. 이러한 이유에서 그들은 법률적 낙태금지를 반대한다. 앞의 사람들은 뒤의 사람들이 인간생명의 가치를 신중하게 고려하지 않고 있다고 보는 반면에, 뒤의 사람들은 앞의 사람들이 합리적인 사람들 사이의 심각한 견해의 불일치를 인정하지 않는다고 믿는다. 이들 입장은 저마다 어느 정도의 힘을 지닌다. 따라서 규범적 상대주의는 딜레마에 대한 어떤 해결책도 마련해 주지 않는다는 것을 알 수 있다. 그것은 관용과 불간섭을 위한 일련의 이유를 제시해 주기는 하지만 이들 이유 또한 다른 이유들과 비교되어야 한다. 규범적 상대주의는 한 사회가 다른 사회를 간섭하는 데 뿐만 아니라, 낙태의 경우에서처럼 다양한 도덕적 전통을 갖고 있는 다원주의 사회들 내의 도덕적 불일치들에 대해서도 적용된다. 이같은 상대주의를 인정한다면 우리에게 있어 어떤 것이 올바른 것인지, 그리고 해야 할 최선의 것이 무엇인지를 찾아내는 일에서부터, 어떠한 하나의 옳음도 없고 또 해야 할 최선의 것도 없다는 사실에서 기인하는 불안감을 감수해야 하는 일에 이르기까지 우리의 도덕적 조건은 헤아리기 어려울 만큼 복잡해진다. 그리고 도덕적 상대주의는 도덕적 확신이 결여되어 있고 니힐리즘에의 경향과 연결되어 있어 흔히 좋지 않은 이름으로 받아들여지곤 한다.

생각해 볼 문제들

1. 인간의 삶에 도덕과 윤리는 왜 필요한가? 인간이 윤리적으로 된다는 것은 어떤 내용과 의미를 지니는 것인가?
2. 인생에는 목적이 있다고 볼 것인가 아니면 없다고 볼 것인가? 가치와 의미를 지니는 삶은 어떤 것이라고 평가할 수 있으며, 그때의 평가기준은 무엇인가?
3. 지금 진척되고 있는 '세계화'의 와중에서 우리는 문화적 전통의 다양성에서 기인하는 가치다원주의를 심각하게 경험하고 있다. 가치다원주의 혹은 가치상대주의를 극복할 수 있는 어떤 길이 있는가?
4. 좋음(선)과 나쁨(악), 옳음(의)과 그름(불의)을 구분해 줄 어떤 기준이 있는가? 그리고 그러한 기준이 있다면 그것은 모든 사람에게 보편적으로 타당할 수 있는가?

더 읽어야 할 책들

1. 김태길 저, 『윤리학』, 박영사, 1984.
2. 폴 테일러 지음, 김영진 옮김, 『윤리학의 기본원리』, 서광사, 1985.
3. W. S. 사하키안 저, 송휘철 · 황경식 공역, 『윤리학의 이론과 역사』, 박영사, 1997.
4. 노베르트 슈페만 지음, 박찬구 · 류지환 옮김, 『도덕과 윤리에 관한 철학적 사유』, 철학과 현실사, 2001.

참고문헌

김태길 저, 『윤리학』, 박영사, 1984.
노베르트 슈페만 지음, 박찬구 · 류지환 옮김, 『도덕과 윤리에 관한 철학적 사유』, 철학과 현실사, 2001.
사하키안 저, 송휘철 · 황경식 공역, 『윤리학의 이론과 역사』, 박영사, 1997.
아리스토텔레스, 이창우 · 김재홍 · 강상진 옮김, 『니코마코스 윤리학』, 이제이북스, 2006, 제1권 제7장.
폴 테일러 지음, 김영진 옮김, 『윤리학의 기본원리』, 서광사, 1985.

Chapter 4

인간존중과 생명의료윤리

김용환

1. 인간의 생명존중

(1) 인간존중

공학윤리는 공학기술의 발전에 따른 인간존중 문제를 고려하면서 삶, 죽음과 연계된 생명의료윤리 문제까지 포괄적으로 다루게 된다.[1] 생명의료윤리에서 인간존중은 중시되는 도덕기준이다. 인간존중의 도덕기준은 각 개인을 도덕행위자로서 동등하게 존중해 주는 행위들이나 규칙들을 긍정한다. 이러한 목적을 위해서 도덕행위자는 인격주체로서 자

1– C. E. Harris et al., *Engineering Ethics* 3rd ed., Thomson Wadsworth, 2005, pp. 88–89.

신들의 목표들과 목적들을 공식화하거나 추구할 능력이 있는 사람이다. 무엇보다도 인격은 자율적이다.[2] 도덕행위자는 '자기 스스로를 다스리는 뜻'에서 자율적이다. 인격존중 이론가 칸트(Immanuel Kant)에 의하면 도덕행위자는 '그 자체로서 목적(ends in themselves)'인 사람들, 즉 타인들의 목적이나 목표를 이루는 것을 위한 수단으로 취급되지 않는 사람들이다.

이러한 자율행동은 세 가지 특징을 보여준다. 첫째, 의도를 중시한다. 즉, 마음 속에 어떤 목적이나 목표를 가지고서 행한다. 둘째, 현실적 선택을 배재하는 외부 영향력의 통제를 받지 않고 수행된다. 셋째, 상대방을 이해함으로써 이루어진다. 도덕행위자는 비행기와 같은 무생물 대상들과 구별된다. 무생물 대상들은 확실히 도덕관점에서 행동들을 평가할 수 없다. 도덕행위자의 범례는 무생물 대상과는 대조적으로 그 자신의 목적들이나 목표들을 공식화하고 추구할 수 있는 보통의 성인이다. 이러한 도덕 견해는 그 기본 이념으로 사람들의 도덕행위(agency)를 존중하도록 요구하기 때문에 우리는 이를 인간존중 이론(theory of respect for persons)이라고 일컫는다.

일반적으로 도덕에서 인간존중에 대한 설명은 교훈을 통하여 인격주체들의 도덕행위를 보호하게 된다. 다수의 복지를 최대화하는 공리주의 원칙은 차선의 목적이 된다. 공리주의에서는 다수의 복지를 최대화하고자 보다 큰 이익을 위하여 사람을 해치거나, 기만하거나, 자유를 부인하거나 침해할 수 있다. 이처럼 공리주의는 긍정적이고 적극적인 성향을

2_ "자율(autonomy)"은 자기(self)를 의미하는 'autos'와 규칙(rule)이나 법(law)을 의미하는 'nomos'라는 그리스 말에서 나온 것이다.

가지고 있지만 인간존중의 도덕은 보다 방어적인 성향을 가진다. 그것은 개인의 보호를 주요 기능으로 한다. 그래서 도덕성이 부여한 한계 내에서 소극적으로 인간적인 목적을 추구할 수 있다.

이러한 인간존중 도덕에는 두 가지 주요 난점이 따른다. 첫째, 경우에 따라 적용하기 힘들다. 몇몇 사례들에서, 한편 어떤 사람에게 좋은 도덕 선택 대안이 될지라도 다른 편의 사람에게는 합당한 복지행위를 수반하지 못하는 경우가 있다. 가령, 공학자 갑이 고객에게 어떤 날짜까지 새로운 제품을 배달하기로 약속한다고 가정해 보자. 그는 값이 내려가거나 품질이 떨어진 제품을 배달할 때 이 약속을 지킬 수 있게 된다. 따라서 그는 무엇을 선택하든 고객의 권리를 침해하게 된다. 도덕행위자로서 그 고객 또한 자신이 추구하는 목적을 갖고 있지만 침해를 받게 된다. 이러한 이해 당사자들의 권리침해적 양상이 야기되어 결국 품질이 떨어지는 제품이 배달되는 결과를 초해하게 된다.

인격존중의 도덕기준이 지닌 두 번째 문제는 보다 큰 효용성을 위해 인격존중이 제한되는 것이 정당화될 수 있는 경우가 발생하게 되는 점이다. 가령, 공학자 을이 심각한 재정 어려움에 직면한 작은 공학기술회사를 소유하고 있다고 가정해 보자. 그가 회사를 구할 수 있는 유일한 방법은 강제적인 조기 퇴직 프로그램을 실시하는 것이다. 비록 이 조치를 통하여 어쩔 수 없이 은퇴하는 사람들의 권리를 침해하겠지만 그 상황에서 의무적으로 해야 하는 올바른 일이 되는 것이다. 그렇지만 공리주의자들은 회사를 살리기 위하여 구조조정의 불가피성을 말하고 개인의 복지권리를 침해하는 것이라고 직접 호소할 수 있음에 반하여, 인간존중 도덕을 지지하는 사람들은 자신의 행동의 불가피성과 정당화를 소극적으로 시도하게 된다. 이처럼 인간존중의 윤리는 의무윤리와 권리윤리를 상호 보완적으로 다루어야 하며, 권리가 충돌할 경우에는 그 중요성을 감안하여 충돌하는 권리의 우선순위를 고찰하여야 한다. 공학기술의 발전에 따른 인간존중에서도 이해 당사자의 권리존중이 중시되고 있다.

(2) 생명의료윤리

생명의료윤리(bio-medical ethics)는 응용규범윤리 분야로서 생의윤리로 부르기도 한다. 생명의료윤리의 과제는 의료행위나 생명의료적 연구와 관련되어 발생하는 윤리적 문제들을 해결하는 데 있다. 그런 윤리적 문제들 외에도 인간 삶의 다른 측면들과 관련되어 발생하는 윤리적 문제들이 존재하는 까닭에 응용윤리에는 생명의료윤리 이외의 다른 분야들이 있다. 공학윤리(engineering ethics)는 이웃을 배려하는 마음에서 삶의 문제를 찾고, 이를 창조적 능력으로 해결하는 과제를 안고 있기에 사랑과 창조를 중시한다. 또한 기업윤리(business ethics)는 상거래에서 발생하는 윤리적 문제들을 해결하는 것을 주요 과제로 삼는다. 환경윤리(environmental ethics)는 자연에 대한 인간의 도덕권리와 의무에 대해서 논의하게 된다.

그런데 중요한 것은 응용윤리학은 그 분야를 막론하고 그 논의의 성격에 있어서 규범적이라는 점이다. 어떤 특정 행위가 도덕적으로 옳은가 그른가? 그것이 도덕적으로 정당화되는가? 응용윤리학에서 우리의 관심은 사람들이 가지고 있는 도덕관이 어떠한 것인가를 보이는 데 있지 않다. 그것은 기술적(記述的)인 일이다. 오히려 응용윤리학의 관심은 이론규범윤리학에서와 마찬가지로 어떤 도덕관들이 정당화될 수 있는가를 증명하는 데 있다.

생명의료윤리에서 전형적으로 제기되는 물음들은 이와 같다. 의사는 불치병에 걸린 환자에게 '당신은 곧 죽을 겁니다' 라고 말해주어야 할 도덕의무를 지는가? 환자의 개인 의료기밀(medical confidentiality)을 유출시키는 것이 도대체 도덕적으로 정당화될 수 있는가? 안락사(euthanasia)가 도덕적으로 정당화되는가? 대리모(surrogate motherhood)는 도덕적으로 정당화되는가? 위의 규범윤리학 질문들이 특정한 개별행위들과 관행들에 관한 것들임에 반하여 다음의 물음들은 생명의료윤리가 법률의 도덕적 정당화 가능성에 초점을 맞추고 있음을 보여준다.

한 사회가 임신중절을 제한하는 법률을 제정할 때 그 사회는 정당화될 수 있는가? 우리는 의사의 조력에 의한 자살을 금지하는 법률을 제정해야만 하는가? 우리는 한 개인이 그의 의지와는 무관하게 타인들에 의해 정신병원에 수용될 수도 있음을 법률로써 정해야만 하는가? 이 두 번째 유형의 물음들은 생명의료윤리 논의들이 이론 규범윤리학적 논의들뿐만 아니라 사회철학, 정치철학, 그리고 법철학적 논의들과도 한데 얽혀 있음을 보여준다. 이 분야에서의 핵심적인 물음은 '법률로써 정당화할 수 있는 한계가 과연 어디까지여야 하는가' 이다. 엄밀히 말해서 우리가 생명의료윤리는 응용윤리의 한 유형이라고 말할 때, 이때의 윤리학은 사회철학, 정치철학, 그리고 법철학과 중복되는 것으로서 넓게 이해되어진다. 생명의료윤리 영역에 속하는 도덕논쟁들 중 많은 것들이 오랜 역사를 가지고 있지만 생명의료윤리가 철학에서 어엿한 분야로 성장한 것은 최근의 일이다.[3]

생명의료윤리 주제들이 나름대로 역사적 뿌리를 가지고 있었음이 사실이라면 왜 하필이면 최근에 이르러 이 분야의 연구활동이 활발해지게 되었을까? 이러한 질문에 대한 해답으로서 아마도 두 가지 관점을 언급할 수 있을 것이다. 첫째, 현대 생명의료기술의 눈부신 발달에 힘입어 생명의료 연구가 급속히 진전되었음이다. 둘째, 의료기관에서의 의료시술 환경이 예전에 비하여 훨씬 더 까다로워졌으며, 날이 갈수록 점점 더 복잡해지고 있음이다. 우선, 최근의 생명의료 연구가 우리에게 미친 영향에 대해서 생각해 보자. 생명의료 연구의 놀라운 성과는 이제껏 존재하지 않았던 새로운 도덕문제들을 야기했을 뿐만 아니라, 해묵은 윤리학 문제들에 관해서도 새로운 차원의 논쟁을 불러일으켰다. '시험관 수정(vitro fertilization)' 등 인간생식에 관련된 의료기술들이 이제껏 우리가 전혀 경험하지 못했던 윤리적 문제들을 발생시켰다. 과거의 의료시술이란 대개 의사와 환자 개인의 관계를 넘어서지 못하였다.

오늘날의 의료시술에는 병원, 의사, 그리고 다양한 보건의료 종사자들이 긴밀한 상호 협조 속에 공동으로 참여한다. 또한 오늘날에는 환자의 소비자 권리(consumer rights)가 신장되다 보니 보건의료 종사자들 사이에서는 의료분쟁이 발생하였을 때 어쩌면 자신들이 지게 될지도 모르는 법률적 책임의 한계에 대한 관심이 고조되었다. 그 결과 병원과 보건의료 종사자들은 자신들이 의학적 · 법률적 · 윤리적 문제들 사이의 상

3_ 미국에서는 1970년 이후 현재에 이르기까지 수많은 생명의료윤리연구소가 설립되었다. 가장 유명한 두 곳은 미국 뉴욕 주에 있는 헤이스팅스 센터(Hastings Center)와 워싱턴 D. C.의 조지타운 대학 부설 케네디 윤리학연구소(Kennedy Institute of Ethics)이다. 오늘날 미국에서는 수십 종에 이르는 생명의료윤리 학술지가 발간되고 있으며, 생명의료윤리를 주제로 하는 학술회의들이 미국 전역에서 연중 끊이지 않고 있다. 1978년, 생명의료윤리 백과사전인 『생명윤리 백과사전(*The Encyclopedia of Bioethics*)』 초판이 간행되었으며, 미국을 중심으로 이제는 생명의료윤리를 전공으로 삼는 철학자, 신학자 및 여타 전문 직종 종사자들의 숫자가 해마다 증가하고 있는 추세이다.

호작용에 관하여 더 큰 관심을 가질 필요가 있다는 점을 깨닫게 되었다. 게다가 사회정의에 관한 자각이 점점 더 뚜렷해짐에 따라 미국 등 선진국에서는 생명의료적 문제들을 사회정의를 실현하는 데 있어서 한 부분으로서 파악하게 되었다. 오늘날 선진국에서는 보건권리(right to health care)나 의료자원의 할당문제들에 대한 논의가 활발하게 진행되고 있다.

생명의료윤리는 공학윤리뿐만 아니라 학제(interdisciplinary) 연구가 요청되는 분야로 인식되고 있다. 첫째로, 생명의료윤리는 철학 등 여타 분야들과 연관을 맺고 있다. 즉, 생명의료윤리는 이론적 규범윤리뿐만 아니라 사회과학, 법철학과도 공유하는 부분이 많다. 둘째로, 다양한 생명의료윤리 논의들에 접근하는 방법으로는 도덕철학(moral philosophy)의 접근방법이 있는가 하면 도덕신학(moral theology)의 접근방법도 가능하다. 철학논증들에는 어떠한 종교신앙도 전제되어 있지 않은 반면, 신학논증들은 신앙의 틀 안에서 논증이 구축된다는 점에서 차이가 발견된다. 셋째로, 생명의료윤리가 의학과 생물학의 연구성과에 의존한다는 점에서 학제적 연구의 대상이다. 의학적 판단들이나 생물학에서의 발견이 윤리적인 고려에 있어서 중요한 역할을 하는 경우가 종종 있다. 생명의료 윤리 논의들이 구체성을 잃지 않기 위해서는 보건의료 종사자나 생명의료 연구자의 경험이 존중되어야 한다.

비록 생명의료윤리 논의들이 본질적으로 규범적인 것이기는 하지만, 개념적인 논의들과 사실적 논의들에 의한 도움 없이는 생명의료윤리 논의들을 완전하게 이해할 수 없다. 예를 들어, 어떤 사람이 자살하려는 것을 막기 위해서 그 사람을 방해하는 것이 도덕적으로 허용되는가의 여부에 대하여 생각해 보자. 우리의 기본적 관심은 규범적인 것이다. 자살 본성이 무엇인지를 밝혀야만 할 경우, 이는 개념문제이다. 예를 들어,

'여호와의 증인(Jehovah's Witness)' 신자가 교리에 근거, 수혈을 거부하다가 죽었다고 하자. 그의 죽음을 자살로 보아야 하는가? 이러한 문제에는 개념문제의 복잡성 외에도 삶의 경험문제가 상존한다. 즉, 자살을 시도하는 사람들은 정말로 자신들이 죽기를 원하는가? 진상을 제대로 밝히려면 아마도 심리학자나 사회학자의 도움이 오히려 필요할 것이다. 물론, 우리가 궁극적으로 지향하는 결론은 도덕적인 사고에 근거한다. 도덕적 숙고는 개념구조와 사실 믿음에 비추어 진행되어야 한다. 생명의료윤리에 있어서 사실논의들이 특별히 중요한 경우들이 발견된다.[4)]

생명의료윤리에 관한 문제를 접할 때 개념논의, 사실논의, 그리고 규범논의 등으로 구분해서 이해하는 방법이 도움이 된다. 더군다나 생명의료윤리의 중심 문제인 규범논의의 경우, 이론규범윤리에서 다루어지는 이론들에 대한 지식 없이는 생명의료윤리 논변들을 이해하는 데 어려움이 따른다. 그 이론들은 생명의료윤리 논증의 구성틀을 제공해 준다.

4- 예를 들어, 어린아이들을 피험자로 사용하는 것이 도대체 도덕적으로 허용될 수 있는가라는 규범적 물음에 답하기 위해서는 다음의 사실적 질문에 대해 생각해 보는 것이 중요하다. 즉, 어린아이들이 피험자로 이용되지 않는다면 문제의 치료기술이 어느 수준까지 개발될 수 있는가? 생명의료윤리학적 문제들 중에는 연관된 개념에 대한 논의가 특별히 요구되는 경우가 있다. 뇌사인 환자로부터 심장이나 장(심지어 뇌나 폐조차도) 등 생명유지에 절대로 필요한 기관들(vital organs)을 이식받는(transplant) 것이 과연 도덕적으로 허용될 수 있는가라는 문제를 규범적으로 논의하려면 우리는 필연적으로 죽음 개념에 대해 검토해야만 할 것이다.

(3) 생명의료윤리 추론

생명의료윤리 추론으로 이론규범윤리의 네 가지 입장들이 보편화용 맥락에서 제기되고 있는데 이를 살펴볼 필요가 있다. 그 네 가지 입장은 행위공리주의, 규칙공리주의, 칸트의 의무론, 그리고 로스의 조건부 의무론을 말한다.[5] 이를 각각 살펴본다.

1) 행위공리주의(Act-Utilitarianism)

도덕적인 결정을 내리는 기준은 무엇인가? 행위인가 아니면 그 행위에 적용되고 있는 규칙인가? 행위공리주의자들은 개인의 행동을 그 행동의 결과에 따라 판단해야 한다고 말한다. 그들은 만약에 '정직이 가장 좋은 것이다'라는 어떤 규칙이 중요시될 경우에도 그 규칙의 가치는 우연적 규칙에 지나지 않는다고 주장한다. 반면에 규칙공리주의자들은 윤리학적 원리가 최대다수의 최대행복을 가져올 행동이 어떤 행동인가를 결정하는 근거라고 생각한다. 어떤 행동이 최대의 공리를 갖는가라는 문제가 아니라 어떤 행동의 규칙이 최대의 공리를 갖는가라는 문제이다. 두 가지 형태의 공리주의가 모두 공리의 원리를 제시하고 있지만, 행위공리주의자들은 행위결과를 옳은 행위의 결정기준으로 삼는 데 비해 규칙공리주의는 행위규칙을 그 결정기준으로 삼는다.

벤덤은 기본적으로 행위공리주의자이며, 행위공리주의와 규칙공리

5_ 구영모 엮음, 『생명의료윤리』, 서울 : 동녘, 1999, pp. 28-33 참조.

주의라는 용어를 최초로 도입한 브란트(Richard B. Brandt)는 규칙공리주의자로 분류된다.[6] 프랑케나(Frankena, W. K)는 두 가지 기본적인 윤리학적인 원리를 포함하는 일종의 '절충의무론'을 제창했다. 그 하나의 원리는 공리 혹은 선행으로서 사람들로 하여금 이 세상 전체의 선을 극대화하게 하는 원리이며, 다른 하나의 원리는 정의로서 특정 상황에서 옳고 그른 것을 판별하기 위하여 규칙에 호소하는 원리이다. 그리고 이 원리는 우리들이 어떤 규칙에 따라 생활해야 공리와 정의라는 이중의 요청이 충족될 경우가 흔히 전제되기 때문이다. 생명의료윤리에서는 개개인의 생명을 중시하기 때문에 많은 경우에 행위공리주의를 우선시하게 된다.

예를 들어 몇 주밖에 생존할 가망이 없다고 믿어지는, 심하게 다친 신생아가 폐렴에 걸렸다고 가정해 본다. 의사는 그 아이의 부모와 함께 항생제를 써서 그 유아의 생명을 연장시킬 것인가의 여부를 결정해야 한다. 항생제를 사용하는 것 말고 택할 수 있는 유일한 대안이란 그 유아를 죽게 내버려두는 것뿐이다. 모든 사람이 고려되었을 때 악(evil)에 비해 최대의 선(good)이 산출되는 행위를 택해야만 한다고 주장하는 행위공리주의자들의 경우, 폐렴을 치료하지 않기로 결정하는 것이 이 일에 직접적으로 관련된 당사자들의 이익을 극대화시킬 것이라고 볼 것이다. 고통스러운 삶을 조금 더 연장해 보았댔자 그 유아에게 득(得)될 것이란 하나도 없고 오로지 잃을 것만 있을 뿐이다. 그 아이의 부모들은 치료하기로 결정하든 안 하기로 결정하든 간에 괴로울 테지만, 그래도 자기 자

6– 브란트는 「신뢰할 만한 형태의 공리주의를 향하여」라는 글에서 "어떤 행동이 당시 사회의 모든 사람들에 의하여 도덕적인 구속력을 갖는 것으로 인정되는 일련의 규칙과 일치한다면 그 행동은 옳은 행동이 되며 진정한 가치를 극대화할 것"이라고 한다.

식의 고생이 끝났다는 것을 알게 되면 다소간 위안을 얻게 될 것이다.

그 아이의 치료에 쓰이게 될 병원의 자원들은 여타의 곳에서 더 잘 활용될 수 있다. 하지만 만약 의사와 부모가 그 아이를 죽게 내버려둔다면 그 결정이 가져올 간접적이고 장기적인 결과들 중에 결정적인 어떤 것이 있을지도 모르지 않는가? 어쩌면 이 유아를 죽게 내버려두는 것이 유아들을 보호하려는 우리의 태도에 부정적 결과를 초래하게 될지도 모른다. 결과적으로 야기될지도 모르는 위험이란 아주 작은 것이다. 이와 같은 경우에 있어서 행위공리주의자는 항생제를 쓰지 않음으로써 그 유아를 죽게 내버려두는 것이 도덕적으로 옳은 일이라고 추론한다.

한 생명의료 연구자가 동물실험을 통하여 특정한 약이 특정한 종류의 인간 암치료에 탁월한 효과가 있다고 믿게 된다. 현 단계에서 그 연구자의 주된 관심사는 인간에게 적정한 투약분량을 정하는 것이다. 많은 양을 투약했던 동물들에게서 몇 건의 부작용이 관찰되었던 바 있었다. 그 연구자는 수년간의 경험을 통하여 자기가 재직하고 있는 대학의 학생들이 위험성이 거의 없는 실험에는 기꺼이 피험자로 나설 것이라는 점을 알게 되었다. 하지만 상당한 위험이 뒤따르는 실험에 대학생들이 자원하기를 삼가는 것은 당연한 일이다.[7] 현재 연구중인 치료기술이 성공하면 나중에 많은 사람들이 혜택을 받을 수 있을 것이다. 작은 수의 피

[7]– 이 경우 만약 그 연구자가 피험자들에게 그 실험이 전혀 위험하지 않다고 말한다면 그것은 정직하지 않은 일이다. 그 연구자는 특히 피험자의 30 내지 40%가 장기간 메스꺼움으로 고생할 것이라는 점을 예상하고 있다. 그런데 만약 그가 이러한 정보를 대학생들에게 알린다면 아마도 그 연구자는 충분한 수의 피험자들을 확보하기 어려울 것이다. 행위공리주의자들에 의하면 그 연구자는 아마도 다음과 같이 추론할 것이다. 이 경우 메스꺼움이 오래갈 수 있다는 정보를 감추는 것이 정당화된다.

험자들이 겪어야 할 단기간의 메스꺼움에 비하여 예상되는 이 혜택이란 확실히 훨씬 더 큰 것이다. 하지만 속임이 발각되는 경우를 상상해 보자. 만약에 일상적으로 피험자 노릇을 해왔던 사람들이 이제껏 자신들이 속았다는 사실을 알게 된다면 전 캠퍼스에 걸친 연구 노력이 부정적인 영향을 받게 될 것이다. 이 고려사항은 결정적인 것 같다. 그렇다면 이 경우 속임은 도덕적으로 옳지 않을 것이다. 만약 그 속임이 탄로날 가능성이 거의 없다면 행위공리주의자들이 도달하게 되는 결론은 아마도 위의 것과 다를 것이다. 만약 우리가 부족한 의료자원(scarce medical resources)을 분배해야 한다면 분배의 우선순위를 정하는 데 있어서 행위공리주의자들의 추론방법을 생각해 볼 필요가 있다.

2) 규칙공리주의(Rule-Utilitarianism)

존 롤스(John Rawls)는 규칙의 개념을 두 가지 개념으로 구분하여 논한다. 먼저 요약 개념은 규칙은 과거 결정들의 요약으로 보며, 그것이 앞으로의 행동에 지침이 된다고 보는 관점이다. 반면에 관행 개념은 "어떤 사람이 관행에 의해 규정된 직책을 맡고 있다면 이러한 그의 직책상의 행동에 관련되는 제반 문제는 그 관행을 규정하는 규칙에 의거해서 해결된다"는 것을 뜻한다. 그같은 규칙에 대하여 의문을 제기하고 그것을 바꾼다는 것은 개혁자의 역할을 담당하는 것이 된다. 롤스는 「공정으로서의 정의」라는 글에서 "만약 우리들의 행동이 한 개인에게 불행을 가져온다면 사회 전체의 행복을 증진시킬 목적이라도 그 행동은 하지 않아야 한다"고 말한다.

생명의료 문제로서 의사가 불치병에 걸린 환자에게 불치병이 아니라고 거짓말을 하는 것이 도덕적으로 옳은가 하는 규칙에 관해서 생각해 보자. 모든 사람들이 고려되었을 때 악에 비하여 최대의 선을 산출하는 규칙에 따라 우리가 행위해야만 한다고 믿는 규칙공리주의자들은 이것을 '거짓말하지 말라' 는 규칙에 하나의 정당화된 예외를 인정할 수 있는가의 문제로 파악한다. 이에 반하여 행위공리주의자들은 각 개별 경우는 각각의 공리적 가치에 따라서 평가되어야만 한다고 주장할 것이다. 이제 우리가 다음과 같은 경우에 대해서는 '거짓말하지 말라' 라는 규칙에 예외를 인정하게 된다.

'거짓말하지 말라' 는 규칙을 적용함에 있어서 환자가 자신의 병이 불치병임을 알지 못하는 것이 그 환자에게 더 낫다고 의사가 판단하는 경우를 제외시킨다. '거짓말하지 말라' 는 규칙에 이 예외를 인정하는 것이 예외를 전혀 인정하지 않으면서 그 규칙을 받아들이는 것보다 더 나은 결과를 가져오는가? 물론, 이에 대한 답이 무엇이냐에 관해서 논란이 있을 수 있겠지만, 규칙공리주의자들은 아마도 위의 예외가 정당화되지 않는다고 결론내릴 것이다. 많은 환자들이 죽음의 불안에 떨지 않아도 된다는 점은 아마도 사실일 것이다. 그 이득보다는 의사와 환자 사이의 신뢰가 무너짐으로써 야기되는 불안과 걱정이 훨씬 더 클 것이다.

불치병에 걸려서 고통받는 한 환자가 의사에게 자신을 안락사시켜 줄 것을 요구하는 상황을 상상해 보자. 이것을 우리는 자발적이고 적극적인 안락사(voluntary active euthanasia)라고 한다. 규칙공리주의자들에게 있어서 안락사를 비롯한 자살 또는 임신중절의 문제들은 '살인하지 말라' 는 규칙에 하나의 정당화된 예외가 인정될 수 있는가의 문제로서 파악된다. 우리는 '살인하지 말라' 는 규칙에 대해 적어도 예외가 있을 수 있다는 점에 주의할 필요가 있다. 규칙공리주의자들에 의하면 정당방위 살인은 비록 그것이 살인이지만 정당화된다.

그것은 '네가 하고 싶을 때 아무 때나 살인하라' 는 규칙을 받아들이는 것보다 '살인하지 말라' 라는 규칙을 받아들이는 것이 훨씬 더 나은 결과들을 산출하고, 우리가 '살인하지 말라' 는 규칙을 받아들이는 것보다 '정당방위 이외는 살인하지 말라' 는 규칙을 채택하는 것이 더 좋은 결과들을 가져오기 때문이다. 자발적이고 적극적인 안락사의 경우, 규칙공리주의자들은 이 문제에 대하여 찬반논증을 동시에 제시할 것 같다. 자발적이고 적극적인 안락사를 찬성하는 규칙공리주의자들은 이러한 관행을 받아들임으로써 고통 속에서 죽음만을 기다리고 있는 많은 불치병 환자들이 안락사를 통하여 괴로움을 종식시킬 수 있다고 강조할 것이지만 다른 측면도 있다. 자발적이고 적극적인 안락사에 반대하는 규칙공리주의자들은 만약 의사가 환자를 안락사시킬 수 있도록 허용된다면 노인들이 두려움에 떨게 될 것이라고 주장할 것이다. 자신의 불치병이 가족들에게 짐이 되고 있다는 것을 알고 있는 노인에 대해 가족들이 의사에게 '환자를 안락사시켜 주시오' 라고 요구할 것으로 생각할 것이다.

3) 칸트의 의무론(Kantian Deontology)

칸트의 의무론은 어떤 행위의 결과가 자신이나 다른 사람에게 즐거움을 가져다 주는지의 여부에 따라 행위의 도덕성을 판단하는 공리주의 윤리설과는 구분된다. 그의 입장은 의무이기 때문에 그렇게 행위해야 한다는 것이다. 약속의 경우, 공리주의 윤리는 약속을 지키는 것이 지키지 않는 것보다 자신이나 다른 사람에게 더 유용하기 때문이라고 지켜야 한다고 주장한다. 반면에 의무윤리에서는 약속은 우리가 마땅히 지켜야 할 '의무' 에 속하기 때문에 무조건 지켜야 한다고 주장한다. 칸트의 윤리이론을 이해하기 위해서는 선의지, 의무, 실천이성, 선험적 도덕법칙,

정언명법과 같은 개념을 먼저 숙지할 필요가 있다.

칸트의 의무론이 가지는 의미함축은 모든 사람들이 남에게 거짓말해서는 안 된다는 의무를 지고 있기 때문에 의사는 환자에게 결코 거짓말을 해서는 안 된다는 것이다. 불치병 진단이 내려진 환자가 의사에게 자신의 병세가 어떠냐고 물어오는 경우, 그 의사는 자기가 진실을 말했을 때 그 환자가 받게 될지도 모르는 심리적 충격을 염려하여 환자의 상태에 관하여 거짓말을 하고 싶은 충동을 강하게 느낄지도 모른다. 그러나 칸트 의무론자들에 의하면, 제아무리 좋은 의도로부터 나온 행동일지라도 거짓말하지 말라는 의무에 우선할 수는 없다. 똑같은 설명이 의사가 환자에게 플라시보를 사용할 때에도 적용된다. 간혹 환자가 특정한 약에 심리적으로 의존하게 되는 경우가 있다. 의사가 의학적 판단에 의거하여 투약을 중지하면 그 환자는 증세의 재발을 호소한다. 만약 이런 환자에게 플라시보를 주면 그 환자의 기분은 아마도 좋아질 것이다. 칸트 의무론에 의하면, 플라시보가 환자의 복지를 증진시킬 수도 있다는 사실에도 불구하고 플라시보의 사용은 도덕적으로 허용되지 않는다. 적어도 명백한 거짓말이 포함된 경우들에서는 그러하다.

칸트 의무론에 의하면, 우리가 타인을 단지 수단으로 사용한다면 그것은 도덕적으로 그릇된 것이므로 생명의료 연구자가 인간 피험자를 단지 수단으로서 사용하는 것은 도덕적으로 그릇된 일이다. 이 점에 의해서 우리는 왜 충분한 정보를 가진 상태에서의 자발적 동의(voluntary informed consent)가 연구 윤리(research ethics)에 있어서 기초 원리로서 요구되어져야만 하는가를 이해할 수 있게 된다.

어떤 연구자가 그의 연구에서 인간 피험자를 사용하는 경우, 우리는 그 연구자의 직접적인 목적이 연구 완결에 있다고 추정해 볼 수 있다. 그 연구자가 특정 목적을 달성하려고 하는 데는 다양한 이유들이 있다. 그 연구에 의해서 얻어지게 될 이론적인 지식, 그 연구에 의해서 가능하게 될 신기술, 그 연구가 인류에게 가져다 줄 이득 등등. 이러한 이기적인 동기들과 박애적인 동기들의 뒤죽박죽이 그 연구자에게 있어서 가장 직접적인 목적이 될 수는 없을 것이다. 연구자들이 인간 피험자들을 단지 목적을 위한 수단으로 사용하지 않기를 원한다면 연구자들은 피험자들로 하여금 실험에 참여하도록 강제하지 말아야 할 뿐만 아니라, 피험자들의 참여 여부에 관해서 이성적으로 결정할 수 있도록 그들에게 충분한 양의 정보(특히, 피험자들이 감수해야 할 위험에 대한 정보)를 제공해야만 한다. 인격존중이 강조되는 칸트적 법칙주의에서는 충분한 정보를 가진 상태에서의 자발적인 동의가 연구자들과 인간 피험자들 사이에 필수적인 것으로 간주된다.

4) 로스의 조건부 의무론(W. D. Ross's Theory of Prima Facie Duties)

윌리엄 데이비드 로스(William David Ross, 1877-1971)는 직관을 중시하는 스코틀랜드의 의무론의 윤리학자이다. 무어의 자연주의적 오류에 대해 로스는 도덕적인 옳음을 추구해야 하는 맥락에서 오히려 무어 자신이 선의 최대화를 주장하려는 오류를 범하였다고 비판한다. 이를 테면 한 의사가 환자에게 거짓말하는 것이 그 환자의 의료적 이익에 최선이라고 판단하는 경우를 생각해 보자. 로스의 견해에 의하면, 신의(fidelity) 의무 중의 하나인 '거짓말하지 말라'는 조건부(直見 : prima facie) 의무는 또 다른 신의 의무로서 환자의 의료적 이익에 최선이 되도록 행위하라는 조건부 의무와 상충된다. 두 의무들 중 어느 하나도 무조건적이지는 않기 때문에 어떤 경우에는 환자에게 거짓말하지 않는 것이 의사에게 더 엄격한 의무가 되는 반면, 또 다른 경우에는 환자의 의료적 이익에 최선이 되도록 행위하는 것이 의사에게 더 우선적인 의무가 될 수도 있다.

한 의사가 어떤 환자를 치료하는데, 그 환자의 상태 때문에 타인들이 위험에 처하게 될 수도 있는 상황을 상상해 보자. 예를 들어, 그 환자의 직업이 지하철 기관사이고, 그의 질병으로 인해 그는 예고 없이 의식을 잃을 수 있는 상태에 있다고 하자. 그 환자는 자신이 직업을 잃게 될 것을 두려워한 나머지 자신의 질병이 고용주에게 알려지기를 원하지 않는다. 이 경우 그 의사는 환자의 개인 의료기밀을 지켜주겠다는 환자와의 약속을 저버리고 공공안전을 보호하는 차원에서 환자의 고용주에게 그 환자의 상태에 대하여 알려야만 하는가? 이 경우 하나의 조건부 의무인 선행(beneficence)의 의무와 또 하나의 조건부 의무인 충실에의 의무, 환자의 개인 의료기밀을 지켜주어야만 하는 의무가 상충된다.

환자를 치료할 때 의사의 지시에 따라야 하는 것은 간호사의 명백한 의무이다. 병원에 고용됨으로써 간호사들은 의사들의 처방을 수행해야 할 조건부 의무를 지게 된다. 만약 의사의 지시를 따르게 되면 환자에게 위해가 가해질 것이 명백한 경우, 간호사는 심각한 도덕 딜레마에 처하게 된다. 로스의 용어를 빌려 이 경우를 표현해 본다면, 의사의 지시에 따라야 한다는 하나의 조건부 의무는 다른 두 개의 조건부 의무들과 상충되고 있다. 첫째, 악행금지(non maleficence)의 의무가 존재한다. 간호사는 타인에게 사실상 해를 가하게 될 행동을 취해서는 안 된다. 둘째, 간호사에게는 또 다른 신의(信義) 의무가 있다. 이 의무는 간호사와 환자 사이에 간호사가 환자의 의료적 이익에 최선이 되도록 행위한다는 암묵계약 혹은 동의가 존재한다는 사실로부터 유추된다. 간호사에게 있어서 이 두 조건부 의무들이 의사의 지시에 따라야 할 조건부 의무에 선행할 것인가? 우리의 도덕 직관상 악행금지 의무는 엄격한 것이기 때문에 적어도 환자에게 가해질 잠재적 위해가 중대할 경우 간호사는 의사지시에 따르는 것이 도덕적으로 그르다고 결론 내린다.

안락사의 문제를 로스의 이론틀 안에서 재구성해 보자면 안락사는 선행의 의무와 악행금지의 의무 간의 충돌을 야기하는 도덕 갈등상황이 초래된다. 불치병에 걸린 한 환자가 견딜 수 없는 고통으로 시달리고 있을 때, 그를 고통 없이 즉각적으로 죽게 해주는 것은 그에게 선행을 베푸는 것이다. 따라서 한편으로 선행의 의무, 즉 심하게 고통받고 있는 사람에게 도움을 주어야 할 조건부 의무가 우리에게 있고, 다른 한편으로는 우리에게 악행금지의 의무, 즉 타인을 죽이지 말아야 할 조건부 의무가 동시에 존재하므로 공학기술의 발달에 따른 제반 상황을 검토할 때 이들에 대한 종합적 고찰이 요청된다.

2. 낙태문제

생명존중사상은 생명의 존귀함을 소중히 여기는 것을 의미한다. 살아 있는 모든 것을 귀하게 여기고 모든 생명에 가치를 부여하는 사상이다. 우리 민족의 생명존중사상에는 인간과 자연을 구별하지 않는 조화의 정신과 인간의 생명을 유지하기 위해 필요한 경우에만 살생을 제한적으로 한다는 살생유택의 의미가 내포되어 있다. 이러한 생명존중사상은 단군신화, 화랑도의 세속오계, 태고보우의 돈오사상, 인내천의 동학사상에서 찾아볼 수 있다. 단군신화에 나오는 홍익인간 개념에는 생명존중사상이 잘 깃들여 있다. 그런데 생명공학기술의 발전에 따라 산모의 생명권을 중시하면서 낙태를 쉽게 간주하는 생명경시가 나타나고 있다.

단군사상의 홍익이념에는 생명을 중시하기 때문에 임신 이전부터 '주원유잉(呪願有孕)'의 간절한 기도 심정으로 태교하는 정신이 강조되었다. 이러한 정신을 계승한 전통 태교에서는 임신 여성이 지켜야 하는 일곱 가지 태교정신이 담긴 '7태도'를 지켰다. 먼저 제1도에서, 아기를 낳을 달에는 머리를 감지 말고 높은 마루나 바위 등을 오르지 않는다. 술을 마시지 말고 무거운 짐을 지지 말며, 험한 산길과 위험한 냇물을 건너지 않는다. 제2도에서, 임산부는 지나치게 말을 많이 하거나 지나치게 웃지 않고, 놀라거나 겁을 먹거나 울지 않는다.[8] 제3도에서, 임신 첫 달은 마루, 둘째 달은 창문, 셋째 달은 문턱, 넷째 달은 부뚜막, 다섯째 달은 평상, 여섯째 달은 다락, 일곱째 달은 학돌, 여덟째 달은 측간, 아홉째 달은 문방에 가지 말고 태살 장소로 피한다. 제4도에서, 임신부는 조용히 앉아 아름다운 말을 듣고, 성현의 문구를 외우고, 시를 읽거나 쓰고, 품위 있는 음악을 듣는다. 제5도에서, 임신부는 가로 눕지 말고, 기대어 앉지 말며, 한쪽 발로 서 있지 않는다. 제6도에서, 임신 3개월부터 태아 기품이 형성되므로 주옥, 명향 등 기품 있는 물건을 가까이 두고 감상한다. 또 소나무에 드는 바람소리를 듣고자 노력하고, 암향에 해당하는 매화와 난초의 은근한 향을 맡는다. 제7도에서, 임신 중에는 금욕한다. 산달에 부부관계를 하면 아이가 병들거나 일찍 죽는다는 민간신앙을 반영하고 있다.

8– 현대 의학에서도 임신부가 지나치게 흥분하면 호르몬의 작용으로 혈관이 수축하거나 대사 장애 등을 일으켜 태아에게 해가 된다고 한다.

이처럼 전통 태교정신이 담긴 '7태도'를 통하여 임산부가 지켜야 할 실천내용은 모성태교에 관한 것으로, 임신부가 주의해야 할 언행과 마음가짐, 금기사항 등을 세세하게 이르고 있다. 먼저 임신을 하고자 할 때도 때와 장소를 가리도록 했다.[9] 현대에서도 전통 태교의 정신을 살리되 현대 문화의 상황 고려가 중시된다. 현대 태교의 구성요건으로 과학적인 태교지침이 임신단계에 따라 구체적으로 지원되는 태교, 남편과 가족이 공동으로 수행하는 태교, 태아 성장이 로맨틱한 이벤트로 이어지는 태교, 가족 기쁨과 주변 친지의 덕담이 기록으로 보존되는 한얼태교로 이루어지는 것이 바람직하다. 신세대를 위한 한얼태교를 통하여 홍익이념의 태교정신을 오늘에 살려서 쉽게 낙태를 생각하지 않도록 함께 숙지할 필요가 있다.[10]

공학기술 발달에 따라 낙태는 전 세계적으로 격렬한 논쟁주제가 되고 있다. 이 주제를 놓고 토론수업할 경우, 토론의 목적은 자신의 의견이나 주장을 관철시키는 데에 있는 것이 아니라 의견의 합의를 구하는 것이 필요하다. 우리는 낙태 찬반에 대한 입장을 숙지함으로써 이 문제에 보다 합리적인 걸음으로 다가설 수 있다. 이제 낙태문제에 대한 반대론, 찬성론, 중도이론을 각각 살펴본다.

9- 큰 비, 천둥이 크게 치는 날 등 기상이변이 있는 때나 술을 마셔서 정신이 혼미할 때, 과식을 했거나 허기졌을 때, 중병을 앓은 후 신경을 써야 하는 때 등 몸과 마음이 평안하지 못할 때는 성교를 피하는 게 좋다.

10- http://www.babykinder.co.kr 참조.

(1) 낙태반대론

1) 생명우선론과 태아인성

낙태를 반대하는 측은 생명우선론(proto-life)의 입장에 서 있다. 이는 생명권이 모든 다른 권리보다 중요하다는 초역사적 인식과 함께 태아는 수정 순간부터 인간이며 태아의 생명권이 여성의 이해에 앞서 존중되어야 한다는 사회적 입장에 의해 형성된 견해이며, 대부분의 종교계가 이에 동조하고 있다. 이러한 입장에서 중요하게 다루어야 할 문제는 태아의 인성과 도덕적 지위에 관한 문제이다. 이러한 관점의 논의는 다섯 가지로 집약된다. 첫째, 낙태는 살인행위이다. 태아의 도덕적 지위를 강조하면서 태아를 죽이는 것은 살인행위에 속하는 것으로 간주한다. 둘째, 낙태는 위험한 제반 환경을 만들게 된다. 셋째, 낙태는 임산부에게 심리적인 상실감과 위축감을 유발한다. 넷째, 낙태 이외의 대안의 강구가 이루어질 수 있다. 다섯째, 임산부는 자신의 성행위에 대한 책임의식을 수반해야 한다.

이와 병행하여 유전학적 관점에서는 인간의 유전인자가 형성되는 임신 시초부터 인간으로 간주한다. 모든 형태의 생명을 귀중히 여긴다는 점에서는 긍정적이나 원치 않는 임신의 경우 임산부의 의사를 무시한다는 점에서는 그리 환영받을 의견은 아니다. 반면에 사회경제적 관점에서는 사회도덕적 정책에 관한 사회의 요구를 중시하며 태아가 인간인지 아닌지의 여부를 결정한다. 섬너의 경우와 같이 발달학적 관점에서는 태아가 자신의 독특한 방식으로 그 주변 환경과 상호작용을 함으로써 비로소 충분히 실현된다. 여기서는 임신 후 신체기관이 기초적으로 형성될 때,

또는 태아가 생존능력을 가질 수 있을 때, 또는 태아의 두뇌가 어느 정도 발달했을 때의 시기구분이 적용된다.

태아가 수정의 순간부터 태아의 도덕적 지위와 연관된 인격 가능성을 내포한다는 사실은 의심의 여지가 없다. 임신과정을 단계적으로 파악하여 인간생명 이전 상태를 상정하는 것은 타당하지 않다. 인간형성의 초기단계에서 인격의 형태와 독립성을 경험적으로 인지할 수 없음은 사실이지만, 현대 의학은 수정 순간부터 태아는 하나의 독립적 인격체로 파악될 수 있다는 점을 밝힌다. 인간형성 과정도 하나의 연속과정으로 이해되어야 한다. 의식과 의사소통 능력이 과정 끝에 가서 고정적으로 형성되지 않듯이 인격은 수정 순간부터 자기 동일성을 가지고 시작한다. 발전단계에 있어서 모든 침해행위는 개인 정체성과 전체 삶에 영향을 준다. 태아단계도 예외는 아니다. 인격 전체로서 파악하고 삶 전체 과정에서 정체성을 확인한다면 태아를 시기 특이성을 고려한 도덕적 인격체로 파악해야 한다. 돈 마퀴스(Don Marquis)의 낙태반대론을 살펴본다.[11)]

2) 살생의 부도덕성

살인의 부도덕성은 생명존엄에 대한 도적이며, 그 사람의 부재로 인한 지인들이 상실감이라고 할 수 있다. 어떠한 성인을 죽이는 것이 나쁜 것은 미래의 상실 때문이다. 이러한 분석의 초점은 자연적인 특질이 최후로 살인의 옳지 않음을 설명하는 것을 확립하는 것과 그것이 옳지 않다는 것이다. 살인을 그릇된 것으로 만드는 것은 희생자 미래의 소거이

11- Don Marquis, "Why Abortion is Immoral?," *The Journal of Philosophy*, No. 4 (April 1989), pp. 183–195.

며 상실이다. 살인을 나쁘게 만드는 것은 희생자 미래의 추가적 이익 가치를 희생자가 상실하는 것이라는 관점은 그러한 함축이 몇 가지 정당성을 갖출 수 있을 때 비로소 지지된다.

첫째, 그것은 단지 생물학적인 인간을 죽이는 것이 옳지 않다는 관점과 양립할 수 없다. 둘째, 미래의 상실은 죽임을 당한 사람의 미래를 잘못되게 만드는 것이라는 주장은 지구에 사는, 인간이 아닌 동물을 죽이는 것 또한 우리들과 마찬가지로 심각하게 나쁘다는 가능성을 수반한다. 셋째, 이러한 주장은 인간의 삶이 신성하다는 이론처럼 실제 안락사가 그릇됨을 수반하지 않는다. 아이들과 유아들을 죽이는 것은 그들이 가치 있는 미래를 가지기 때문에 잘못되었다. 살인을 잘못된 것으로 만드는 주된 특징은 윤리에 중요한 영향을 갖는 가치 있는 미래의 희생에 있다. 태아의 미래는 경험, 계획, 활동 등 성인의 미래와 동일한 것들을 포함한다. 인간을 죽이는 것이 잘못된 것처럼 낙태는 태아로서의 도덕적 지위를 박탈하기 때문에 도덕적으로 문제시된다.

이 논쟁은 살인은 잘못이기 때문에 잠재적인 사람을 죽이는 것이 잘못이라는 추정을 하지 않아도 된다. 이 분석의 도덕적 핵심은 우리와 같이 가치 있는 미래를 갖는 것에 대한 문제제시이며, 이는 미래 인격성에 관한 논란은 아니다. 가치 있는 미래지향적 논의는 낙태가 근본적으로 잘못되었다는 것을 보여줄 뿐이지 어떠한 환경에서도 모두 잘못되었다는 것은 아니다. 보통의 태아에게 미래의 상실은 어른의 미래 상실만큼 큰 상실이기 때문에 낙태는 보통의 살인처럼 가장 강력한 이유로 정당화되기가 어렵다. 생명 상실은 그 자체로 큰 불행이다.

살인의 부당성 윤리는 태아의 삶으로 확대되어야 하고, 어떠한 낙태도 도덕적으로 승인될 수 없다는 전제의 정당성을 보여줘야 한다. 이 분석은 피임이 잘못되었다는 것까지 수반하지 않는다. 물론 피임은 가치 있는 미래의 실현 가능성을 막는다. 피임으로 인해 가치 있는 인간의 미래가 명백히 부정되면 그것 또한 잘못된 것이다. 그러나 그러한 미래는 개연성을 지닐 뿐이다.

흔히 피임 자체를 부정하는 경향이 나타나지만, 낙태를 미연에 방지하는 의미에서 그것은 부정적 의미만을 드러내는 것은 아니다. 피임의 경우 미래 상실의 문제는 확정적이라고 단정할 수 없다. 낙태의 도덕적인 허용 가능성에 대한 문제에 대해 태아의 도덕적인 지위를 세우기도 한다. 태아는 도덕적 고유성을 가지기 때문에 낙태는 잘못되었다는 논증이다. 물론 강간에 의한 임신이나 산모의 생명이 태아로 인해 위험하다면 낙태를 생각할 수 있다. 이처럼 태아를 미래적 · 잠재적 인격체 차원에서 받아들여 낙태를 나쁘다고 간주한 마퀴스의 관점은 태아를 도덕적 인격의 잠재형태로 보고 있음이다. 그러나 잠재 인격체는 '잠재'라는 점에서 한계를 지니며, 마퀴스의 미래의 가능성 문제는 다소 추상적이며 이상적인 것으로 비판받을 수 있다. 마퀴스의 피임에 대한 입장은 역설적 논리를 드러낸다. 왜냐하면 낙태를 반대하면서도 피임을 찬성하기 때문이다. 낙태에 대한 윤리적 보편화 가능성을 근본적으로 묻고 산모의 자율권을 존중하는 가운데 낙태를 좀더 현실적이며 객관적으로 바라보는 자세가 요청된다고 할 것이다.

(2) 낙태찬성론

1) 선택우선론과 여성의 자율성

낙태를 허용하는 측은 선택우선론(proto-choice)의 입장에 있다. 임신과 출산은 여성의 몸 안에서 일어나는 현상으로, 이로 인한 물리적 · 심리적 · 사회적 영향을 여성들이 받고 있다는 현실적 이해와 여성들이 사회적 지위를 향상시키려면 가정 내 역할이라는 기존의 역할을 변형하여야 하고, 이를 위해서는 임신과 출산의 자율적 결정이 기초 요건이 된다는 역사적 지각에 의해 형성된 견해이다. 여성 자신의 신체에 대한 완전한 자율권을 주장하는 것이 초창기 산아제한의 모토였다. 책임을 회피하고 발뺌하는 남성으로부터 자유로워지고자 하는 여성의 선택은 당연한 것이기도 했다. 이른바 여성주의 권리운동의 의미라고 보아야 할 것이다. 산모의 자율권을 강조하는 선택우선론의 정당화는 크게 네 가지로 집약된다. 첫째, 산모는 자신의 신체에 대한 자율권을 갖고 있다. 둘째, 원하지 않는 임신 자체가 임산부에게 육체적 · 심리적 저항감을 야기한다. 셋째, 임산부가 낙태 이외의 대안을 생각할 수 없는 불가항력의 상황이 발생할 수 있다. 넷째, 태아보다 생명가치 측면에서 임산부를 우선시해야 한다.

낙태를 윤리적으로 판단하는 데 있어 중요한 것은 태아가 과연 인격생명체인가 하는 문제와 함께 인간을 자연적 인간존재를 토대로 인류공동체의 구성원으로 받아들일 것인가 아니면 특정한 기준과 능력의 조건을 붙일 것인가 하는 물음으로 압축된다. 아울러 태아의 도덕적 지위에 대한 현실상황적 맥락을 충분히 고려해야 하는 점 등을 언급할 수 있을 것이다. 탐슨은 그녀의 논문「낙태옹호론(A defence of Abortion)」에서 이렇게 논증한다. 설령 태아에게 생명권이 있다고 하더라도 태아를 임신중절시키는 것이 생명권 자체를 침해하는 경우는 드물 것이다.[12] 탐슨은 임신중절이 태아의 생명권을 침해하는가 하지 않는가 하는 문제는 그 권리에 의해 보호되는 것들이 정확히 무엇이냐에 달려 있다는 것에서부터 출발한다. 탐슨이 고려하는 첫 번째 견해는, 생명권이 그 권리를 소유한 존재가 생존을 계속하기 위하여 필수적으로 요구되는 최소한의 것들을 그것이 무엇이든지 간에 요구할 수 있는 권리를 포함한다는 것이다. 만약에 이것이 참이라면 임신중절은 어떤 경우들에 있어서 이 권리를 침해할 것이 분명하다. 왜냐하면, 임신중절은 태아가 생존을 계속하기 위하여 태아가 필요로 하는 것, 즉 산모가 태아로 하여금 자신의 신체를 사용하지 못하도록 하는 것을 포함하기 때문이다. 탐슨은 생명권이 소유 권리를 전혀 발생시키지 않는다는 점을 지적한다.

탐슨은 우리에게 다음의 상황을 상상해 보기를 요구한다. 즉, 탐슨 자신이 지금 아파서 죽을 지경이고, 그녀의 생명을 구할 수 있는 유일한 길은 미남 배우 헨리 폰다(Henry Fonda)가 나타나서 그의 시원한 손을 그녀의 펄펄 끓는 이마에 대주는 것뿐인 상황에 직면할 경우를 생각해 보자. 탐슨이 생각하기에, 헨리 폰다가 그렇게 해서 그녀의 생명을 구해준다면 그것은 대단히 친절한 일이겠지만 탐슨 자신은 헨리 폰다에게 그렇게 해주기를 요구할 아무런 권리가 없다는 점을 지적한다. 탐슨의 논점은, 생명권이 어떤 것에 대한 권리라고 전제할 때, 생명권은 어떤 존재가 생

12– J. J. Thomson, "A Defense of Abortion," *Philosophy & Public Affairs*, No. 1 (Fall 1971), pp. 47–66.

존을 계속하기 위하여 필수적인 모든 것을 무엇이든지 요구할 수 있는 그런 권리는 아니라는 것이다.

다음으로 탐슨은 생명권은 죽임을 당하지 않을 권리라는 견해를 고려한다. 그런 견해는 위의 반례에 의해서 논박되지 않는다. 그 까닭은 생명권에 대한 이 견해에 의하면, 헨리 폰다가 탐슨을 도와주러 오기를 거절한다고 해서 그가 그녀의 생명권을 침해하는 것, 즉 그가 그녀를 죽이는 것이 되지는 않기 때문이다. 그리고 그렇게 정의된 생명권이 태아에게 있다고 가정한다면 임신중절을 하는 것은 태아의 생명권에 대한 명백한 침해가 된다. 그런데 탐슨에 의하면 생명권에 대한 이러한 설명도 옳지 않기는 마찬가지라고 한다.

그녀는 바이올리니스트의 예를 들면서 그 설명을 비판한다. 탐슨의 주장에 따르면, 만약 당신이 당신 자신과 바이올리니스트를 연결하는 관을 뽑아버린다면 당신은 그 바이올리니스트를 죽이는 것이다. 만약 당신이 그렇게 한다면 그것은 단지 당신이 바이올리니스트에게 그가 생존을 계속하기 위해서 필요로 하는 최소한의 것을 제공하지 않았다는 것만을 의미하지는 않는다. 헨리 폰다의 경우와는 달리, 여기서 당신의 행동은 도덕적으로 무고한 한 사람의 죽음을 가져오게 된다. 그럼에도 불구하고 탐슨은 만약 당신이 바이올리니스트와 당신 자신을 분리시킨다면 당신은 부정한 일을 저지르는 것이 아니라고 선언한다. 탐슨은 생명권에 대한 두 번째 견해도 받아들이지 않게 된다.

탐슨은 생명권에 대한 그녀 자신의 설명을 제안한다. 생명권은 죽임을 당하지 않을 권리에 있는 것이 아니라 오히려 부당하게 죽임을 당하지 않을 권리에 있다는 것이다. 만약 탐슨의 제안이 옳고 임신중절이 부당한 죽임을 포함한다면 임신중절은 태아의 생명권을 침해하는 일이 될 것이다. 그러나 탐슨에 의하면 이러한 경우는 거의 없다는 주장이다. 탐슨은 다음의 인용문을 시작으로 자신의 주장을 옹호해 나간다.

> 태아가 하나의 사람이라는 것을 보여주는 것, 그리고 모든 사람들이 생명권을 가지고 있다는 것을 우리에게 상기시키는 것으로는 전혀 충분하지 않다. 태아를 죽이는 것이 태아의 생명권을 침해한다는 것, 즉 임신중절이 하나의 부당한 죽임이라는 것이 우리에게 증명될 필요가 있다. 그런데 과연 그러한가?

이제 탐슨의 논증들로부터 임신중절이 도덕적으로 허용되는가의 여부를 결정하기 위해서 우리가 해야 할 일은 태아의 생명권이 임신중절에 의하여 정말로 침해되는가의 여부를 살펴보는 것이라는 점이 명백해졌다. 다시 말해, 이제 임신중절의 도덕성에 대한 논의는 태아의 생명권에 대한 논의에로 환원되었다. 탐슨은 만약 태아에게 산모의 신체에 머물거나 산모의 신체를 사용할 어떤 권리가 있다면 태아를 죽이는 것이 부당하다는 점을 전제하고 있다. 그런데 탐슨이 실제로 주장하고 있는 바는 그 가정보다 훨씬 더 강한 것이다. 왜냐하면, 탐슨은 태아를 죽이는 것이 태아가 산모의 신체를 사용할 권리를 가질 때에만, 그리고 오직 그러할 때에만 부당하다고 생각하고 있음이 탐슨의 논의에서 암시되고 있기 때문이다. 탐슨에게 있어서 태아가 산모의 신체를 사용할 권리를 소유한다는 것은 임신중절이 부당하기 위한 충분조건일 뿐만 아니라 동시에 필요조건이기도 한 것 같다.

아울러 탐슨은 태아에게 (비록 태아가 산모의 신체 내에 머물게 된 것은 우연히 그렇게 된 것이지만 그럼에도 불구하고) 산모의 신체 내에 머물거나 그 신체를 사용할 어떠한 자동적인 또는 자연적인 권리도 없다는 점을 논증한다. 탐슨에 의하면 태아에게 그런 권리가 부여되기 위해서는 다음의 두 조건들 중 적어도 하나가 만족되어야만 한다. 즉, 산모가 태아에게 그녀의 신체를 사용하도록 허락하든지, 또는 산모가 적절한 방법으로 피임하지 않음으로써 임신의 위험을 자발적으로 그리고 의식적으로 감수하든지 해야만 한다. 그러나 산모가 임신중절을 원하는 경우들을 살펴보면 많은 경우 위의 두 조건들 중 어느 하나도 만족시키지 못한다. 탐슨은 이러한 경우들에 있어서 임신중절은 불의를 범하는 것이 아니라고 주장한다.

그러므로 만약 태아가 산모의 신체 내에 머무르며 그 신체를 사용할 권리를 소유하든지 아니면 태아에게 그러한 권리가 없든지 하다면 태아는 이러한 자연적 환경을 점유하고 이용할 어떤 자연권을 가지고 있다고 말해야 옳을 것이다. 만약 우리의 자연적 거처인 지구가 우주라는 거인의 신체기관의 일부로 판명되었다고 상상해 보자. 이것으로부터 우리가 그 거인으로부터 지구에 머무를 권리를 부여받지 않았다고 해서 만약 산모 신체에 대한 태아권리를 증명해내려 시도했었다면, 자신의 몸속에 있는 기생충들에게도 태아가 산모의 신체에 대해 가지는 것과 똑같은 종류와 정도의 권리를 인정했어야만 했을 것이다. 몸 속에 있는 기생충들에게 필자의 신체는 하나의 자연적인 거처일 뿐만 아니라, 그 신체에는 초대받지 않은 손님들(즉, 기생충들)을 길러내는 자연적인 기능이 있다고 말해질 수 있을 것이기 때문이다.

한편, 설령 탐슨의 논변이 옳다고 치더라도 임신중절이 부당한 죽임이 아니라는 주장에 대한 탐슨의 첫 번째 논변은 여전히 논박되어져야만 할 것 같다. 왜냐하면, 이미 앞에서도 언급했던 바와 같이 이 논증은 태아가 산모의 신체 내에 머무르며 그 신체를 사용하는 것이 임신중절이 태아의 생명권을 침해하기 위한 필요충분조건이라는 것을 전제하고 있기 때문이다. 하지만 태아가 산모의 신체 내에 머무르며 그것을 사용할 수 있는 권리를 가지는 것이 임신중절이 도덕적으로 허용 불가능한 것으로 되기 위한 충분조건일지언정 그것이 필요조건이기도 한 것인가? 다시 말해서, 임신중절이 도덕적으로 허용 불가능하게 되기 위해서 태아는 필연적으로 산모의 신체를 사용할 권리를 가져야 하는가? 반드시 그렇지는 않다.

설령 태아에게 생명권이 있다 하더라도 임신중절은 부당하지 않다는 주장에 대한 탐슨의 두 번째 변호 또한 적절하지 않기는 마찬가지인 것 같다. 바이올리니스트의 예에서 나오는 납치된 신장기증자와 임신에 의해 생명의 위협을 받지 않는 임산부 사이에는 결정적인 차이점들이 두 가지 존재한다. 우선, 임신중절을 원하는 정상적인 임산부들의 경우와는 달리 오직 신장기증자만이 무력의 사용에 의해 곤경에 처하게 된다. 이 경우는 기껏해야 강간에 의한 임신과 유사할 뿐이다. 우리는 이미 이 글의 첫머리에서 강간에 의한 임신을 논의의 대상들로부터 제외시킨 바 있었다. 강간에 의한 임신과 유사한 바이올리니스트의 예를 통해서 정당화하려는 탐슨의 시도는 성공하지 못한 것 같다.

만약 우리가 바이올리니스트의 예를 수정하여 그것을 죽게 방치함의 경우라기보다 죽임의 경우에 더 가깝게 만들 수 있다면 바이올리니스트의 죽음을 가져오는 것이 도덕적으로 허용된다는 점이 더 이상 명백하지 않게 될 것이다. 가정하기를, 만약 당신으로부터 바이올리니스트를 떼어낸다면 어떤 의료적 이유들 때문에 그가 즉시 죽게 될 것이라고 하자. 이 경우 떼어내는 과정은 더 이상 단순히 바이올리니스트를 '죽게 내버려두는 것(letting die)'이 아니다. 만약 당신이 그렇게 한다면 당신은 그를 죽이는 것(killing)이다. 이렇게 수정된 경우가 실제의 임신중절의 경우들과 더욱 흡사한 것 같다. 탐슨이 자신의 견해를 뒷받침하고자 들었던 원래의 바이올리니스트의 예가 가지는 위력이 상당히 약화된다. 당신의 생명이 위태롭지 않은 경우 당신이 바이올리니스트를 곧바로 죽게 만드는 것이 정당화되지 않을 것이 분명하기 때문이다. 이처럼 바이올리니스트 예는 임신중절의 경우들이 도덕적으로 허용된다는 것을 보여주지 못하는 것 같다.

(3) 낙태중도론

섬너(L. W. Sumner)는 낙태의 문제에 있어서 시기적 단계를 현실적으로 고려한 중도적인 입장을 취한다.[13] 이러한 입장은 로잘린 허스트하우스(Rosalind Hursthouse)의 덕성이론 입장에서 낙태는 신중하게 다루어져야 한다는 주장과 그 맥을 같이 한다.[14] 이는 곧 태아의 도덕적 지위에 대한 일관된 설명으로 낙태의 도덕성 문제를 직결시키는 방법이다. 즉, 자유주의적 입장에서 낙태는 피임과 유아살해를 포함해서 전혀 도덕적으로 문제될 것이 없다는 것이다. 그러나 보수주의적 입장은 태아에게 성인과 같은 도덕적 지위를 부여함에 따라 낙태를 살인과 동일시하여 도

13_ L. W. Sumner, "Abortion," *Health Care Ethics*, Philadelphia : Temple university Press, 1987, pp. 43 ff.

14_ Rosalind Hursthouse, "Virtue Theory and Abortion," *Philosophy & Public Affairs*, Princeton : Princeton University, 1991.

덕적으로 문제시한다. 즉, 그들은 각각 모든 태아들이 달라질 수도 있다는 어떠한 사항도 무시한 채 모든 태아들은 같은 도덕적 지위를 가지고 있다는 것을 고수한다. 기존 관점들은 그들의 상반된 주장에도 불구하고 중요한 두 가지 문제들에 동의한다. 낙태가 행해지는 시기와 이유 등에 관한 도덕적 무관심, 그리고 이러한 동의는 기존의 관점들과 중도주의적 입장 사이의 괴리를 만들게 된다.

중도적인 낙태정책은 기간의 한계를 중시하는 현실적 관점이다. 임신 초기의 낙태는 임신 후기의 낙태시술보다 덜 문제시된다는 암묵적 동의가 있다. 여기서는 사후 피임약과 낙태용 링의 사용이 염수주사나 자궁절개 시술에 비해서 문제가 되지 않는다. 그 근거는 치료적 범주, 유전적 범주, 인도주의 범주, 사회경제 범주로 분류된다. 다만 치료의 목적에서 낙태는 거의 만장일치로 찬성을 얻지만 사회경제적 목적의 낙태는 그 타당성이 떨어지는 문제가 있다. 중도적인 입장은 기존 입장들의 타협안이라는 오명을 씻기 위해 자신들의 주장이 가변적이지 않음을 증명해야만 한다. 어려움을 극복하기 위해서 중도적 입장은 태아의 도덕적 지위에 대한 기준을 제시한다.

그 새로운 기준이란 '감각기준'으로, 감각이 있는 모든 존재에게 도덕적 지위를 부여하는 것이다. 그러나 이러한 기준은 정신장애자에게 그들의 인식능력의 악화를 무시한 채 도덕적 지위를 부여하게 되고, 또한 인간이 아닌 동물들에게까지 도덕적 지위를 부여하게 된다. 인간발달의 과정에 감각기준을 적용할 때, 도덕적 지위의 단서는 기쁨과 고통을 경험할 수 있는 능력이 처음으로 갖추어지는 동안의 단계라는 결론을 낳는다. 그러나 그것이 정확히 언제란 말인가? 임신의 정상적인 단계를 각각 13주 단위로 구성된 세 시기로 나누는 표준관행에 따르면, 태아는 이 분류의 두 번째 시기쯤에 기쁨과 고통을 느끼기 시작하는 것으로 보인다. 따라서 태아는 두 번째 시기에 도덕적 지위를 차지한다. 그 이전의 태아에게는 도덕적 지위가 결여되어 있다. 따라서 이 시기에 행해지는 낙태는 피임과 동등한 도덕적 관심을 갖는다. 반면에 태아가 도덕적 지위를 갖게 된 후 행해지는 낙태는 유아살해와 같이 심각한 도덕적 문제를 야기한다. 그러나 태아가 도덕적 지위를 갖게 된 후에라도 앞에서 말한 네 가지 범주 중 치료목적과 유전학의 문제를 이유로 낙태가 행해진다면 그것은 중도적인 낙태정책에 부합되어 고려될 수 있는 여지가 있다.

이처럼 섬너는 자유주의적 입장을 취하는 사람들처럼 낙태를 남발함으로써 신의 권리에 도전하는 오만함을 보이거나 보수주의 입장과 같이 비극적인 산모의 희생도 요구하지 않는다. 보수주의적 입장과 자유주의적 입장의 절충적인 합의의 관점에서 낙태에 대한 중도 관점의 기준을 확실히 제시하며 자신의 주장을 정당화시키고 있다.

우리나라에도 [모자보건법 제정]으로 낙태를 허용하는 법적인 문이 열리면서 우리의 성개방적인 생활태도와 가정붕괴가 심화되어 낙태를 경시하는 악순환이 계속되고 있다. 낙태는 가장 취약한 약자를 강자들의 여러 가지 사정을 내세워 미래의 생명체를 살해하는 행위라고 말할 수 있다. 강간 및 근친상간에 의한 임신, 태아가 기형아일 경우 및 산모의 생명이나 건강에 중대한 위험이 있을 경우에 한하여 낙태를 허용하되 그것도 임신 후기에서는 허용하지 않도록 기간제한을 가하는 것이 타당하다. 여성의 자율적 선택권은 제도적으로 제한을 가해야 한다. 실제로 낙태의 주체인 개별 여성은 기술의 발전 덕택으로 종족보존과 인구재생산의 자연적 의무로부터 벗어나 자신의 삶을 자율적으로 결정할 수 있다고 믿게 되었다. 이로 말미암아 현대 사회에서는 낙태의 문제에 관련하여 여성의 이해관계와 태아의 이해관계라는 담론이 역사적으로 형성되었다. 낙태에 관한 도덕적 갈등은 본래 산모의 자율과 태아의 생명가치가 대립적으로 충돌할 때 발생한다.

3. 뇌사와 장기이식

(1) 죽음의 의미

우리의 생각 뿌리에는 여전히 옛날 사람들이 지녔던 애니미즘이라든가 샤머니즘이라든가 아니면 '신체발부수지부모(身體髮膚受之父母)'라는 유교적 윤리도덕의 관념이 남아 있어 일상생활 면에서 우선시된다. 죽음은 장례절차가 장엄하게 이행되듯 삶을 마감하는 독특한 의미를 부여받는다. 우리 문화의 기저(基底)의 무속에서 나타나는 영혼천도의식 중 진오귀굿 무가에서 드러나듯이 대부분 영혼이 존재한다고 믿으며, 영혼은 살아 있는 사람들에게 영향을 미칠 수 있다고 본다. 사람이 죽으면 혼(魂)과 백(魄), 귀(鬼)로 나뉘어 혼은 하늘로 올라가 신명이라는 양(陽)의 기운이 되고, 백은 땅에 묻힌 시신에 깃들어 묘에서 3년 동안 제사를 받고 흙으로 돌아가며, 귀는 공중으로 올라가 사당에서 4대에 걸쳐 제사를 받고 인간에게 깃드는 음(陰)의 기운이 된다. 천수를 누리고 자기가 살던 집 안에서 자손들이 보는 앞에서 여한이 없이 죽은 이상적인 죽음은 사후 삼 년 만에 대상(大喪)이 지나고 나면 죽음의 부정을 씻고, 재수와 부귀를 가져다 주어 후손을 보호하는 조상반열에 오른다는 것이다.

이처럼 무속에서는 인간을 육신과 영혼의 이원적 결합체로 보고, 영혼이 육신을 떠나간 것을 죽음으로 본다. 곧, 죽음을 단지 이승에서 저승으로 가는 것으로 육신은 없어지지만 영혼은 영원하다고 본다. 영혼은 사령과 생령(生靈)으로 구분하는데, 사령은 조상과 원귀(寃鬼)로 구분한다. 몽달귀신, 객귀, 영산, 수비, 수부라고 하는 원귀는 떠돌아다니는 악령 귀(鬼)의 개념으로 묶어지는 영혼들이다. 영혼은 이승에 머물러 있다가 3년이 되어 탈상을 함으로써 저승으로 들어가게 된다. 그런데 원령은 3년이 지나도 저승에 들어가지 못하고 이승에 남아 원한이 풀릴 때까지 인간을 괴롭혀 진오귀굿 같은 과정을 통해서 한을 풀어주어야 조상신이 된다고 알려져 있다.

오래된 전통으로서 알려진 불교전통의 죽음에 대한 해석을 살펴볼 필요가 있다. 초기 불교에서 죽음은 '정신신체적 요소들(五蘊)이 파괴되고 유해(遺骸)가 내던져지는 것' 을 말한다. 정신신체적 요소의 파괴는 정신신체적인 요소의 결합이 파괴되는 것이고, 유해가 내던져지는 것은 수명, 체열, 물질대사, 의식이 포기되는 것을 말한다. 이러한 의식 포기는 뇌사와 직접 연관이 있다. 뇌사는 뇌간을 포함한 뇌 전체가 비가역적으로 기능이 정지되었지만 인공호흡기나 중환자 관리로 호흡을 하고 심장이 박동하는 상태를 말한다. 뇌 전체의 기능이 정지하였다는 것은 의식의 소생 가능성이 비가역적으로 소실된 것을 의미하므로 의식을 비롯한 지각이나 느낌, 사고작용 등의 정신적 요소들이 완전히 파괴된 상태에 해당한다.

뇌사자는 체열이 인공호흡으로 유지되면서 장기의 물질대사가 가능하다고 하더라도 그것은 외부의 힘에 의해 강제로 주어지는 것이고, 자발적으로는 이미 포기되어 정신신체적인 요소들이 해체되어 유해로 버려진 상태이므로 죽은 자라고 볼 수 있다. 불교적으로 보면 뇌사의 순간에 이번 생에서 윤회는 종식됨과 동시에 이번 생에서의 정신신체적 요소들의 관계성은 다른 생에서의 윤회의 시작의 조건이 됨과 동시에 이번 생에서는 그 삶은 해체되는 것, 즉 죽음을 맞이하는 것이다. 초기 불교 관점에서 뿐만 아니라 대승불교 관점에서도 아라야식이 신체를 대상으로 집수할 때만 인간생명을 유지한다고 볼 때, 의식이 신체를 대상으로 집수하지 못하는, 전혀 통제하지 못하는 상태인 뇌사상태는 죽음의 상태라고 볼 수 있다.

그러나 아뢰야식의 존재를 이승에서 저승으로 연관을 맺는 항존의식으로 볼 경우 그 해석을 달리한다. 아뢰야식의 대상은 '집수(執受)'와 '처(處)'이다. 집수에 대해 『성유식론술기』에서는 '집섭(執攝)', '집지(執持)'라고 하였다.[15] '집(執)'이라는 것은 아뢰야식이 종자를 '간수하다'는 것이고, 종자를 '보존하다'는 것이라고 한다. '수(受)'라는 것은 '수령(受領)', '각수(覺受)'의 의미이다.[16] 아뢰야식이 종자와 신체를 수령하여 그것을 대상으로 하며, 신체(身體)를 구족하여 감각이나 의식의 움직임을 일으킨다.

장기이식은 뇌사상태를 죽음으로 전제하기 때문에 널리 행해지는데, 죽음의 상태에서 물질대사만이 강제적으로 유지되고 있는 장기가 제 기

15- 『대정장』 43, 315c10-11.

16- 1. 執(집) : 아라야식은 종자를 유지 · 보존하는 기능을 한다. 그리고 종자가 아라야식의 대상이 된다는 것이다. 2. 受(수) : 受領한다는 의미이다. 아라야식은 有根身(신체)을 수령하고, 그것을 대상으로 하여, 신체에 感覺이나 마음의 움직임을 일으키게 한다.

능을 발휘하기 위해서는 그 장기에 대하여 활동성 여부를 확실하게 검증해 보아야 한다. 즉 의식이 있는 다른 생명체에 대한 장기이식을 통해 그 장기가 다른 의식과 인과적인 연결성을 찾게 되면 그 장기는 다른 의식과 결합하여 생명체의 일부로서 작동한다. 살아 있는 자의 자발적인 장기기증에 의한 장기이식은 불살생을 실천하거나 보시와 방생을 적극적으로 실천하는 계기가 된다. 이 경우에 우리는 장기매매의 유혹이나 위험을 실제적으로 경계하지 않으면 안 된다.

장기기증은 보상에 대한 기대나 처벌에 대한 공포에서가 아니라 사실에 대한 올바른 사유인 자비정신에서 나와야 될 것이다. 모든 살아 있는 것은 고통을 싫어한다. 장기가 손상된 환자들의 고통을 자신의 고통으로 인식한다면 소극적으로 괴롭히거나 죽이지 않는 대신에 적극적으로 장기이식을 통해 치료와 새로운 생명을 기증할 수 있다. 현대 생명공학의 발달로 사람의 생명도 인공호흡기 등을 통해 연장이 가능해졌다. 뇌사와 관련된 가장 중요한 동기는 장기기증 때문이다. 뇌사는 뇌가 질병이나 외상에 의해 그 조직이 파괴되어 기능이 완전히 상실되고 그것이 결코 회복될 가능성이 없는 뇌기능의 완전 정지상태를 의미한다. 장기이식을 고려할 때 뇌사의 필요성은 이와 같다.

(1) 각종 장기가 부패하기 이전에 장기를 떼어내야 이식성공률이 높다.

(2) 환자 가족들의 경제부담이 크며, 심장은 뛰고 있더라도 뇌는 회복시킬 수 없다.

(3) 신체기관을 더욱 건강한 상태로 다른 사람에게 이식할 때, 친권자의 동의만 있으면 인간존엄성의 훼손, 안락사 등의 문제가 발생하

지 않는다. 뇌사 인정에 따르는 문제는 크게 두 종류로 집약된다.

1) 죽음의 정의에 대한 문제

의학적으로 단지 인간의 죽음을 실용주의적인 입장에서 제창한 것이 심폐사설로서, 비록 생물학적인 면에서는 불완전하다 할지라도 사회적인 면에서는 합리적인 것으로 받아들여져 오랫동안 인간의 죽음을 결정하는 데 활용되어 왔으며, 토착화되어 왔다. 그런데 전통적 기준인 심폐사설에서 뇌사설로 바꾸는 데 있어서 뇌의 기능장애, 즉 혼수의 불가역적인 시점을 결정하는 데는 많은 의문을 가지게 되었다. 즉 이론적으로는 대뇌가 파괴되어도 심장과 폐의 기능은 계속 유지될 수 있다는 것이다. 그 이유는 호흡중추는 뇌간에 있으며, 심박동의 중추는 일차적으로 심장 자체에 있기 때문이다. 따라서 뇌간기능 소실을 나타내는 임상증상은 뇌기능 장애 여부 결정에 중요한 의의가 있다.

한 사람의 죽음의 순간, 즉 죽음의 정확한 시간을 누가, 어떠한 방법으로 측정할 수 있겠는가 하는 문제로서, 죽음이 하나의 과정이라면 뇌사는 하나의 죽어가는 단계에 불과할 뿐이므로 그것은 결코 죽음을 규정할 수 있는 필요충분조건이 될 수 없다. 전통적으로 '존재의 다발들(五蘊)이 나타나고 감각기관(六處)들을 획득함(khandhanam patubhavo ayatanampatilabho)'을 태어남이라고 한다.[17] 죽음은 본질적으로 존재의 다발들이 파괴되고 감각기관을 망실하는 것이라고 볼 수 있다. 이처럼 인간

17- SN. II, p. 3. "태어남이란 무엇인가? 낱낱의 중생들의 유형에 따라 낱낱의 중생들이 출생하고 탄생하고 강생하고 전생하고 모든 존재의 다발들이 나타나고 감역들을 얻는 그것을 수행승들이여, 태어남이라고 부른다."

의 생사의 문제는 의사뿐만 아니라 사회적 · 종교적 · 철학적 이해를 함께 고려해 볼 때 생명존엄성에 접근하게 된다. 실제로 인간의 생사 문제를 양적 시간을 기준으로 가치를 논할 수는 없는 것이다.

2) 장기이식과 관련한 문제

첫째, 뇌사에 대한 의사의 오진 가능성으로 바로 장기를 드러낼 경우 문제가 된다. 둘째, 생사에 대한 문제에 예외적인 경우 또한 염두에 두지 않을 수 없다. 셋째, 인간생명의 존엄성 문제가 야기되며, 장기이식을 원하는 사람 중에는 부유층이 많다. 이에 따라 인간생명의 존엄성을 지키기 위한 최대의 안전방책을 강구해야 한다. 인간의 장기는 단순히 기계부속품이 아니다. 인간의 삶이 공리적인 고려에 따라 규정되어서는 안 된다. 공리적인 면에서 뇌사를 인정하는 것은 인간의 존엄성과 생명경시를 야기시킬 수 있다. 기증으로 이루어진 뇌사자의 장기이식은 한 사람뿐만 아니라 여러 사람의 생명을 동시에 살릴 수 있는 기회를 제공하는 점에서 합리적인 제도화가 요청된다.

(2) 뇌사와 장기이식

1968년 미국 하버드 의료센터의 특별위원회는 어떤 사람이 죽었는지를 결정하는 기준을 세웠다. 이 위원회는 사람이 영구적으로 탐지할 수 있는 뇌기능을 모두 상실했을 때 어떤 사람이 죽었다고 간주한다는 것을 결정했다. 뇌사는 다른 유사상태와 구별되어야 한다. 첫째, 뇌사(brain death) : 사람의 모든 뇌가 영구적으로 손실된 상태를 유지할 때이다. 둘째, 식물인간(persist vegetative state) : 대뇌의 피질기능은 전부 잃지만 다른 부분은 양호한 뇌상태를 유지한다. 호흡, 심장박동, 얼굴반응, 근육의 움직임 등은 계속된다. 식물인간 상태에서 개인은 의식적인 기능을 모두 잃는다. 그들은 의식은 없으나 깨어 있다. 셋째, 혼수상태(coma) : 식물인간처럼 뇌 전체가 죽지 않았지만 그들의 뇌간(brain stem)의 기능은 형편없다. 그들은 의식이 없는 사람이나 자고 있는 사람이다. 식물인간 상태처럼 오래 살지도 못한다.

우리나라의 뇌사 판정기준에 대하여는 대한의사협회가 주도적으로 그 설정에 관여해 왔다. 1983년 대한의사협회 〈죽음의 정의위원회〉에서 최초로 뇌사 판정기준안이 만들어졌으며, 1989년에는 〈뇌사연구특별위원회〉가 '심장 및 호흡기능의 정지 또는 뇌간을 포함한 전뇌기능(全腦機能)의 불가역적 소실'을 죽음의 정의 및 뇌사 판정기준으로 발표한 바 있다. 그후 1993년 3월에는 '뇌사에 관한 선언'을 선포하고, 뇌사 판정기준 및 뇌사자 장기이식 의료기관 요건을 제정하였다. 1998년 10월에는 '뇌사 판정기준 및 뇌사자 장기이식기준 개정안'을 새로이 발표하였다. 이식법의 뇌사 판정기준은 대한의사협회의 1998년도 그것과 그 내용에 있어서 완전히 일치하고 있다.[18)]

의식할 수 없는 뇌의 기능이 있을 때, 혹은 상태가 임시적일 때 사람은 죽었다고 여겨지지 않는다. 더구나 다양한 반응의 테스트는 손실된 뇌의 모든 기능이 영구적인 것인지 아닌지를 결정하는 데 필요하다. 이런 조건을 현재 우리는 전체뇌사(whole brain death)라고 알고 있고, 이는

18- 주호노, 『축조해설 장기 등 이식에 관한 법률』, 서울 : 육법사, 2000, pp. 34-35.

우선적으로 법적인 사망으로 사용되어지는 기준이다. 이것은 다른 두 번째의 기준 혹은 맥박의 손실 같은 테스트에 비해 우선적인 기준이다.

뇌사를 죽음의 기준으로 받아들이려는 문제와 만일 뇌사를 죽음의 기준으로 받아들였을 때 그 사람의 장기를 이식수술에 사용해도 되는가의 문제가 뇌사판정에 대한 윤리 문제이다.[19] 뇌사를 죽음의 기준으로 인정할 것인가에 대해 논의할 때 관련된 당사자들 중에서 가장 주목해야 할 대상이 '뇌사자' 임에도 불구하고 우리 사회의 논의에서는 뇌사자 가족들의 이익 고려를 우선시하는 경향이 있다. 뇌사를 죽음의 기준으로 찬성한 사람들은 "알 수는 없지만 환자 본인의 고통도 고려해 주어야 한다"고 말하면서 뇌사자가 고통을 느끼고 있으므로 이 고통을 없애주기 위해 뇌사 자체를 죽음으로 인정해야 한다는 논변을 펼친다. 뇌사를 법적으로 인정하지 않으려고 할 경우 시민불복종 운동까지 전개한다.

장기이식의 공정성(equity)과 효율성(utility) 간 선택의 문제로 불가피한 점이 있으며, 이에 따라 국립장기이식관리센터는 법률이 허용하는 범위 내에서 행정절차에 불편을 느끼지 않도록 장기이식 관리업무를 신축적으로 운영해야 한다.[20] 이러한 사실을 고려하여 다양한 윤리적 기준이 제시되는데, 현대의 윤리학자로서 넬슨(James Nelson)은 장기이식의 다섯 가지 윤리적 표준을 제시하였다.[21] 첫째, 장기이식이 환자를 치료하는 최후수단이 되어야 한다. 둘째, 장기이식의 일차적 의도는 환자복지여야 한다. 셋째, 수술받는 환자의 자유로운 동의가 있어야 한다. 넷째,

19– 고영관 외,『의료윤리』, 서울 : 계축문화사, 1999, p. 165.

20– 이상용,『장기이식법의 시행과 향후전망』, 서울 : 한국형사정책연구원, 2000, p. 65.

21– James Nelson, "Human Medicine," Augsburg Publishing House, 1973, p. 152.

무고한 사람을 보호하고 환자 가족과 장기공여자를 우대한다. 다섯째, 비례의 원칙을 지켜야 한다. 치료비용을 능가하는 유익함을 얻어야 한다.

장기이식과 관련하여 뇌사문제는 환자사망 판명에 관여하는 의사가 장기이식에 관여해서는 아니되며, 입법에 신중을 기해 오용 가능성을 배제해야 하고, 장기이식에 있어 본인 및 친자 동의가 있어야 하며, 인공장기 개발에 미래지향적 대안 관점을 모색해야 되는 등의 원칙이 요청된다. 이처럼 장기이식의 문제는 뇌사문제와 연관된다. 왜냐하면 대부분의 장기이식은 뇌사자의 장기에서 이루어지는 경우가 많고 또한 그것이 성공확률도 높기 때문이다.

장기기증 운동이 활발히 전개되기 위해서는 몇 가지 문제점이 개선되어야 한다. 첫째, 장기이식 중 뇌사자의 장기이식은 현행법상 불법이다. 사회의 폭넓은 논의를 거쳐 합당한 법제성이 시급하다. 둘째, 장기가 상업적 수단으로 음성거래될 가능성이 많다. 셋째, 인간의 장기뿐만 아니라 인공장기 등 장기이식에 관한 기술발전도 계속적으로 시도되어야 한다. 넷째, 법적 · 종교적인 측면은 물론 의학적으로도 결론을 내리기 힘든 뇌사인정 문제에 매달리지 말고 원하는 종교인들을 중심으로 한 사후 장기기증을 원활히 수행한다면 장기이식이 보다 활성화될 수 있을 것이다. 바람직한 것은 쌍으로 가진 장기, 신장 등과 같이 산 사람이 기증하게 하는 것이나 사체에서 장기를 적출할 수 있도록 하는 장기기증 희망자를 늘려가고 그 수혜범위가 높아지도록 제도를 정비하는 일이 시급한 문제이다.[22]

22– http://blog.empas.com/nein2000/7249379

4. 안락사

안락사의 어원은 'euthanasia(그리스에 어원)'로서 이는 좋은 죽음(good death)을 뜻한다. 이 단어 자체가 좋은 죽음이 있다는 것을 암시하는 반면에 그 자체로 우리에게 어떠한 때가 좋은 죽음인지, 무엇이 좋은 상태의 죽음인지는 말해주지 않는다. 보통 우리는 삶은 죽음보다는 더 좋은 것으로 생각한다. 우리는 또한 어떤 상황에서는 삶이 힘들고 또 어떤 사람에게는 삶을 계속 유지할 것인지를 판단하는 것이 너무 고통스러운 일이라는 것을 알고 있다.

이런 상황에서 우리는 선으로서의 죽음과 혹은 악보다는 좀 나은 죽음에 대해 생각해야 한다. 안락사 문제는 결국 윤리적 정당화 문제로 귀결되며, 정당화에 대한 논의는 허용범위에 대한 논의로 귀착된다고 보아도 과언이 아니다. 안락사는 환자의 의사에 따라 (1)자발적 안락사(voluntary euthanasia), (2)비자발적 안락사(non-voluntary euthanasia), (3)반자발적 안락사(in-voluntary euthanasia) 세 종류로 분류된다.[23] 또한 시술방법에 따라 (1) 적극적 안락사(active euthanasia), (2) 소극적 안락사(passive euthanasia) 두 종류로 분류된다.[24]

23_ 임종식, 앞의 책, 1999, p. 299.

24_ 앞의 책, p. 300.

(1) 안락사의 종류

1) 자발적 · 비자발적 안락사

① **자발적 안락사** : 자신이 자신 생명을 고의로, 자유롭게 처리할 것인지를 결정하는 것이다.

② **비자발적 안락사** : 논쟁에서 다른 사람이 환자의 생명을 어떻게 할 것인지를 결정하는 것이다. 그 자신이 스스로 자신의 생명을 어떻게 할 것인지를 결정하지 않고 다른 사람이 생명을 어떻게 할 것인지를 결정한다. 비자발적 안락사는 단순히 자신의 의지를 통한 것이 아니라는 것을 의미하지 않는다. 즉 그들의(환자의) 의지에 반대된다는 것을 의미하지 않는다. 가끔 환자가 결정을 하는 것이 불가능할 때 다른 사람이 결정해야 한다. 이것은 유아나 어린 아이, 혼수상태의 환자나 식물인간 상태의 사람에게 발생하는 사실이다. 이것은 또한 노쇠한 사람이나 정신이 혼란한 사람의 경우에도 사실이다. 많은 경우 충분하게 그들 자신이 결정을 할 자격이 있는 사람의 결정은 명백하다.

비자발적 안락사에도 세 가지 유형의 조합이 있다. 먼저 비자발적 · 적극적 안락사의 경우, 다른 사람이 환자에게 치명적인 약물을 많이 주는 것을 결심한다. 둘째, 비자발적 · 소극적 안락사의 경우, 보통의 수단을 보류하는 것으로 다른 사람이 환자의 생명을 구하거나 생명을 연장하기 위해서 의료수단을 사용하지 않을 것을 결심한다. 비록 결과는 가망이 있더라도 비용과 짐을 아주 적게 해야 한다. 셋째, 비자발적 · 소극적 안락사의 경우, 특이한 수단을 유보함으로써 다른 사람의 생명을 구하거나 생명연장 관점에서 이익 기회는 적고 괴로움이 크기 때문에 공학

발전에 따른 특이한 의학수단을 배제하게 된다.

2) 비자발적 안락사의 신중한 선택

이제까지 살펴본 것처럼 장애아의 문제뿐만 아니라 모든 안락사의 문제에 있어서도 생명을 본인이건 타인이건 맘대로 다루어서는 안 된다고 생각한다. 그래서 생존할 가능성을 조금이라도 지닌 아이라면 마땅히 살려야 한다고 생각한다. 모든 삶은 또 어떤 삶이든지 죽음보다는 더욱 큰 가치와 행복을 지닌다고 생각한다. 즉, 삶 그 자체가 바로 죽음보다는 좋은 것이다. 물론 하나하나의 사례로 볼 경우에 비자발적인 안락사가 정당한 경우가 있을 수도 있다.

비자발적인 안락사를 무조건 반대하는 것이 합리적으로 보이지는 않는다. 만약 비자발적 안락사를 반대한다면 그 주장의 테두리에서 좀더 합리적이고 보편화된 방법을 찾아야 할 것이라고 생각한다. 그 방법 중에서 제일 중요한 것은 사회제도의 뒷받침이라고 본다. 만약, 장애아의 치료를 경제적 부담 때문에 할 수 없다면 사회 제도화의 장치를 통해서 치료를 가능하도록 해야 한다. 또한 어떤 이유에서인지 장애아를 키울 수가 없다면 입양 가능성을 고려하거나 그런 아이를 키울 수 있는 사회적 여건을 마련해 주어야 한다.

3) 적극적 · 소극적 안락사

적극적 안락사와 소극적 안락사 사이의 구별은 개념적인 구별이다. 환자에게 치명적인 약을 주는 것은 적극적 안락사로 분류된다. 그리고 환자가 죽을 것을 알면서도 삶을 연장하는 치료를 중지하거나 시작하지 않는 것은 소극적 안락사로 분류된다. 결과주의자나 행위공리주의자의 시각에서라면 우리는 결과의 측면에서 행위에 관심을 가져야 한다. 수단 자체는 중요하지 않다. 단지 결과의 차이를 가져온다면 중요하다. 사람의 죽음이 제일 나은 이익을 가져온다면 치명적 약을 처방하든 생명유지치료를 중단하든 죽음의 수단은 중요치 않다.

규범공리주의의 시각에서라면 관습이나 정책의 결과에 관심을 갖는다. 즉 다양한 대안적인 관습이나 정책의 어떠한 것이 최상의 결과를 가져오는가를 알고 싶어할 것이다.[25)]

4) 안락사와 인간생명의 가치

호모 사피엔스라는 종족의 구성원으로서의 인간은 그 유기체의 염색체 성질을 검사함으로써 구분하며, 수정 이후부터 인간에 포함하며, 식물인간도 인간으로 규정된다. 그리고 자의적이지도 않고, 사회적이지도 않고, 미래를 생각하지 않아도 여전히 인간으로 간주한다. 인격체로서의 인간은 자의식, 자기 통제, 미래감, 과거의 느낌, 사회성, 타인에 대한 관심, 의사소통, 호기심 등을 갖춘 존재로서의 인간을 의미하며, 합리성과 자의식이 인격 개념의 핵심이다. 자의식적인 존재는 자신이 과거와 미래를 가지는 개별적 존재임을 알고 있기에 자기 미래에 대한 욕망을 가질 수 있는데, 이들의 생명을 뺏으면 미래에 충족시킬 욕구를 좌절시키는 일이 되므로 다른 생명의 죽임보다 더 나쁜 짓이라고 말할 수 있다.

안락사에 시사점을 던져주는 사건들이 초기 경장에 나타나 있다. 탐욕, 성냄, 어리석음을 여윈 아라한에 도달했거나 죽음으로 아라한에 도

25- James Rachels, "Active and Passive Euthanasia," *New England Journal of Medecine 9*, pp. 78–80 (1975).

달할 수 있는 경우에 그 사람에게는 고통을 벗어나기 위한 자살이 승인되었다. 즉 아라한이 자신의 피할 수 없는 불치병으로 인한 육체적인 고통 때문에 스스로 자살하는 경우에 한해서 그 자살은 새로운 업보를 만들지 않기 때문에 종종 교단에 의해서 허용되었다. 해탈하지 못한 자일 경우 그가 중병을 앓더라도 그 고통에서 벗어나기 위해 스스로 자결하거나 남이 안락사를 유도하는 것은 허용되지 않는다. 율장에는 직간접적으로 자발적인 안락사이건 비자발적인 안락사이건 안락사를 유도하는 경우에는, 심지어 단지 환자의 공덕을 찬양하면서 천상세계에 태어날 것을 기대하여 죽음을 선동하여 음식섭취를 중단하게 만드는 경우에도 공동체에서의 추방이라는 단두죄로 다스려졌다. 따라서 일반적인 안락사는 불살생계를 범한다는 의미에서 불교적으로 옳지 않다.

안락사와 관련하여 또 다른 대안을 찾는다면 아라한의 자결이 시사해 주는 불교적 의미를 찾아 탐욕, 성냄, 어리석음이 소멸되는 방향으로 안락한 죽음을 이루어지게 할 수 있다. 불교의 가르침에 입각한 탐욕, 성냄, 어리석음을 소멸시키는 운동, 즉 자신의 현재의 삶을 긍정적으로 받아들이며, 죽음은 삶의 자연스러운 일부분으로 받아들이도록 돕는 호스피스 운동이 바람직하다. 호스피스는 죽음을 앞둔 말기 환자와 그 가족을 사랑으로 돌보는 행위로서, 환자가 남은 여생 동안 인간으로서의 존엄성과 높은 삶의 질을 유지하면서 삶의 마지막 순간을 편안하게 맞이하도록 가족이 신체적 · 정서적 · 사회적 · 영적으로 도우며 사별가족의 고통과 슬픔을 경감시키기 위한 '총체적 돌봄(holistic care)'이라고 정의할 수 있다.[26)]

『범망경(梵網經)』이란 경전은 잘 아는 바와 같이 '10중대계(十中大戒)'를 설하고 있는 율장이다. 불자로서 꼭 지켜야 할 10가지 무거운 계율과

48가지 가벼운 계율을 가르치고 있다. 우리가 오늘날 익숙한 살 · 도 · 음 · 망 · 주의 5계는 이 경의 10중대계 중 앞의 다섯을 추린 것과 같다. 그런데 이 경의 대의는 살생하지 말라(不殺生)는 제1계에 집약되고 있다. 불살생은 불교윤리의 처음이자 끝이며, 자비행의 핵심을 이룬다. 불살생은 생명에 대한 경외심을 갖는 것으로 그치는 것이 아니라 실천을 통하여 다른 중생의 삶을 돕고 살려내는 데 그 본뜻이 있다. 『범망경』 제20경계는 불행구계인바, 불자는 자비한 마음으로 산 목숨을 살려주는 일을 해야 한다고 강조하고 있다. 이에 따르면 "일체지수와 일체화풍이 모두 내 전생의 몸이니 항상 산 목숨을 살려주어야 한다"고 말한다.

인격체는 또한 자율성을 갖는다. 자율성이란 말은 선택하고, 결심하고, 결심에 따라 행위하는 능력이다. 죽는 것과 계속 살아가는 것 간의 차이를 파악할 수 있는 존재만이 자율적으로 삶을 선택할 수 있다. 그러므로 죽지 않기로 선택한 인격체를 죽이는 것은 그 인격체의 자율성을 존중하지 않는 것이며, 또한 죽지 않기로 선택한 인격체를 죽이는 안락사는 인간의 자율성에 대한 있을 수 있는 가장 심각한 침해인 것이다. 따라서 의사판단이 어려운 경우를 대비하여 사전지침을 설정한다.

5) 사전지침(Advance Directives)

사전지침은 '생존의지(Living Will)'에 관한 것으로 사후를 대비한 안내이다. 이는 비자발적 안락사(환자의 의사에 반하는 결정을 해서 행하는 안락사)를 대비(對備)한 것으로, 불행한 일이 닥쳤을 때 병으로 자신의 미

26- 김혜자, 『호스피스 개요』, 생명문화연구소 세미나자료집(15), p. 10.

래에 대한 소망을 글로 표현해 놓은 것이다. 만약 그녀가 죽어가고 있고 자신의 의사를 표현할 수 없다면, 그녀는 사전지시를 통해 그녀가 생명을 연장하기 위해서 어떤 특이한 수단도 원하지 않는다고 말할 수 있다. 1969년 미국 안락사 교육협의회에 의해 발의, 기안되어 캘리포니아 주 외에 미국 21개 주에서 입법한 사전지침 내용을 보면 다음과 같다.

> 나는 정상적인 정신 및 자유의사로 다음과 같은 사항에 있어서는 나의 죽음을 인위적으로 연장하지 않기를 원한다. 만일 내가 두 사람의 의사에 의해 말기상태라는 것이 확인된 불치의 질병에 있으며 단지 연명장치가 나의 죽음을 인위적으로 연장하고 있을 뿐으로 나의 죽음이 임박하였다고 판단되는 경우에 그 연명장치를 사용하지 말 것이며, 또는 철거하고 단지 약물과 간호만으로 나의 죽음을 자연스럽게 맞이할 수 있도록 하여주기 바란다.

6) 안락사 남용 방지

생명 지지의 특별한 수단과 평범한 수단 사이의 구별의 유용성에 대한 불일치가 있다. 안락사는 환자 자신의 고통을 줄여줄 수 있고 가족들의 부담도 덜어줄 수 있는 최선의 방법이라고 생각한다. 단, 안락사에 있어서 문제가 된 고의적 살인의 가능성을 막아야 한다. 그것은 규범공리주의자들의 주장처럼 사회에 의한 안락사의 규범화에 의해 이루어져야 한다. 사회제도적인 감시와 통제가 필요하다. 사회가 만든 공적인 위원회에 의해서 안락사가 행해져야 한다. 안락사가 행해질 수 있는 경우를 생각해 보면 살 가망이 없다고 의학적으로 검증된 사람에 한해서이다. 가망은 없는데 환자 치료비용을 가족들이 충당할 능력이 없다고 사회적으로 인정되어야 한다.

안락사에 있어서 환자 자신의 자발성이 매우 중요한 문제라고 생각한다. 환자가 사전에 미리 자신이 안락사를 행할 경우에 처했을 때 어떻게 해야 할지를 결정해야 한다. 안락사의 논쟁에서 환자가 자신의 의사를 표현할 수 없을 경우, 그리고 사전지시도 없다면 가족들의 의사에 맡겨야 한다. 가족들의 의사결정은 사회적으로도 인정을 받을 수 있는 정당성이 있어야 한다. 안락사의 논쟁에서 가장 좋은 것은 환자의 의견에 따르는 것이다. 그것이 사전지침이든 그 상황의 환자의 결정이든지 간에 중요성을 갖는다. 따라서 안락사는 사회적으로 인정을 받을 수 있는 정당성이 있을 때에만 허용되어야 한다. 안락사는 고의적 살인과 같은 남용을 막기 위해서 보편타당한 사회제도의 정립이 요구된다.

생각해 볼 문제들

1. 태아의 '도덕적 지위'에 대한 기준을 통해 어떻게 낙태문제를 결정짓는가?
2. 뇌사인정에 따르는 문제점과 뇌사수용의 법적 · 종교적 기준은?
3. 안락사의 도덕적 허용기준과 안락사 남용을 막기 위한 제도적 장치는?

더 읽어야 할 책들

1. 구영모 엮음, 『생명의료윤리』, 서울 : 동녘, 1999.
2. 김상득, 『생명의료 윤리학』, 서울 : 철학과 현실사, 2001.
3. 김용환, 『현대사회와 윤리담론』, 청주 : 도서출판 개신, 2006.
4. 김중호, 『의학윤리란 무엇인가?』, 서울 : 바오로딸, 2002.

참고문헌

구영모 엮음, 『생명의료윤리』(서울 : 동녘, 1999).

김상득, 『생명의료 윤리학』(서울 : 철학과 현실사, 2001).

김용환, 『현대사회와 윤리담론』(청주 : 도서출판 개신, 2006).

김중호, 『의학윤리란 무엇인가?』(서울 : 바오로딸, 2002).

Jeremy Bentham, *The Utilitarianism : An Introduction to the principles of Morals and Legislation*, New York : Garden City, 1961.

Küng–Helmut Schmidt, Hans (eds.), *A Global Ethic and Global Responsibilities, Two Declarations*, London, SCM Press, 1998.

Nell Nodings, *Caring*, Berkeley : University of California Press, 1984.

Peter Singer, *Practical Ethics : Second Edition*, Cambridge : Cambridge University Press, 1993.

Chapter 5

첨단공학기술과 생명윤리

김용환

1. 첨단공학기술

첨단공학기술은 생명공학의 재조합 DNA 기술을 포함하는 도구기술로서 환경을 복원하고 멸종되어 가는 종을 보호하기 위한 희망을 제공한다. 생명체에 응용하는 첨단공학기술, 특히 인간, 동물, 식물에 관련된 유전공학은 과학과 사회적 생활 지배구조에 있어 여성의 상황을 다시 극단적으로 변화시켰다. 간과해서는 안 되는 출발점은 여성의 육체가 재료의 생산체로 전락해 이러한 기술을 위한 도구로 사용된다는 점이다. 아이를 원하는 욕구로 인해 도입된 시험관 수태와 출산 전의 태아 건강 진단은 그러한 기술설비의 근거를 제공한다. 여성 인격의 존엄성이 특수한 분야의 의학 연구와 진료행위를 통해 침해되고 경시되는 상황에서 여성을 극단적으로 도구화하는 남성지배적 과학에 제동을 거는 것이 시급하게 부각된다.

첨단공학기술의 발달은 인류에게 희망을 주기도 하지만 불안과 심각한 갈등을 초래하기도 한다. 인공수정은 생명을 위태롭게 하지만 장기적으로는 치료차원의 목적에 기여할 수 있다. 유전자 검사와 조작은 예상할 수 없는 위험을 초래할 수 있지만 질병과 고통을 줄일 수 있다는 희망을 주기도 한다. 이와 같이 과학기술이 가져다 주는 이익과 위험이라는 양면성과 광범위한 영향력 때문에 책임의 문제가 제기된다. 첨단공학기술의 발달에 따른 산전검사와 인간게놈 프로젝트, 인체실험, 유전자 치료와 조작, 체세포 치료와 배(胚)세포 치료를 각각 살펴본다.

(1) 산전검사

예전에는 아이를 가지면 자연스럽게 그냥 낳을 수 있었지만 이제는 초음파를 통하여 태아를 영상화하는 과정이 정기적 검진으로 자리 잡고 있으며, 고령 임신인 경우 태아진단은 필수가 되었고 산전검사를 더욱 강조하는 추세로 나아가고 있다. 장애 태아를 어떻게 다루는가는 도덕적으로 상당한 의미를 지닌다. 태아진단을 통해 장애를 가진 태아를 선별적으로 제거하려는 것은 장애를 안고 사는 사람들의 삶의 가치를 부정하는 것이나 다름없다. 유전적 결함이 있는 태아의 낙태는 모자보건법에서도 허용되어 있지 않으며, 태아진단이나 착상 전 진단은 치료를 목적으로 하는 것이 아니라 결함 있는 태아나 배아 자체를 제거하려는 것이기 때문에 그 윤리적 정당성에 대해 철저한 검토가 있어야 한다.

(2) 인간게놈 프로젝트

오늘날과 같은 과학과 의료혜택의 시대에는 사고나 전염병 같이 외상에 의한 결함이 있는 경우를 제외하면 모든 원인은 유전에서 비롯되는 것으로 설명한다. 이러한 상황에서 여성들이 의무적으로 산전검사에 응해야 한다는 사회적 · 의료적 · 심리적 강압을 받을 가능성이 크다. 과학자들이 미래 자녀의 삶의 질에 대한 배려로 태아 검사방법을 개발한다고 주장하는 것은 어떤 생명은 살 만한 가치가 없다고 주장하는 것과 마찬가지이며, 그 누구도 제3자를 위하여 그러한 결정을 확실히 내릴 수는 없다.

(3) 인체실험

인간의 신체에 대한 탐구욕을 계속 자극한 것은 본래 건강이 아니라 질병이며, 질병의 원인에 대한 탐구는 질병을 없애고 예방하는 데 목적을 두고 있다. 인간존재를 실험대상으로 삼는 것에 관한 고려는 적어도 100여 년의 역사를 지닌다. 19세기에는 어린이들이 백신실험의 대상이 되어 생체해부 반대자들이 어린이 보호법을 요구하였으며, 연구에 대한 결정은 연구자에게 남겨진 판단이었다. 이러한 관례는 점차 과학자의 판단의 외부로부터 강제적인 보호정책으로 보완시키는 방향으로 전향되었으며, 엄격한 보호정책의 본질은 과학자들의 임의판단을 최소화하고 인간을 대상으로 하는 연구를 통제 · 조절하는 데 있다. 치료, 예방, 연구

등 몇 가지 의학의 윤리적 목적들은 서로 상충되기도 한다.

(4) 유전자 치료와 조작

유전자 치료는 환자가 가진 특정 유전자의 이상으로 생긴 질병을 치료하기 위해 환자의 특정 세포 내에 있는 유전자를 조작하는 치료법이다. 그래서 환자의 유전자의 발현을 변화시킴으로써 질병을 치료하고 궁극적으로 예방하는 것을 말한다. 유전자 치료는 생식세포 유전자 치료와 체세포 유전자 치료로 나뉘는데, 생식세포 치료는 생식세포나 태아세포로 유전자를 도입하는 것을 목적으로 한다. 체세포 치료의 경우는 체세포로 유전자를 도입하는 것으로서, 차세대에 영향을 미치지 않고 표적세포인 체세포가 정상기능을 수행하거나 종양세포를 자멸하게끔 한다. 유전자 조작에는 유전자 수정(gene correction), 유전자 치환(gene replacement), 유전자 보강(gene augmentation) 세 가지 종류가 있다. 유전자 수정은 게놈 내의 다른 유전자에는 변화없이 발병원인이 된 결함 유전자만을 수정하는 것을 뜻한다. 유전자 치환은 결함 유전자를 제거하고 정상적인 유전자로 교체하는 방법이다. 유전자 보강은 결함 유전자를 수정하거나 치환하지 않고 정상적으로 기능하는 유전자를 첨가하여 정상 단백질을 발현토록 한다.[1)]

1– http://genetics.nurii.net/B

(5) 체세포 치료와 배(胚)세포 치료

유전자 치료란 알맞은 유전자 변형을 통해 유전병을 치료할 목적으로 행하는 방법이다. 유전공학에서 유전질환의 치료를 위해서는 두 가지 전략이 가능하다. 체세포 치료는 개인의 체세포에서 진행된 유전적 결함을 수정할 뿐 후손에게 계승되는 유전자와는 무관하다. 생식세포 치료는 시험관 수정의 형태로 초기 배아단계에서 변형시켜 교정할 수 있으며, 후손에게도 계승되는 유전자를 만들 수 있을 것이다. 태아의 유전자 분석은 유전질환의 조기진단을 가능하게 하지만 확실한 치료방법이 없는 한 이러한 진단은 아직 태어나지 않은 한 인간의 살해를 의미한다.

체세포에 가해지는 유전자 치료는 새롭게 극단적인 윤리문제를 제기하지는 않지만 의견이 분분한 장기이식의 차원에서 주목받고 있다. 생식세포 치료가 인간에게 가능해질 경우 결함 있는 유전자를 교환하여 체세포의 유전자 치료보다 효과적이고 경제적일 것이며, 후손의 유전자까지도 결정하게 될 것이다. 그러나 그러한 조작의 결과를 평가하기란 거의 불가능해 보이며, 유전자의 손상을 초래하는지 여부에 대한 실험이 없다. 생식세포 치료의 목적은 유전자 분석의 발전을 통해 도달할 수 있는 극심한 유전질환의 예방이지만 여전히 윤리적 문제를 야기하고 있다.[2)]

2_ 생명윤리 문제들이 공공윤리의 필요성으로 인지되고 윤리지침이 제시되어 법안이 통과되기도 하였다. 윤리학적 논의 이외에 사회적이며 정치적인 논쟁이 뚜렷해지고 있다. 이제 공공 논쟁의 강도와 연구기관의 확립 측면에서의 국제전망은 이미 상당히 정상화되어 가는 추세이다. 이제 우리에게는 어떻게 학문적 윤리방법론, 입법, 사회적 논의의 관계가 보다 장기관점에서 의미 있게 형성될 수 있는가 하는 문제가 제기되고 있다. 공

이는 곧 생명윤리와 연관된 문제에 직면한다.

2. 생명윤리

(1) 생명윤리 원리

1) 자율존중 원리

인간은 각자 존엄한 인격체로서 저마다 처한 다양한 상황에서 독립적으로 자신의 신념과 자유로운 의사에 따라 결정하며, 이 결정에 따른 행위는 타인에게 해를 끼치는 행위가 아닌 한, 도덕적으로 정당화된다고 본다. 이러한 자율존중의 원리는 자유주의 윤리이론에 따른 것으로서, 무엇이 개인에게 도덕적인 선인가는 다수의 판단이나 어떤 초인격적 권위에 따라 결정되는 것이 아니며, 저마다 스스로 옳다고 생각하는 바에 따라 결정된다. 오류를 범할 권리까지를 포함하는 자유! 그러나 자율존중의 원리가 다른 도덕원리와 갈등을 일으키는 경우에는 이 원리가 항상 우선하는 것은 아니다.

공 토론에서 사회의 다양한 이익과 신념이 표출되고 있으며, 법제정은 사회적 권력기구 사이의 알력에서 하나의 구속력 있는 행동지침을 확정해야 할 과제가 있다. 새로운 기술의 성과를 일반적으로 이해할 수 있도록 표현하고 의회의 논의에서 정치자문을 통해 현실에 적용시키는 일은 분명 공공윤리의 과제이다.

내용 면에서 자율존중의 원리는 칸트를 연상시킨다. 그에 따르면 이성을 가지고 있는 자유롭고 평등한 인간은 결코 단순한 수단으로 취급되어서는 안 되고 언제나 목적으로 취급되어야 하는 도덕적 존재, 바로 자율적인 존재이다. 환자에 대한 의사의 의무도 이런 의미에서 정언명령의 한 형태를 띤다고 볼 수 있다. 환자의 자율적 결정이라는 의미에서는 자율존중 원리는 네 원리 중에서 비교적 나중에 형성된 원리이다. 히포크라테스 선서나 미국의사협회와 세계의사협회의 초기 강령에도 이 원리를 반영하는 내용은 들어 있지 않다.[3)]

2) 악행금지 원리

'남에게 해를 입히지 말라' 는 도덕원리는 동서고금을 통해 사회윤리의 근본 명제의 하나로서 전해져 왔다. 그리고 이 원리는 특히 의학에서 중요시되는바, 의료인은 환자에게 해가 되는 행위를 해서는 안 된다는 것이다. 악행금지의 원리는 히포크라테스 선서에서 특히 강하게 나타나 있다. 물론 치료과정에서 불가피하게 따르는 고통이나 불편은 환자의 건강 회복이라는 더 큰 복지를 위한 것인 한 도덕적 해악이라고 볼 수 없을 것이다. 요컨대, 악행금지의 원리는 환자에게 불가피한 고통과 위험은 최소화되어야 한다는 의미로 받아들일 수 있다. 악행금지의 원리로부터 의료인이 환자에게 치료에 관련된 정보를 가능한 한 자세하게 전달해야 할 의무가 도출된다. 생명을 다루는 의료인들이 낡은 지식을 가지고 환

3_ 구영모 엮음, 『생명의료윤리』, 서울 : 동녘, 1999, pp. 35–44 ; T. L. Beauchamp & J. F. Childress, *Principles of Biomedical Ethics*, Oxford : Oxford University Press, 1994, 'four principles' 참조.

자들을 치료할 경우 그들에게 부당한 고통과 해악을 줄 수 있다면, 악행 금지의 원리는 의료인들이 그들의 지식과 기술을 끊임없이 연마해야 한다는 의무의 기초가 된다.

3) 선행원리

도덕적 행위는 단지 타인에게 해를 끼치지 말아야 한다는 소극적 명제 이외에 타인에게 이득을 주거나 타인의 복지를 증진하라는 적극적 명제에도 담겨진다. 이에 따라 생명을 다루는 의료인은 환자의 복지를 추구함과 동시에 해악을 제거하고 또 사전에 예방할 의무를 진다. 동양의 의료윤리에서 특히 강조된 것이 이 원리이다. 의사의 우선적 사명은 환자를 이롭도록 돕는 일이다. 서구의 원리적 접근에서 자율존중의 원리가 강조된다면 동양에서는 선행원리가 전면에 배치된다.

선행원리로부터 고통받는 사람들의 건강을 위해 인체조직이나 장기이식이 가능하도록 지원해야 한다는 사회성원들의 의무를 도출할 수 있다. 만약 중대한 위험과 고통에 처한 갑을, 거기에서 구하기 위해 을의 행위가 요구되는 상황에서, 을에게 심각한 위험이나 비용부담이 없거나 혹은 있다 할지라도 갑이 얻게 되는 이득이 을이 입게 되는 상해나 비용부담을 능가하게 되는 경우에는, 을은 갑에 대해 도덕적으로 선행의 의무를 진다. 선행의 원리는 일반적으로 강요당해서는 안 된다. 선행의 원리와 자율성의 원리가 충돌할 때 우리는 일방적으로 선행의 원리만을 지지할 수는 없다. 최대다수의 최대행복을 가져오는 행위라 할지라도 그것이 타인의 권리와 자율성에 미치는 영향을 고려해야 하기 때문이다. 그러므로 생전에 자신이 죽은 후의 장기기증에 대해 명시적인 반대 의사를 표시하지 않은 경우에 사체 장기기증에 동의한 것으로 추정하는 입장은 개인의 자율성을 침해할 우려가 있다고 의심되기 때문에 문제가 된다.

4) 정의원리

정의원리는 해악과 이득의 공평한 분배의 문제를 둘러싼 윤리적 관심과 연관되어 있다. 보건분야에서 이 원리는 희소자원의 공정한 배분, 개인의 권리존중, 법률의 존중 등을 의미하는 것으로 파악되기도 한다. 정의의 원리는 존 롤스의 두 가지 법칙—각자 자유에 대한 동등한 권리존중의 법칙, 최소 수혜자에게 이익이 돌아가게 하기 위한 불평등을 인정하는 차등의 법칙—도 받아들인다. 고대 중국의 의서에서 존 롤스의 차등의 법칙을 상기시키는 말이 나온다. 정의의 핵심이 각자에게 그의 것을 주는 것이라 한다면 과연 무엇을 기준으로 각자에게 그의 것을 주는가를 둘러싸고 의견이 분분할 수밖에 없을 것이다. 그리하여 절대적 평등주의에 입각하여 '각자에게 똑같은 것을 주라'는 견해에서부터 '각자에게 공적에 따라 그 몫을', '각자에게 그가 한 일의 결과만을', '각자에게 법에 따라 그의 것을' 등에 이르기까지 여러 가지 견해가 나타났는데, 자유주의자들은 보건의료 분야도 경제적 권리를 근간으로 하는 시장의 유연성 및 효율성에 맡겨져야 한다고 보는 반면, 공동체주의자들은 공공복리의 극대화라는 차원에서 필요에 따른 어느 정도 계획적인 수급체계가 더 공정하다는 입장을 보이고 있는 것이다. 그렇다면 정의의 원칙을 활용하여 우리는 예컨대 기증된 장기들을 어떻게 할당하는 것이 가장 공정한 것인지를 고려해야 하지만 현실의 여러 요인들을 분석한 자료들을 토대로 다양한 윤리적 견해들 사이의 절충을 꾀할 수밖에 없다.

5) 원리접근의 의의와 한계

원리주의자들은 많은 갈등에 처해 일관성 있고 납득 가능한 해결책을 개발하기 위해서는 원리들의 특수화, 균형잡기와 우세잡기 작업을 거쳐야 한다고 주장한다. 이 작업과정은 불가피하게 각 공동체의 문화적·역학적 배경에서 오는 요소들의 영향을 받게 된다. 전통적으로 가족가치나 공동선을 강조해 온 문화권에서는 개인의 권리, 프라이버시, 자기 결정 같은 것들에 무게중심을 두는 자율존중의 원리보다는 사회적 가치를 지향하는 선행의 원리나 정의의 원리가 주도하는 조화작업이 시도될 것이다. 생명윤리 논의는 갈등과 물음을 제기하는 특수한 사례와 답을 정당화해 줄 일반적 원리들 사이를 오가면서 이 원리들 간의 조화를 시도하는 논증작업이다. 이를 테면 복잡한 사례에서 원리들 간의 조화를 시도하는 논증작업인 것이다. 적어도 원리들에 의존한 일련의 형량절차를 거쳐 잠정적인 의견조정에 이를 수 있다. 태아조직 이식과 관련해서는 환자의 복지증진의 관점에서 허용은 하되 낙태결정과 이식행위 사이의 연결고리를 차단시키는 이른바 분리원칙을 견지하든가, 인간배아 연구에서도 허용은 하되 연구목적의 배아제작은 허용하지 않는다는 정책결정은 윤리적 절충의 한 형태이다.

생명윤리 논의를 원리로 전개해 나가는 데는 나름대로 장점이 있다. 우선 원리론자들은 도덕판단을 이미 옳을 것으로 전제되어 있는 이론구조나 그에 의존한 일반 규범으로부터만 이끌어내야 된다고 보는 연역추리에서 간과하기 쉬운 사례의 중요성을 적절히 일깨워 준다. 사례들이야말로 생명윤리 이론을 원리 정당화의 방식으로 전개시키도록 하는 데 큰 역할을 해왔다. 첨단 생명공학기술의 적용이 던지는 윤리적 이슈들은 아직 그 기술이 진행단계에 있고 그 진상들이 낱낱이 드러나 있지 않은 까닭에 사례접근을 겸할 수는 없다.[4)]

생명윤리는 원리고찰로서 끝날 수 있는가? 생명윤리 문제는 상황의 딜레마를 포착하여 이에 대한 처방을 제시해야 하는 문제이다. 그러므로 구체적 상황에서의 합리적 논증이 최선의 작업방식이다. 생명윤리 이슈에서 일반 원리에만 호소하여 만족스러운 답을 얻을 수 없는 이유가 여기에 있다. 우리는 현실의 사례에 적용할 일반 원리를 찾기에 앞서 현실 자체의 분석을 중요시해야 한다고 본다. 이를 통해 사례의 독특함에 대한 민감성을 키우고 각 행위자의 역할, 의사소통 모델 개발에 힘써야 한다. 마지막으로 새로운 것, 알려지지 않은 것들에 대한 열린 자세도 중요하다.

4_ 다양한 사례의 수집과 분석, 비교가 중요한 만큼 일반 규범을 가지고 재단을 해서는 오히려 고통을 가중시킬 뿐인 것이다. 따라서 사례의 민감성, 중요성을 포착할 수 있는 도덕적 논증이 필요하며, 이는 다양한 원리에 의존하는 편이 더 적절할 것이다. 사례들은 언제 우리가 원리들을 수정해야 하는지에 대해서도 말해준다. 예컨대 전염병 연구에서 초기에는 자율존중의 원리에 따라 동의 없는 연구는 금해야 한다는 입장이 지배적이었으나, 에이즈 급증 사례는 개인의 프라이버시가 보장될 수 있다면 경우에 따라서 동의 없는 연구도 허용될 수 있다는 방향으로 선회케 하고 있다.

3. 배아복제

(1) 배아복제의 기원과 전망

신생아 치료의 놀랄 만한 진보로 10, 20년 전까지만 해도 태어나자마자 얼마 후에 죽었던 신생아들이 살 수 있게 되었다. 죽음의 병과 위험이 가장 큰 미숙아들에게 있어서 의학의 진보는 가히 극적이다. 그리고 어떤 선천적인 결점을 지닌 유아들의 생존율 상승이 놀랄 만큼 보고되고 있다. 그러나 심각한 병을 가진 아이들이 모두 잘 사는 것은 아니다. 미숙아와 심각한 결함을 지닌 어떤 아이들은 오랫동안 살아남지 못한다. 그러한 심각한 병을 가진 신생아들을 살릴 수도 있는 의학의 발달된 능력은 의학의 개입으로 이익을 얻을 수 있는 아이뿐만 아니라 무익해 보이는 유아까지도 진단을 시도해야 하는 의사나 부모들에게는 어려운 임무로 확대되어 보이기도 한다. 수술 후에 어떤 장애가 생길지라도 생명을 구해야 하는 아이들과 즉시 수술을 받는다고 해도 심각한 해를 입거나 죽을 수도 있는 아이들에게 논쟁의 초점이 맞추어졌다. 이런 두 상황은 심각하게 아픈 신생아들에 대하여 의사결정이 힘든 많은 경우에 극히 일부분일 뿐이다.

1) 의사결정의 윤리적 기초

유아들은 의사를 결정하기가 불가능하므로 그들은 항상 그들을 위해 결정해 줄 대리인을 필요로 한다. 거의 모든 경우에 아이들 치료를 결정하는 데 있어서 부모와 의사가 최상의 위치에 있다. 의사의 선택은 부모의 선호를 반영해야 한다. 부모들은 유아들의 최선의 이익이 먼저 고려되길 바란다. 부모뿐만 아니라 전문적인 의료기관이나 사회에도 또한 의사결정이 적합한지를 결정하는 데 책임이 있다. 가족은 사회에서 가장 중요한 단위이다. 가족은 아이들을 양육하는 데 많은 것을 제공한다. 공공의 정책은 문제가 심각하거나 위태로워지지 않고 잘 극복될 것 같으면 개입을 하지 말아야 한다. 부모들의 의사결정 과정이 아이들에게 최대의 이익을 줄 수 없을 때에는 공적 개입이 자유로워야 한다.

이 문제는 대개 부모의 가치와 사회 대부분의 상식이 다를 때 야기된다. 부모는 그들의 아이들에게 종교적 믿음을 가르치는 데에는 자유로울 수 있지만, 수혈이 생명에 필요할 때와 같은 판단에 있어서는 부모는 아이들의 이익을 위해 공적인 개입을 허용해야 한다. 지체부자유아의 탄생은 건강한 유아를 낳으리라는 보편적 믿음을 지녔던 부모에게 충격을 줌으로써 부모의 합리적인 의사결정을 괴롭힌다. 부모들은 그들이 상상한 건강한 유아 대신 장애아를 가졌다면 그 충격은 의사결정 과정에 감정적으로 작용할 것이다. 이 문제의 상황에서 그들이 사전의 어떤 경험도 없었다고 가정하면, 그들은 아이들의 미래에 대한 전망에 대해 불충분한 정보를 얻을 수도 있고, 재정적인 압박을 겪을 수도 있으며, 형제 그리고 가족에게 걱정을 줄 수도 있다. 게다가 유아의 상태는 엄마가 출산으로부터 회복되어 가고 있는 중에 긴급한 응답을 요구할 수도 있다.

그러나 대부분의 부모들이 이 어려움을 극복하고 아이들의 이익을 위한 의사결정을 돕는 적절한 원조는 되고 있지 않다. 최선의 결정을 위해서 부모들은 예상되는 정확한 평가를 포함하는 적절한 정보를 들어야 한다. 그들이 받는 의학정보는 최신의 것이 되어야 한다. 의학전문의와 종교적 지도자, 먼저 경험한 부모들은 이 상황에 도움이 되어야 한다. 확실한 것은 의사결정이 적절치 않은 성급함을 피하고 아이들의 삶을 충분히 배려하도록 적용되어야 한다는 것이다. 만약 부모들이 아이의 최선의 이익을 위태롭게 하는 심각한 현실의 위험에 있다면 할 수 있는 한계 내에서 예방책이 주어져야 한다. 부모들의 결정이 무능하거나 동의가 가능하지 않은 상황에서 건강보호기구(보모의 권한을 대신, 비자발적 안락사를 최소화함)에서는 부모를 대신하는 법적 대리인을 임명해야 한다. 정보뿐 아니라 부모들의 공감과 이해도 필요하다. 건강보호 전문가들의 가장 큰 노력은 부모들에게 생명의 가치를 이해하도록 만드는 데 있고, 의사를 결정하는 능력을 향상시키는 데 있다.

2) 유아를 위한 최선이익에 대한 고려

대부분의 상황에서 사람들은 치료가 환자에게 최선의 이익을 제공할 것에 동의한다. 그러나 때때로 올바른 결과를 위한 결정은 명확하지가 않다. 왜냐하면 아이들을 위한 최선의 이익을 평가하기가 어렵기 때문이다. 위원회는 만약 어떤 시도가 특별한 경우에 적용되는 세 가지 상황으로 결정한다면 의사결정 과정이 향상되어질 것이라고 믿는다. (1)치료는 명백히 아이에게 이익을 부여해 주는 데 이용된다. (2)모든 치료가 무익하다. (3)많은 선택으로부터 아이에게 부여되는 이익 가능성이 명확하지 않다. 이상의 세 가지 상황은 그들이 다른 응답을 요구하기에 각각 독립해서 고려함이 필요하다.

먼저 명백히 이익이 되는 치료(아이에게 실질적인 도움이 되느냐 되지 않느냐의 관심)에서 이 위원회는 치료가 아이들에게 이익이 된다면 보류되지 않기를 지시한다. 부모들은 대부분의 상황에서 필요한 의학적인 치료가 제공되기를 원한다. 부모들은 비슷한 이익을 가져오는 대안들을 선택할 수는 있으나 장애아에게 명백히 이익이 되는 치료를 거절해서는 안 된다. 장애아의 생명을 구하는 치료는 장애를 남길 수도 있지만, 그런 장애 때문에 장애아의 치료를 거절해서는 안 된다. 하지만 그런 장애가 너무 심각해서 생존한 유아의 삶에 이익이 되지 못한다면 치료의 고려는 정당화될 수 있다. 모든 대행자는 유아의 관점에서 이익과 부담을 평가해야만 하는 의무가 있다.

또한 명백히 무익한 치료가 분명하다면 비자발적인 안락사도 가능하다는 입장이다. 이러한 실질이익 고려에서 어떤 치료도 유아에게 이익이 없을 때 치료를 하지 않을 수 있다는 대리인들의 결정은 윤리적으로나 법적으로 정당화될 수 있다. 그런 치료들은 아이들을 돕지 않고 오히려 고통을 줄 수가 있다. 이런 유아들에게 오히려 죽음의 순간은 짧아야 한다. 물론, 어떤 부모들은 아이의 삶의 연장을 위해 무익한 어떤 치료를 의사들에게 요구할 수도 있다. 그러나 삶을 구하기가 어려운 환자들은 편하게 죽을 수 있도록 하는 것이 의무이다. 단기간밖에 살지 못하는 유아들의 치료는 고통을 경감시키는 방법이 되어야 한다.

마지막으로 불확실한 경우이다. 장애아들의 이익이 되는 치료와 무익한 치료 사이의 선택이 가능한 경우도 있지만, 대부분의 경우에 있어서는 어떤 치료가 이익의 관점에서 제공될 것이냐 아니냐를 접근해 가기가 어렵다. 미숙하거나 장애를 가지고 태어난 아이들에게 집중된 치료를 배제하게 되는 확실한 계기는 그들이 결국 생존할 수 없다는 것이다. 신생아 학문은 새로운 분야의 학문이라서 합병증과 장애를 지닌 아이들의 정확한 예후를 알 수가 없다. 이런 어려움을 피하는 한 방법으로 삶을 유지시키는 아이를 구별할 수 있는 객관적인 규범의 적용을 들 수 있다.

그런 규범은 그들의 적용이 정확한 결정을 내릴 수 있다는 명백한 증거가 있다면 정당화될 수 있다.

그러나 어떤 비평가들은 모든 경우에 충분하게 예상될 수는 없을 것이며, 그것의 명확한 과학적인 증거가 부족하다고 반박한다. 가정해 보건대, 척추 이분증상의 객관적 기준은 의사결정을 향상시키는 것처럼 보이지 않는다. 대신에 그들의 규범에 대한 적용은 객관적 규범에 의거한다는 주장에서 너무 쉽게 책임감에서 벗어나려는 것처럼 보인다. 그러므로 아이들을 위한 정말로 가치 있는 선택이 무엇인지 신중하고 통찰력 있는 판단이 요구된다.

그 대안으로 배아복제 문제가 거론된다. 사실문제로 따지자면 배아복제 문제는 아주 유용할 수 있다. 인간배아를 복제해서 그 안에서 발생하는 세포들이나 조직, 기관들을 떼어 난치병 환자들에게 이식한다면 다수의 난치병을 치료해서 죽어가는 유아들을 살릴 수 있을 것이며, 또 이후에 발생할 문제에 대한 여러 가지 연구도 진행할 수 있다. 따라서 사실문제로만 따지자면 배아복제는 인류에게 측정불가의 상당한 이익을 가져올 수 있지만 공학기술 발달의 상태에 따라 이에 수반되는 부작용도 감수해야 할 것이다. 한 생명 한 생명이 모두 짓밟혀서는 안 될 존귀한 가치를 지니고 있는데 한 생명을 죽여서 서너 명의 목숨을 구하는 것은 윤리가치에서 수반되는 다양한 문제들이 따른다.[5)]

5- 제임스 왓슨외 저, 류지한 외 번역, 『인간복제』, 울력, 2005, pp. 14-15.

(2) 인간복제에 수반되는 문제들

1) 종교윤리 문제

유일신이 인간을 창조하였으며 인간의 생명을 관장하고 있다고 믿는 기독교계에서는 생명은 창조주의 고유 영역이라는 교리에 의거하여 인간생명을 인위적으로 조작하는 행위를 신에 대한 모욕이자 도전이라고 보고 있다. 불교의 입장에서는 생명복제가 우주의 섭리인 달마(Dharma)를 파괴하는 행위로 생태계 파괴를 비롯한 엄청난 후유증을 낳을 것이라 생각한다. 종교윤리적으로는 인간복제가 인간의 존엄성을 대단히 훼손할 것이라는 우려가 있다. 인간의 존엄성이 그 생명과 인격은 절대적으로 고유하며 전 우주에서 유일한 것이라는 사실에 기반을 둔다고 한다면 인간복제의 가능성은 이를 뒤흔드는 것이다. 인간복제 연구 및 시술과정에서 수많은 수정란이나 배아가 희생될 것이 분명하기 때문에 이것 또한 인간생명의 존엄성에 반한다고 주장한다.

2) 법률문제

현행 법률상의 가장 큰 문제는 혈연과 가족공동체에 기반을 둔 법리가 모두 혼란에 빠진다는 것이다. 우선 복제된 인간의 법률적 지위를 어떻게 볼 것인가의 문제가 있다. 아버지의 복제인간은 내게 형제인가 작은 아버지인가, 혹은 아무 것도 아닌가? 이는 혼인과 가족제도에 기반을 둔 현행 법률로는 해결될 수 없는데, 문제는 여기서 그치지 않고 유산상속과 보험 등 친족제도와 관련된 모든 법률에까지 미친다. 모자보건법과 형법상의 낙태죄 등 임신 및 출산과 관련된 법규들도 적용이 어렵다.

3) 사회문제

인간복제가 가능해진다면 현재 인류사회의 근간을 이루는 결혼과 가족제도가 심각한 위기를 맞을 것이다. 친족관계가 혼란에 빠질 것은 물론이고, 반드시 결혼을 하거나 남녀가 결합하지 않아도 아기를 가질 수 있기 때문에 다양한 형태의 가족이 등장하게 될 것이며, 독신자나 동성애자 커플들도 부모가 될 수 있을 것이다. 또 복제기술을 통해 부모가 되려는 이들은 가급적 우수한 유전형질을 가진 아기를 낳으려 할 것이기 때문에 새로운 우생학적 차별과 그에 따른 사회계급이 생겨날지도 모른다. 이런 상황은 심각한 사회불안의 요소가 될 것이다. 나아가 인류사회가 보통 인간과 복제인간의 두 부류로 분열될 가능성도 존재한다. 또 전통적인 성역할과 남녀 개념 역시 커다란 전환을 겪게 될 것이다. 이에 따른 기능적 측면이 다양하게 고려될 수 있다.

4) 인간복제의 개인적 · 사회적 순기능과 역기능

① 개인적 순기능

㉮ 인간복제는 일부 사람들이 현재 겪고 있는 불임이라는 짐을 덜어줄 새로운 수단이 될 것이다. 인간복제는 난자가 없는 여성이나 정자가 없는 남성들도 자신들과 생물학적 혈연관계가 있는 자손을 생산할 수 있게 해줄 것이다. 착상에 필요한 배의 수를 늘리고 임신 성공률을 높이기 위해 배도 핵이식이나 배분할 과정을 통해 복제될지 모른다. 불임의 짐을 덜기 위해 인간복제를 이용함으로써 얻는 이익은 다른 모든 수단을 쓴다고 해도 불임을 극복할 수 없는 수많은 사람들에게는 훨씬 더 크다.

㉯ 인간복제는 부부 중 한쪽이 심각한 유전병을 앓고 있을 때, 그 병

을 자손에게 물려줌이 없이 번식할 수 있게 해준다. 지금도 기증된 정자나 난자를 이용하면 인간복제를 이용하지 않고서도 그런 유전적 위험 정도는 피할 수 있다. 그러나 그것은 아이에게 부부 중 한쪽의 유전자를 물려주는 것이 아니라 제3자의 유전자를 도입하는 것이기 때문에 받아들일 수 없다거나 그보다는 차라리 인간복제가 더 낫다고 생각하는 부부도 있을 수 있다. 인간복제는 유전병이 자손에게 이어지는 것을 막는 합리적 수단이 될 수 있다.

㉰ 상당한 시차를 두고 쌍둥이를 만드는 인간복제는 이식용 장기나 조직을 제공할 수 있다. 인간복제는 일치하는 장기나 조직을 가진 제공자를 찾아야 하는 문제를 해결하고 이식 거부반응이 일어날 위험을 아예 없애거나 현저하게 줄여줄 것이다. 이러한 목적의 인간복제는 특정치료를 가능하게 해주는 일종의 보험에 해당한다. 물론 시간이 너무 급박해서 이식용 조직이나 장기를 얻기 위해 복제, 임신, 성장을 기다릴 여유가 없는 경우도 있을 수 있다. 또 심장이나 간 등 뒤늦게 태어난 쌍둥이 자신에게도 반드시 필요한 장기를 취하는 것은 뒤늦은 쌍둥이의 권리를 침해하기 때문에 용납될 수 없다.

㉱ 인간복제는 죽은 아이처럼 특별한 의미를 가진 누군가를 복제하도록 할 수 있다. 인간복제가 가능해지면 그것을 이런 목적으로 사용하려는 사람들이 틀림없이 나타나겠지만, 그들의 욕망이 대개 심각한 정신적 혼란을 기반으로 하고 있으리라는 것은 부인할 수 없다. 복제된 아이가 부모가 사랑했던 과거의 아이를 대체하진 못할 것이다. 복제는 단지 같은 유전자를 지닌 다른 아이를 창조할 뿐이다. 그들이 사랑했던 과거의 아이는 단지 유전자만으로 형성된 것이 아니라 자신의 환경과 선택 과정을 통해서도 형성된 유일한 존재이다. 더 중요한 것은 그 아이가 자

신들과 특별한 관계를 형성한다는 점이다.

② 사회적 순기능

인간복제는 위대한 재능, 천재성, 인격 등 귀감이 될 만한 품성을 지닌 개인을 복제하는 데 사용될 수 있다. 앞의 네 가지 이유가 특정 개인에게 이익을 주는 데 반해, 이 이유는 모차르트, 아인슈타인, 간디, 슈바이처 같은 비범한 사람들을 복제함으로써 사회 전체에 이익을 주는 것처럼 보인다. 인간복제에 대한 지지와 반대 의견들이 대개 그렇듯이 이 이유도 유전자 결정론, 즉 개인의 유전자가 그 개인이 어떤 인물로 자라고 무엇을 행하며 무엇을 성취할 것인지를 전적으로 결정한다는 혼란스럽고 틀린 가정에 크게 의존하고 있다. 모차르트, 아인슈타인, 간디, 슈바이처를 비범한 인물로 만든 것은 그들의 독특한 유전적 자질과 그들이 성장하고 살아온 환경 및 그들이 서로 다른 방식으로 휩쓸렸던 특정한 역사적 순간들의 집합체였다.

③ 개인적 역기능

㉮ 인간복제는 뒤늦게 태어난 쌍둥이에게 심리적 압박감과 피해를 줄 것이다. 앞서 태어난 쌍둥이가 어떤 인생길을 걸었는지 알았을 때 정신적으로 나쁜 영향을 미칠 수 있다는 것은 분명하다. 설령 그것이 오해라 해도 뒤늦은 쌍둥이는 자신의 운명이 사실상 이미 눈앞에 펼쳐져 있기 때문에 자기 스스로 자유롭게 자신의 운명과 인생을 설계하고 그것에 책임을 져야 한다고 느끼기 어려울지 모른다. 뒤늦은 쌍둥이가 어떤 특별한 능력과 업적을 지닌 인물의 클론이라면, 그는 앞선 쌍둥이에 버금가는 높은 수준의 능력과 업적을 보여줘야 한다는 과중한 압력을 받을 수도 있다. 이렇게 가해지는 다양한 정신적 영향은 뒤늦은 쌍둥이에게 과중한 희생을 강요하고 심각한 부담을 줄 수 있다.

㉯ 인간복제 과정은 클론에게 용납될 수 없는 위험을 끼칠 것이다. 지금 인간을 복제하려고 시도한다면 클론에게 심각한 위험이 가해질 것은 분명하다. 이러한 일련의 과정을 생명윤리 과제로 수용하기 위해서는 인간에 대한 안전성과 효과성을 확립하기 위한 연구뿐 아니라 동물을 대상으로 한 연구도 더 해야 한다는 것은 분명하다. 클론에게 나타날 수 있는 한 가지 위험은 착상, 성장, 발달이 제대로 일어나지 않는 것이겠지만, 대다수의 사람들이나 법이 그 클론을 윤리적 또는 법적 보호를 받아야 할 인간으로 생각하는 시대가 오려면 앞으로도 오랫동안 무수한 배들이 죽거나 파괴되어야 할 것이다.

④ 사회적 역기능

㉮ 인간복제는 개인의 가치를 떨어뜨리고 인간적인 삶의 존엄성을 훼손할 것이다. 인간복제는 개인을 대체 가능한 존재로 생각하게 함으로써 우리가 인간의 삶에 부여해 온 가치와 존엄성을 훼손할 것이다. 인간복제는 인간을 공장에서 제작될 수 있는 것 또는 '손으로' 제작될 수 있는 것으로 여겨지게 함으로써 개인의 가치나 존엄성을 훼손하는 결과를 낳는다는 것이다. 이렇게 인간생명의 창조가 신화에서 떨어져 나옴으로써 우리의 존중심, 인간의 생명과 그것의 자연적인 창조를 바라보면서 느끼는 경이로움도 줄어들 것이라고 한다.

㉯ 인간복제는 상업적 이익을 얻을 목적으로 사용될 수 있다. 인간복제를 반대하는 쪽과 지지하는 쪽 둘 다 복제된 배아를 매매하는 행위가 허용되어서는 안 된다는 점에서 동의한다. 과학소설의 관점에서 보면 상업적 이익이 유전적으로 인증되고 보증된 판매용 배아, 즉 다양한 재능, 능력, 기타 바람직한 특성을 지닌 개인들로부터 복제한 다양한 배아의 상품목록이 시장을 통해 제공될 수 있을 것이라고 상상할 수 있다.

㉰ 인간복제는 정부나 다른 집단에 의해 비도덕적이며 착취적 목적으로 사용될 수 있다. 『멋진 신세계(1932)』에서 올더스 헉슬리(Aldous Huxley)는 한정된 능력과 조건을 지니도록 인위적으로 가공함으로써 사회에 필요한 천한 일을 행복한 마음으로 할 사람들을 복제한다는 상상을 했다. 창조될 사람들을 고르고 통제하는 기준은 창조되는 사람들의 이익이 아니라 사회의 이익과 그들을 창조하는 데 드는 비용이다. 인간복제를 그런 목적으로 사용하는 것은 클론을 오직 타인의 이익을 위한 수단으로 착취하는 것이며, 클론이 완전한 도덕적 개인으로서 지니고 있는 평등한 도덕적 가치와 존엄성을 침해하는 것이다. 만약 미래에 인간복제가 허용된다면 그것은 그러한 비도덕적 착취를 단호히 금지하는 규제조치와 함께 이루어져야 한다.[6)]

5) 비판적 관점

어떤 존재가 호모사피엔스라는 종족의 구성원이라는 의미에서 인간이라는 것은 그 존재를 죽이는 것이 그릇된 일이 되는 것과는 무관하다. 차이를 만드는 것은 오히려 합리성과 자율성 그리고 자의식과 같은 특징이다. 장애아들은 이같은 특징을 결여하고 있다. 그래서 그들을 죽이는 것은 정상적인 인간을 죽이는 것이나 어떤 다른 자의식적인 존재를 죽이는 것과 같을 수는 없다. '죽이거나 다른 존재와 대체하는 일이 그릇되다' 라고 주장할 수 있는 근거를 제공하는 자의식은 태아에서나 신생아에서나 마찬가지로 발견되지 않는다.

6- Dan W. Brock, *Cloning And Cloning*, 2000 참고.

여기에 적용되어야 할 것은 공리주의의 원칙이다. 유아의 삶이 너무도 비참해서 살 가치가 없다면, 그리고 유아를 살아 있게 할 '외적인' 이유, 예컨대 부모의 감정과 같은 것도 없다면 공리주의 원칙에 따라 죽이는 것이 보다 낫다. 그러나 결함이 아이의 삶을 정상적인 아이의 삶보다는 상당히 덜 행복하게 만들 것이기는 하지만 살 가치가 없을 정도로 그렇게 불행하게 만들지는 않을 것이라는 전망이 있는 경우에는 보다 어려운 문제가 생겨나며, 두 견해도 더 이상 일치하지 않는다.

또한 정서적 · 재정적 부담을 경감시킬 수 있는 제도화의 장치가 필요하다. 신생아 자신의 판단이 불가능한 경우는 자발성의 결여가 문제시된다. 죽는 사람이 삶과 죽음을 선택할 능력을 갖지 못할 때 안락사는 자의와 무관한 것이다. 이는 불구인 아이나 출생 이후 정신적으로 심하게 지체된 좀더 큰 아이의 경우, 또 한때는 정상적인 선택을 할 수도 있었으나 지금은 그러할 수 없는 사람으로서, 지금과 같은 상태라면 어떻게 하겠다고 과거에 아무런 말도 하지 않았던 사람의 경우이다. 삶과 죽음의 선택을 한 번도 할 수 없었던 사람의 경우가, 그같은 선택능력을 가지고 있었으나 지금은 상실한 사람의 경우보다 다소 간단하다.

6) 배아복제에 관한 견해

① 반대 논거

배아복제의 반대 논거는 두 가지 전제를 포함한다. 첫째, 배아분리의 기술은 배아의 파괴를 의미한다. 2 내지 8세포 단계에 있는 배아를 분해함으로써 첫 번째 배아가 파괴된다는 것이다. 두 번째, 임신의 시작과 더불어 이미 발달하고 있는 태아는 보호되어야 한다. 여기에는 세 가지의 다양한 견해가 있다. 첫째, 인간은 임신의 시작과 더불어 이미 완전히 보호할 가치를 지닌다고 보는 것이다. 둘째, 배아의 발전 정도에 따라 다양한 보호가치가 있다. 셋째, 배아는 처음에는 아무런 보호를 받지 못하며 임신 후 일정한 시점이 지나야 비로소 보호를 받을 수 있다. 따라서 본래의 배아를 파괴하는 결과를 초래하는 배아분리가 도덕적 문제를 제가하는가에 대한 물음은 배아의 보호가치가 시작되는 배아의 발전시점에 좌우된다.

② 찬성 논거

㉮ 배아가 착상하기 이전에 산전진단에 이용. 배아의 복제는 착상 전 산전진단을 가능하게 한다. 배아분리를 통한 복제는 착상 전 진단에 필요한 전제조건이 된다. 여기서 배아는 다른 것의 이익을 위한 도구가 되며, 결국 임의성의 문제가 제기된다.

㉯ 배아의 복제는 시험관 수태가 실패할 경우를 대비해 확보해 놓아야 할 진료용 배아의 수를 최소화할 수 있게 된다. 시험관 수태 진료의 신체적 위험이나 부담에서 벗어나게 해주며 재정적 비용도 매우 절감시킬 것이라 하여 긍정적 평가를 받기도 한다. 시험관 수태 시도가 실패하는 경우를 대비해 냉동 배아를 보관하는 것은 배아의 도구화를 의미하기 때문에 도덕적으로 문제가 있다.

㉰ 세포, 조직, 장기의 이식을 위해 이용하는 것. 배아의 복제는 세포, 조직, 장기의 이식을 위해 이용될 가능성이 크다. 이식할 경우 신체에 아무런 거부반응을 일으키지 않을 특별한 형질의 조직과 장기를 확보할 수 있는 가능성을 배아의 복제가 제공한다고 주장한다. 여기서도 배아의 도구화와 파괴라는 도덕적 문제가 제기된다.

㉱ 의학적 연구에 이용. 복제는 의학 연구에 도움이 됨을 의미한다. 배아분리를 통한 복제를 이용하는 가장 중요한 한 예는 암 연구와 인간

게놈의 연구이다. 인간은 출생 시점부터 보호할 가치가 있다고 보는 사람만이 의학 연구에서 배아를 사용하는 일에 아무런 도덕적 의심을 갖지 않을 것이다. 피할 수 있거나 예방 · 치료할 수 있는 질환과 장애의 경우 유전자 분석은 분명히 긍정적 역할을 한다. 윤리문제는 유전자 분석 자체보다는 유전자 분석으로 인해 가능해진 인위적 도태 때문에 제기된다. 유전자 분석을 태아진단의 방법으로 이용해 선별낙태를 함으로써 인위적인 우생학적 도태가 시행된다. 우량한 유전인자를 선택해서 양성하려는 우생학에서의 적당한 선별기준과 그에 대한 책임은 연구자나 의사 개인의 주관적 선호일 수 없으며 사회정책이 될 것이다.

생각해 볼 문제들

1. 인간복제의 순기능과 역기능은 어떠한 것이 있는가?
2. 뇌사를 인정하는 법이 국회에서 논란 끝에 다수 국회의원들의 찬성으로 통과되었다. 시민 (갑)과 (을)은 이 법에 반대하지만 법 승복에 대한 태도는 다르다. (갑)과 (을)의 대화내용을 읽고 물음에 답하시오. (갑)의 견해를 뒷받침할 수 있는 논리적 근거를 2가지만 제시하시오. "(갑) : 이 법은 생명경시 풍조를 조장할 가능성이 크기 때문에 옳지 않다고 판단되지만 그래도 법으로 통과된 이상 지켜야 한다는 것이 내 소신이야. (을) : 이 법은 옳지 않다고 판단되므로 시민불복종 운동을 벌여서라도 반드시 바로 잡아야 한다고 생각해."
   (갑)과 (을)의 관점에 대해 타당한 근거를 제시하고, 미래지향적인 정립방안을 제시하시오.
3. 복제 양 돌리의 탄생 이후 인간복제의 가능성이 높아지면서 그 개념과 도덕적 · 현실적 적용을 둘러싸고 찬반논쟁이 뜨겁게 진행되고 있다. 온전한 인간의 개체복제에 반대한다고 하는 논거를 결과론적 관점에서 3가지 쓰시오.

더 읽어야 할 책들

1. 구인회, 『생명윤리의 철학』, 서울 : 철학과 현실사, 2002.
2. 김두헌, 『현대 인간론』, 서울 : 박영사, 1982.
3. 김태훈, 『덕교육론』, 서울 : 양서원, 1999.
4. 박은정, 『생명공학 시대의 법과 윤리』, 서울 : 이화여자대학교 출판부, 2000.
5. 소병욱, 『생명윤리 : 기초부터 알자』, 왜관 : 분도출판사, 1996.

참고문헌

구인회, 『생명윤리의 철학』, 서울 : 철학과 현실사, 2002.

김두헌, 『현대 인간론』, 서울 : 박영사, 1982.

김태훈, 『덕교육론』, 서울 : 양서원, 1999.

박은정, 『생명공학 시대의 법과 윤리』, 서울 : 이화여자대학교 출판부, 2000.

소병욱, 『생명윤리 : 기초부터 알자』, 왜관 : 분도출판사, 1996.

Cavalier, R. J. & J. P. Sterba (eds.), *Ethics in History of Western Philosophy*, New York : St. Martin's Press, 1989.

Gilligan, C., *In a Different Voice*, Cambridge, Mass : Harvard University Press, 1982.

Küng, Hans, *A Global Ethic for Global Politics and Economics*, London, SCM Press, 1997.

Küng, Hans, *Global Responsibility. In Search of a New World Ethic*, London, Continuum, New York, SCM Press, 1991.

UNESCO, "Universal Declaration on the Human Genome and Human Rights," 1997.

Chapter 6

지구촌의 생태 · 환경윤리

권혁길

1. 환경과 공학윤리

(1) 들어가는 말

21세기를 살고 있는 우리들은 지난 20세기의 과학과 공학의 눈부신 발전으로 말미암아 풍요와 편리함 속에서 살고 있다. 한편, 그러한 과학과 공학의 눈부신 발전의 이면에는 우리가 간과할 수 없는 환경파괴라는 부산물이 있다. 환경파괴는 부메랑이 되어 우리의 미래를 어둡게 하고 있으며, 그 증상은 이미 오래 전부터 우리를 위협하고 있다. 공기오염, 수질오염, 토양오염, 폐기물의 증가 등은 우리의 환경을 오염의 총체로 만들어 가고 있다. 공기의 오염은 수많은 사람들이 폐질환을 앓게 하고 있으며, 수질의 오염은 식수의 오염으로 인해 마실 물이 모자라는 지역을 세계 곳곳에서 해마다 증가시키고 있다. 오염된 수질은 어패류의 오염으로 이어져서 우리의 식탁을 위협하고 있어서 우리를 더욱 당황하게 하고 있다. 토양의 오염은 토양의 산성화를, 그리고 경작지의 축소를 가져오기도 했다. 폐기물의 증가는 폐기물을 소각하는 문제를 수반했고, 이러한 폐기물의 소각은 환경 호르몬의 산출로 인해 인체에 치명적인 해를 끼치고 있다. 더구나 산업의 발전으로 말미암은 이산화탄소의 배출 증가는 메탄의 증가와 아울러 지구의 온난화를 부추기고 있다. 이러한 지구의 온난화는 기후의 변화와 더불어 빙하를 녹임으로써 해수면을 상승시켜 지구의 대륙 감소현상으로 인류가 살아갈 육지를 축소시키는 결과를 초래하고 있다. 환경문제는 이제 국경을 뛰어넘어 바로 지구의 문제로 등장하게 되었다.

공학윤리에서 환경문제를 거론하는 이유는 오늘날 인류의 삶이 바로 과학과 공학현장의 산출물에 근거하고 있기 때문이다. 21세기를 살고 있는 우리의 삶은 과학과 공학을 떠나서는 설명할 수 없다. 의식주의 모든 문제들이 과학과 공학의 산출물들인 것이다. 모든 의류의 재료인 섬유가 공장에서 생산되며, 모든 음식의 경우 그 재료에 해당하는 곡물의 생산을 위해서도 우리는 비료를 생산해야 하며, 농기계를 사용해야 한다. 또한 많은 종류의 농약을 사용하여 병충해 방재에 노력한 결과 더 많은 생산량을 산출할 수 있게 되기도 했다. 이러한 생산품은 또한 거대한 교통수단에 의거하여 도시와 농촌으로, 또한 국제적으로 유통되고 있지 않은가? 우리의 주거공간은 어떠한가? 아파트를 비롯한 건축물들은 공장에서 만들어진 건축자재들을 사용하여 건설공학의 현장에서 만들어지고 있지 않은가? 의식주 이외에도 우리는 우리에게 필요한 여러 가지 자재들을 공학현장에서 얻고 있다. 이러한 과정에서 역기능적으로 나타나는 문제가 바로 공해의 발생문제이다.

우리는 경기도 남양주시의 원진 레이온 공장의 사례를 잘 알고 있다. 수십 년간 섬유공장의 대명사였던 원진 레이온 공장에서는 비스코스원사(絲)를 생산해 왔다. 그러나 그 부산물로부터 생성된 공해물질들 중에 이황화탄소와 중금속 분진들은 그곳에서 일하던 수많은 근로자들에게 회복할 수 없는 질병의 고통을 안겨주었다. 원진 레이온 공장에서 발생하는 이황화탄소는 만성적인 건강장애를 가져왔다. 특별히 신경계통의 장애를 가져오는데, 뇌가 축소되거나 혈관이 막혀서 뇌경색을 수반하게 되고 협심증과 관상동맥 질환이 발생하게 되었다. 이러한 사례들은 전 지구적으로 공학의 현장에서 나타나고 있다. 또한 핵무기를 비롯한 가공할 무기의 생산과 생화학 무기의 생산 등은 인류가 개척해온 과학과 공학이 저주의 화신으로까지 보이게 하질 않는가? 이러한 공학의 현장에 윤리적인 기준과 올바른 판단이 필요하게 됨을 인식한 것은 때늦은 감이 없지 않다.

공학현장에서의 환경윤리 문제는 중요한 이슈로 등장하고 있다. 더 나아가서 요즘의 환경문제와 관련된 화두는 '지속가능한 발전'의 문제이다. '지속가능한 발전'의 문제는 전 지구적인 차원의 문제로 등장하게 되었으므로 선진국들과 후진국들 모두가 함께 하나뿐인 지구를 살리기 위한 노력을 해야 할 것이다. 아울러 과학과 공학의 발전과정에서 파생되는 여러 가지 환경파괴 문제들에 대해서도 보다 합리적이고 과학적인 공동의 노력이 필요한 때인 것이다.

(2) 자정능력을 상실한 지구

생명체들(living organisms)은 그 주변의 무생물 환경(nonliving abiotic environment)과 불가분의 관계를 맺고 있다. 생명체들과 무생물 실체들(nonliving substances)을 포함하고 있는 자연은 생명체들 사이와 생명체와 무생물체들 사이의 교환(exchange)을 생산해내는 상호작용을 하는데, 이것이 바로 생태학적 체계, 즉 생태체계를 구성하게 된다. 생태체계는 우리 인류의 삶의 현장이며, 이러한 생태체계의 보존은 우리 인류의 삶의 현장의 보존이며, 생태체계의 파괴는 우리 인류의 삶을 파괴하는 일인 것이다. 윤리학이 인간이 당연히 따라야 할 내용의 규범에 대한 탐구이듯이 생태윤리학은 인간이 생태체계에서 살아가는 데 당연히 따라야 할 내용들의 탐구라고 할 수 있겠다.[1)]

생태계는 이제 우리 인류의 하루하루의 생활과 직결되어 있다. 산업화가 덜 이루어진 시기에는 이산화탄소 밀도 증가와 그에 따른 온도상승이 완만하게 진행됐으나, 최근 들어 이산화탄소 배출량과 대기 중 축적량이 급증하면서 온도가 급상승할 것이란 예측이 있다.[2)] 지구온난화의 문제는 2007년 6월 현재 전문가들이 예상했던 정도보다 3배 정도나 빨리 진행되고 있다는 보고도 있다. 이같은 보고는 지구의 환경문제가 나날이 그 심각성이 두드러져 가고 있음을 보여준다.

1- Andrew Light, "The Case for a Practical Pluralism," in Andrew Light and Holmes Rolston III eds., *Environmental Ethics*, Blackwell Philosophy Anthologies, 2003, p. 231.

2- 조선일보, 2005. 1. 25.

유엔환경계획(UNEP)과 미국, 영국, 호주의 환경연구소 과학자들로 구성된 국제 기후변화 태스크포스팀의 보고에 의하면, 1997년 12월 기후변화 협약에 따른 온실가스 감축목표에 관한 의정서인 교토의정서가 채택된 이후 2005년 2월 16일부터는 그 내용이 발효되기 시작하였다. 현재 이 의정서의 대상국가들은 오스트레일리아, 캐나다, 미국, 일본, 유럽연합(EU) 회원국 등 총 38개국이며, 의무 이행내용들은 2008-2012년 사이에 온실가스 총 배출량을 1990년 수준보다 평균 5.2%를 감축하는 것으로 되어 있다. 이와 같은 협약은 지구온난화를 이대로 방치하면 10년 뒤 지구에 대재앙이 올 수 있다는 지적 때문이다. 이산화탄소(CO_2)의 과다배출은 지구온난화를 가속시키고 있어서 현 상태로 10년간 더 지속된다면 엄청난 기상이변 등 재앙이 올 수 있다는 경고를 하고 있다.

생태계의 자정능력(assimilative capacity)이란 생태계에 위해(危害)나 변화가 발생할 때 생태계가 스스로 변화에 적응하고 균형을 유지하여 영향을 줄일 수 있는 능력이며, 더 나아가 원래의 상태로 회복할 수 있는 능력을 말한다. 따라서 자정능력의 상실은 지구 스스로가 환경적인 한계상황에 직면해 있음을 보여주고 있는 것이다. 이제는 더 이상 인간이 주인이고 자연 및 기타 주변의 모든 생태계는 인간의 목적에 봉사하기 위해 존재한다는 그릇된 시각이 아니라, 인류와 모든 생태계가 함께 공존해야 한다는 열린 사고가 필요한 때이다. 우리 인류에게는 자연적 환경과 사회적 환경에 대한 철저한 조사와 그 결과에 근거한 인간의 생태환경에 대한 새로운 의식의 전환이 필요하며, 이러한 의식의 전환 없이는 생태계의 위기는 계속될 수밖에 없을 것이다.[3] 그러한 의미에서 환경문제들에 대한 분석과 그 해결을 위한 노력은 지구를 위한 우리 인류의 역할과 사명의 방향을 분명하게 결정하는 일이라고 생각된다.[4]

2. 생태학과 생태환경

(1) 생태학

생태학(ecology)은 그리스어의 집이나 삶의 장소를 의미하는 'oikos'로부터 유래하였는데, 생태학은 원래 가정에서의 유기체들(organisms)을 연구하는 것이었다. 따라서 생태학(ecology)은 유기체들의 관계나 환경과 유기체들과의 관계에 대한 연구, 혹은 살아 있는 조직들과 환경들 간의 상호관계를 연구하는 과학이었다. 그러므로 생태학은 유기체 그룹들(groups of organisms)과 대지(land)나 해양, 물과 같은 자연들의 구조와 기능을 연구하는 것이라고 할 수 있다. 여기에서 인류는 자연의 한 부분으로 이해되었다. 가장 넓은 의미에서 그러나 가장 간단히 표현하자면 생태학은 살아 있는 환경에 대한 과학(the science of the living environment), 혹은 단순히 환경생물학(environmental biology)이라고 할 수 있다.[5)]

생태학을 생물적 요인과 비생물적 요인 간의 상호작용(interaction)을 연구하는 학문이라고 정의하기도 한다.[6)] 이러한 생태학이 오늘날 더욱

3- 구승회, "환경윤리와 생태철학 : 중간결산과 전망," 철학문화연구소 편, 『철학과 현실』 1999년 가을호, pp. 167-182.

4- 구승회, 『생태철학과 환경윤리』, 동국대학교출판부, 2001, pp. 216-217.

5- *Ibid.*, p. 4.

6- 박석환 · 곽동희 · 이태진 · 장관순 · 정문식 · 허우명 공저, 『환경생태학』, 신광문화사, 2002, p. 3.

관심의 대상이 되는 이유는 생태계의 파괴가 인류의 장래를 어둡게 하기 때문이다. 즉, 생태계의 파괴가 인류에게 중대한 위협으로 나타나게 되었고, 이러한 생태계의 보존을 위한 노력을 이제 더 이상 미룰 수 없는 지경에 이르렀다. 생태계의 자연스러운 순환은 이제 더 이상 기대할 수 없는 상황에 이르렀으며, 지구의 자정능력을 초과하는 수준에 도달하였다.

이러한 지구촌 파괴의 원인은 우리 인간이 자연을 아끼고 사랑할 줄 모르고 자연을 착취 · 수탈하고 파괴를 일삼기 때문에 생긴 업보라고 하겠다. 진교훈은 생태학적 위기를 극복하기 위해서는 올바른 인간관에 대한 이해와 미래 사회의 구조에 대한 새로운 비전이 요구된다고 지적한다. 생태학자인 킨젤바흐(Ragnar K. Kinzelbach)는 우리가 당면하고 있는 생태학적 위기는 근본적으로 인간의 내면적 세계의 위기를 해결하지 않고는 불가능하다고 지적한다. 그는 생태학적 위기는 바로 인간의 위기이며, 이러한 위기의 내면에는 인간의 잘못된 생각이 자리 잡고 있다고 설명한다.[7)]

인류는 유사 이래로 실제적인 의미에서 지속적으로 생태학에 관심을 가져왔다. 원시사회에서도 모든 개인들은 살아남기 위해서, 예를 들어 자연의 힘이나 자기 주변의 동 · 식물들과 같은 환경들에 대해서 확실한 지식을 필요로 했다.

모든 학문이 그러하듯이 생태학도 서서히 등장했다. 그리스의 히포크라테스나 아리스토텔레스와 같은 철학자들의 저작에서 만물들은 자

7– 진교훈, 『환경윤리』, 민음사, 1998, pp. 26–27.

연 속에서 생태적인 것들이었다. 그러나 그리스에는 생태학이란 말은 없었고, 생태학이란 용어는 1869년 독일의 생물학자인 에른스트 해켈(Ernst Haeckel)이 처음 쓰기 시작했다. 생물학과 구별되어 생태학이란 용어가 사용된 것은 1900년경부터로서, 생태학은 아직도 연구해야 할 분야가 많이 남아있는 젊은 학문이라 할 수 있다.[8)]

(2) 생태환경의 문제 인식

오늘날 생태학(ecology)이란 용어는 우리 모두의 관심의 대상이 되고 있다. 그것은 우리는 하루라도 생태환경을 떠나서는 살 수 없기 때문이다. 생태학은 살아 있는 유기체의 습성, 생활양식 및 그 주변 환경과의 관계를 다루는 학문으로서, 그 연구대상은 유기체(동식물을 비롯한 박테리아에 이르기까지)인 생물체만 해당되는 것이 아니라 우리 주변의 무기체(돌, 흙, 물, 공기와 모래)에 이르기까지 우리를 둘러싸고 있는 지구촌의 모든 물체들까지를 포함한다.

그렇다면 왜 지금 생태환경 문제가 이렇게 관심의 영역으로 자리하게 되었는가? 그 이전에는 우리 인류가 생태환경에 노출되지 않았다는 말인가? 사실은 그렇지가 않다. 우리 인류가 지구상에 나타나면서 지구 생태환경에 노출되었던 것이 사실이다. 그러나 이제껏 그것이 문제로 인식이 되지 않았던 것은 지구 생태환경이 우리 인류가 생태환경에 미치

8- Eugene p. Odum, *Fundamentals of Ecology*, second edition, W. B. Saunders Company, 1959, pp. 3–4.

는 영향들을 충분히 인내해낼 수 있을 정도로 자정능력을 지니고 있었기 때문이다. 그러나 이제는 지구가 자정능력을 상실하고 있다.

자정능력이란 무엇인가? 지구의 자정능력이란 인류가 생태환경을 오염시켰어도 그 오염된 부분을 다시 정상으로 되돌릴 수 있는 능력이라고 할 수 있다. 즉, 원상복귀가 가능한 능력을 말한다. 자정능력을 상실했다면 이것은 간단한 문제가 아니다. 자정능력의 상실은 이제껏 인류가 이 지구에 대해서 아무런 노력 없이도 누릴 수 있었던 특혜가 사라지고 있다는 것을 뜻한다. 달리 말하여, 우리 인류의 노력 없이는 생태환경의 파괴로부터 오는 여러 가지의 환경적인 재앙을 피할 수 없다는 의미이다. 이제 우리는 지구 생태환경에 대한 이해와 이를 보존하기 위해 환경친화적인 삶을 살도록 노력해야 한다.

3. 생태적 위기의 증후들

환경문제의 주요 근원과 증후들은 몇 가지로 설명할 수 있다. 인구성장의 문제(population growth), 자연과 자연체계(natural system)의 남용과 공해(pollution)문제, 그리고 지구온난화의 문제 등으로 구분해서 검토해 보자.

(1) 인구성장의 문제

지구 인구는 1999년을 기점으로 60억을 초과했다. 사실 지구의 인구는 대략 1,800년까지 10억에 이르지 못했었다. 그러나 지금의 성장률을 유지한다면 지구의 인구는 21세기의 중간인 50년 안에 90억이 될 것이다. UN에 의하면 2006년 현재 지구에 살고 있는 65억의 인구 중에 단지 1/5만이 적절한 음식과 집, 그리고 안전한 식수를 사용하고 있다고 한다. 또한 세계의 1/5의 인구가 하루에 1$ 미만으로 살아가고 있다. 약 11억의 인구가 마실 물이 부족하며, 오염된 식수와 부적절한 물의 공급이 개발도상국가의 모든 질병의 10%의 원인이 되고 있다. 매일 영양실조와 관련된 여러 가지 질병으로 19,000명의 어린이들이 죽어가고 있다. 어린이 사망률은 개발도상국가가 선진국에 비해 10배 이상이나 된다. 전쟁, 국내 정치적인 분쟁, 그리고 가뭄과 홍수와 같은 자연재해는 인구증가에 의한 스트레스를 더욱 악화시키고, 그래서 더욱 굶주림의 원인이 된다. 모든 사람들은 기본적인 건강관리와 깨끗하고 충분한 식수와 안전한 하수시설, 좋은 영양과 기본적인 교육을 받을 수 있어야 한다. 지나친 인구과잉은 분명히 우리의 현재와 미래를 포함하여 우리 모두의 안전과 평화에 위협이 아닐 수 없다.[9)]

9- Donald. G Kaufman, pp. 34-36.

(2) 자원과 자연체계의 남용

자원이란 어떠한 필요에 봉사하는 것들을 의미한다. 석탄, 기름, 그리고 기타 화석연료들은 재생 불가능한 자원들이다. 재생 불가능한 자원들은 사용할수록 고갈된다. 이러한 자원들이 인류의 남용에 의해 고갈상태로 치닫고 있다. 또한 지구상의 여러 종들(species)이 생존의 위협을 받고 있다. 예를 들어 대서양의 대구(cod), 북대서양산의 대구류(haddock), 남아프리카의 밴댕이류(pilchard), 태평양 연어(salmon), 킹크랩(king crab)등을 포함한 상업적 가치가 있는 어류들에 대한 지나친 남획은 종(species)들을 거의 멸종위기로 몰아가고 있다. 1996년 지구상에서 4,630종(species)의 포유류(mammals) 가운데에서 25%, 9,675 종(species)의 조류(birds) 가운데에서 11%가 사멸(extinction)의 위기에 처해 있다.[10)]

인류의 근원적인 생존은 다른 종(species)들의 궁극적인 삶에 의존하고 있다.[11)] 그러므로 우리 인류는 다른 종들이 절멸하지 않도록 관심을 가져야 한다. 또한 직접적인 탐험이나 공해(pollution)에 의해서 해양체계가 위협을 받으며, 아름답고 섬세한 해안지역들은 개발하려는 사람들에 의해 훼손되고 있다. 토양체계(land systems) 역시 위험에 처하고 있다. 전문가들의 추정에 의하면 인간의 활동들은 10%의 땅의 표면을 숲이나

10_ Johannesburg Summit, 26. Aug – 4. Sep 2002. brochure.

11_ Douglas H. Strong & Elizabeth S. Rosenfield, "Ethics or Expediency : A Environmental Question," Shrader–Frechette, Kristin S. eds., *Environmental Ethics*, The Boxwood Press, CA. 1981, p. 10.

방목장으로부터 사막으로 바꾸어 놓았으며, 25%는 위험에 처해 있다는 것이다. 자원의 사용은 앞으로 수십 년 동안 개발도상국가들의 번영하고자 하는 욕구로 말미암아 가파르게 상승할 것으로 예측된다.

사실은 발전한 국가들이 더 많은 자원을 소비한다. 예를 들면, 미국은 세계에서 가장 많은 기름(gas)을 소비하는 국가이다. 요즈음 더욱 심각한 것은 저개발국가들이 선진국가들을 닮아가고 있다는 것이다.[12] 즉, 소비의 흐름은 점차 선진국에서 후진국으로 확대되고 있으며, 과다 소비의 모습이 닮아가고 있다는 점이 자원의 낭비를 더욱 부추기고 있다.

(3) 공해의 확산

공해문제는 세계 도처에서 심각하게 대두되고 있다. 오염 중에는 공기와 물, 그리고 토양의 오염이 그 주종을 이룬다. 심각한 공해문제는 선진국에서만 나타나는 것은 아니다. 가난하고 인구가 조밀한 저개발국가들의 경우도 공해로 시달리고 있기는 마찬가지이다. 일반적으로 많은 공해문제들은 지구적인 것이며, 국가들 간의 협조에 의해서만 해결이 가능하다. 환경문제들은 자연체계와 문화체계 사이의 상호작용으로부터 생성된다. 환경문제들을 해결하기 위해서는 자연과학과 사회과학, 인간과 예술에 관련된 것들이 함께 동원되어야 한다.[13] 물론 여러 나라들이 공

12– Donald G. Kaufman, Cecilia M. Franz, *BIOSPHERE 2000*, Kendall/Hunt Publishing Co., p. 35.

13– Donald G. Kaufman, Cecilia M. Franz, pp. 34–36.

해를 줄이기 위한 거대하고 장기적인 계획을 가지고 있지만 계획을 가지고 있는 것과 실천의 문제는 별개의 문제처럼 보인다.

대기오염의 주요 원인이 되고 있는 아황산가스 등의 황산화물은 석탄의 사용 및 고 유황유 등의 산업자원화가 그 주요 원인이다. 또한 수많은 차량이 내뿜는 질소산화물은 황산화물과 아울러 산성비의 원인이 되고 있다.[14] 특별히 오늘날 대도시에서 하루에 쏟아내는 쓰레기는 수 백 톤에 이르고 있다. 더구나 오늘날 원자력발전소의 폐연료 등의 핵폐기물은 인류의 새로운 불안이 되고 있다. 현대 사회의 모든 폐기물이나 썩지 않는 쓰레기들은 큰 환경 숙제 문제가 아닐 수 없다. 더구나 요즈음 환경호르몬의 문제는 또 다른 인류의 근심거리가 되고 있다.

(4) 지구온난화의 문제

지구온난화의 문제는 어제 오늘의 문제는 아니나 2007년에 들어와서 그 정도는 매우 심각한 수준에 이르고 있다. 이산화탄소 배출량의 증가와 가축의 분뇨 등의 부패에서 나오는 메탄 등은 지구의 온난화를 가중시키는 원인들이 되고 있다. 2007년 들어서 온난화의 정도는 그 속도가 3배나 빠르게 진행되고 있다고 보고되고 있다. 북극과 남극, 알래스카의

14_ V. Bhaskar & Andrew Glyn, eds., *The North The South*, United Nations Press, Tokyo, New York, Paris, 1995. p. 11. (공해물질을 CO_2, N_2O, CH_4, CFCs, HFCs, O_3, SO_2, NOx, NH_3, Heavy Meatals, Hydrocabons, Carbon monoxide, Radiation, Agrochemicals, ··· Noise 등으로 지적하고 있다.)

빙하가 녹아내리는 속도는 해마다 빨라지고 있어서 해수면의 높이가 해마다 높아지고 있다. 이러한 해수면의 상승은 결국 인류가 살아가는 육지면적을 축소시킬 뿐만 아니라 기존의 대도시들도 물에 잠기는 일을 초래할 것이다. 기후협약에 아직 서명하지 않은 나라들이 있다는 것은 안타까운 일이 아닐 수 없다. 지구온난화의 문제는 이제 어느 한 나라만의 문제가 아니라 우리 인류 전체의 문제라는 것을 확실히 인식해야 할 것이다.

4. 생태환경 인식의 방향

(1) 생태환경에 대한 인류의 인식

기독교의 자연관과 인간중심적 사고는 서양인의 자연인식에 관한 오류를 가져오게 했고, 생태체계의 위기를 초래했다.[15] 즉, 전통적인 기독교의 자연관은 문제를 지니고 있다. 기독교적 자연관은 땅을 정복하고 다스리라는 창세기의 말씀에 기원한다. 그리하여 유대 기독교는 애니미즘을 철저하게 거부하고 자연을 비신격화하며 자연에 대한 성스러운 감정과 신비의식을 소멸시켰고, 자연을 단지 인간의 필요를 충족하기 위한

15- 황종환, 『생태윤리학』, 한남대학교출판부, 2001, pp. 23-43.

대상물로 전락시켰다. 기독교의 인간중심사상은 인간의 끝없는 욕구충족을 위한 자연의 무제한적 이용을 합리화시키고 있다.

많은 학자들이 서양에서 생태적 위기를 초래한 가장 근원적인 원인으로서 전통적인 기독교적 자연관을 지적하고 있다. 화이트(L. White)는 유대 그리스도교의 전통은 인간을 온갖 창조물의 군주의 자리에 앉혀놓고 자연을 모독하게 하는 정신적 기반을 제공했다고 지적한다.[16] 구약의 창세기 1장 28절에서는 "… 땅을 정복하라. 바다의 고기와 공중의 새와 땅에 움직이는 모든 생물을 다스리라 하시니라"고 적고 있다. 화이트는 여기서 인간중심적인 세계관이 형성되고 자연을 무제한으로 약탈하고 훼손시키는 만행이 자행되었다고 지적한다. 또한, 그는 유대 그리스도교는 물활론(物活論)이나 만유령유론(萬有靈有論)을 철저히 거부하고 자연을 단지 인간의 필요를 위한 대상물로 간주했다고 지적한다.[17]

시카고 대학의 철학 교수인 도너간(Alan Donagun)은 화이트의 견해에 동의하면서 인간은 신의 선호로 창조되었고, 유대 그리스도교는 그것을 자연을 지배하는 데에 활용했다는 것이다.[18] 그러나 피츠버그 대학의 교육학과 교수인 엔젤(D. E. Angel)은 성서에 나와 있는 인간은 신에 의해서 농부로서, 그리고 환경의 보존자로서 살 것을 명령받았다고 지적한다. 그는 화이트(L. White)와 도너간(A. Donagun)의 해석이 인간과 자연의 기본적인 관계가 주인과 종의 관계인 것을 잊고 있다고 지적한다. 또한 쉬

16_ 진교훈, 『환경윤리』, 민음사, 1998, pp. 33–35.

17_ *Ibid.*, p. 34.

18_ Hyuk Kihl Kwon, "Environmental Ethics Education for Sustainable Society," 2001 ISSS Annual Conference, p. 4.

레더와 프리쳇(K. S. Schrader-Frechette)은 유대 그리스도교가 비난을 받을 만큼 욕심을 부린 일은 없으며, 문제가 있다면 한 종교를 비판할 것이 아니라 인간의 행위를 비판해야 한다고 주장한다. 문제는 지난날의 책임을 떠넘기는 것이 중요한 것이 아니라, 현재와 미래에 우리가 환경보호를 위해 나아가야 할 방향설정과 그 실천이 중요하다고 생각된다.

(2) 근대 이후 자연관의 잘못된 이론적 기반

1) 이분법적 사고

데카르트는 정신과 물질을 이분법적으로 구분한 대표적인 학자 중의 한 명이다. 정신과 물질을 이분법적으로 구분하는 사고방식은 자연과학적 방법에 적용될 때에 인식의 주체와 대상은 분리된다는 지적을 받고 있다.[19] 인간이 자연을 대상화할 때에 인식의 주체인 인간은 자연을 정복하고 약탈하게 된다. 이러한 상황에서는 인간과 자연 간의 교제는 있을 수 없다. 뎀봅스키(H. Dembobski)는 인간을 자연의 지배자로 보는 데카르트의 인간중심의 세계관과 함께 생태체계의 위기는 시작되었다고 지적한다.[20] 또한 몰트만(J. Moltmann)은 데카르트가 인간을 사유의 존재로만 보는 것은 인간과 자연 모두에게 적대적이라고 지적한다.

데카르트는 아리스토텔레스적인 자연과학과 같이 순수하게 인과율적 자연 설명으로 모든 사물의 목적을 규정했다. 따라서 자연은 어떤 인

19- 황종환, 『생태윤리』, 한남대학교출판부, 2001, pp. 23-43.

20- *Ibid.*, p. 27.

격적인 친밀성을 지닐 수 없고 방법론적인 엄밀성만이 요구된다. 이러한 맥락에서 황종환은 현대 과학이 출발에 문제가 있었다고 지적한다.

2) 진보신앙

생태체계 위기의 또 다른 사상적 배경은 인간의 능력에 대한 무한한 신뢰에 기초한 진보신앙이다. 이러한 진보신앙은 중세 교회의 권위가 약화되면서 이 땅 위에 이상적 세계를 이룩할 수 있다는 믿음을 갖고 인간의 불행은 근본적으로 인간의 무지에서 출발한다는 계몽주의와 함께 시작되었다. 이러한 진보적인 신앙은 산업혁명에 이은 기술의 발전을 통해 더욱 강화되었다. 즉, 현대의 지배적 자연 이해는 인간을 주체로 보고 자연을 객체로 파악하게 했다.

진보신앙은 19세기 후반에 들어와서 미래의 이상향을 세우는 것보다 구체적인 경제 · 기술 · 과학 영역의 발전을 시도하는 데 영향을 주었다. 따라서 미래는 현실과 분리된 실체가 아니라 일상 매일매일의 활동으로 이해되었으며, 이를 위한 실증적이고 과학적인 방법이 요청되었다. 계몽주의 철학과 함께 진화론은 인간은 투쟁을 통해 삶을 지속하며, 최고의 투쟁은 자연과의 관계를 통해서 이루어진다고 생각했다. 결국 진화론은 자연도태를 정당화하였고, 인간의 자연 지배를 야기하였다. 그에 따라 자연은 전체적인 조화와 균형을 상실하고 자연파괴와 생태체계라는 위기에 다다르게 되었다.

3) 공리주의

유대 그리스도교의 믿음과 함께 공리주의자들의 윤리철학은 인간의 환경파괴에 대한 비판의 대상으로 지적된다. 공리주의는 19세기에 영국의 철학자인 벤덤(Jeremy Bentham)과 밀(John Stuart Mill)에 의해 시작되었으며, 그들은 지난날보다 더욱 과학적인 차원에서 도덕적인 사고(思考)를 제공했다. 도덕적 의무에 관한 공리주의적 설명에 따르면 옳고 그름(right and wrong)의 기준은 "유용성의 원리(principle of utility)"에 있다. 공리주의는 전체 인류를 위해서 모든 인간들의 도덕적인 목표를 악(bad)을 능가하는 선(good)의 최대화에 두고 있다. 공리주의의 도덕적 목적은 우리 인간 종(species)을 위한 선(good)의 최대화, 즉 최대다수의 최대의 선(good)을 실현하는 것이다. 즉 인간 종의 선의 극대화를 위해 자연의 희생과 파괴가 초래될 수 있다.

한편, 공리주의는 인간이 환경의 파괴자로서 비판을 받을 이유가 없다는 주장이 제기되기도 하였다. 그린(R. M. Green)은 공리주의적인 견해에서 어디에 혹은 누구를 위한 행복을 생산해내느냐가 중요한 것이며, 이러한 의무의 요구는 미래에까지 확대되어야 하며, 미래의 사람들에게도 우리의 의무를 설명해야 한다고 주장한다. 또한 그는 우리의 행동을 바꾸는 것이 중요하지 우리의 윤리이론들을 바꾸는 것이 중요한 것이 아니라고 주장하며, 공리주의는 환경파괴자로서 비난을 받을 이유가 없다고 주장한다.[21)]

21– K. S. Schrader–Frechette, *Environmental Ethics*, Boxwood Press, 1981, p. 21.

5. '지속가능한 발전'의 문제

레오폴드가 일찍이 '대지윤리(Land Ethics)'를 논의한 이래 21세기에 있어서 가장 관심 있는 주제는 단연 환경문제라 하겠다. 더 나아가 이러한 환경문제는 '지속가능한 발전문제'의 핵심 주제로 등장하게 되었다. 그만큼 환경문제가 '지속가능한 발전'의 성공 여부를 가늠하는 기준이 되고 있음을 의미한다. 지금 우리 인류에게 닥친 가장 큰 과제 중의 하나가 바로 환경문제인 것이다.

(1) 브룬트란트 협상과 리우 회의

1983년 12월 유엔총회는 지구사회의 주요 문제들을 다루기 위한 세계환경개발위원회(WCED : World Commission on Environment and Development) 설립을 결의하고, 당시 노르웨이 수상이던 브룬트란트(Gro Harlem Brundtland) 여사를 위원장으로 선출하였다. 1987년 3월 WCED는 인류가 나아가야 할 기본 전략을 담은 보고서인 〈우리 공동의 미래(Our Common Future)〉를 발표하고, 이 보고서에서 인류의 지속적인 발전을 위한 기초 개념으로서 '지속가능한 발전(sustainable development)'을 제시하였다.

'지속가능한 발전'에 관한 개념을 처음으로 정립한 브룬트란트(Brundtland) 보고서가 1987년 발표된 이후 1990년대를 전후로 세계 각국은 환경정책의 궁극적 목표를 지속가능한 사회의 건설에 두고 이를 위한 다양한 노력을 경주하고 있다. 동 보고서는 '지속가능한 발전'을 "미래 세대가 그들의 요구(needs)를 충족시킬 수 있는 능력을 저해함이 없이 현 세대의 요구(needs)를 충족시키는 발전"이라고 정의하고 있다.

1992년 리우 지구 정상회담은 이러한 '지속가능한 발전'의 개념을 세계 각국의 환경정책의 기본 방향으로 자리잡게 하는 계기가 되었다. 리우 회의를 계기로 UN 산하에 지속가능발전위원회(UNCSD : United Nations Committee on Sustainable Development)가 설치되고, 이 위원회가 각 국가에 국가보고서의 제출을 촉구함에 따라 각국은 국가지속발전위원회(NCSD : National Committee on Sustainable Development)를 구성하는 등 지속가능한 사회를 만들기 위해 실질적이고 체계적인 정책을 모색하고 있다.[22)]

'지속가능한 발전'은 인간이 모든 문제 해결의 중심이며 후세대를 배려해야 한다는 개념에 기초하고 있다. 달리 말하여, 지속가능한 발전은 현 세대에서의 자원과 환경개발이 과도하게 이루어져 후세대의 후생을 위협하지 않도록 진행되는 개발을 의미하며, 오늘날 세계 각국이 정치, 경제, 사회 등 전 분야의 정책수립시 가장 우선적으로 고려해야 할 기초 개념이 되고 있다.

한편, 리우 회의에서 채택된 '의제 21(Agenda 21)'은 21세기 지구 환경보전을 위하여 각국 및 국제사회가 이행해야 할 분야별 실천방안을 구체적으로 제시하고 있으며, 환경문제를 전통적인 오염방지의 수준이 아니라 총체적이고 매우 장기적인 지속가능한 발전의 관점에서 접근하고 있다. 즉 '의제 21'은 정치, 경제, 사회, 문화 등 모든 부문에 걸쳐서 각

22- 문정호, "지속가능한 정책발전," 지속가능발전위원회 2000. 12. 2, pp. 6–7.

국과 국제기구가 이행해야 할 사항을 체계적으로 정리하여 지구적(global) · 지역적(regional) · 국가적(national) 수준에서 지속가능한 발전의 실현을 위해 실천해야 할 과제들을 전문 및 4개 부문(사회경제, 자원보전 · 관리, 주요 그룹 역할 강화, 이행수단 부문)의 40개 장에 담고 있다.

유엔은 '의제 21' 이행의 실효성을 확보하기 위하여 1993년에 경제사회이사회(ECOSOC : Economic and Social Council) 산하에 지속개발위원회(CSD : Commission on Sustainable Development)를 설치하여 지구 환경문제에 대한 유엔의 총괄적 관리체계를 구축한 바 있다. 이에 따라 1993년 6월에는 제1차 유엔지속개발위원회가 개최되어 '의제 21'의 효과적 이행을 위한 연차별 평가계획을 확정하였으며, 각국의 '의제 21' 이행과 관련한 국가보고서 제출에 관한 사항에 대하여 합의하였다. 특히 1997년도에 개최된 제19차 유엔환경특별총회에서는 1992년 리우 회의 이후의 5년간의 진전사항을 검토하고, 향후 세계 각국과 국제기구의 '의제 21' 이행 강화를 위한 향후 5년간의 작업계획을 채택하였으며, 리우회의 이후 10년이 되는 2002년에는 환경정상회의를 재개최하여 '의제 21' 추진 실적을 종합 점검한다는 데 합의한 바 있다.

〈표 6-1〉 '의제 21'의 구성 및 주요 내용[23)]

분야별	내용
전문(제1장)	서문
제1부 : 사회 · 경제부문	– 빈곤퇴치, 소비행태 전환, 보건, 인간정주(定主), 인구문제
제2부 : 자원보존 및 관리	– 대기, 토양, 산림, 생물 다양성, 해양, 폐기물 관리
제3부 : 주요 그룹 역할 강화	– 지속가능한 개발과 여성, 민간단체, 과학기술계, 노동계
제4부 : 이행수단 부문	– 재원, 기술, 능력형성, 국제제도, 국내체계

밀브래스(Lester W. Milbrath)는 그의 저서 『지속가능한 사회(*Envisioning a Sustainable Society : Learning Our Way out*)』에서 과거의 성장 위주의 사고인 '지배적인 사회적 패러다임(DSP : Dominant Social Paradigm)'에서 환경지향적 사상가들에 의해 제안된 '새로운 환경 패러다임(NEP : New Environmental Paradigm)'으로의 전환을 촉구하고 있다. 물론 그는 새로운 환경 패러다임으로의 변화가 '지속가능한 사회'의 중요한 방향이라고 주장하고 있다.[24)]

(2) '지속가능한 발전(sustainable development)'의 목적

세계환경개발위원회(WCED)는 '지속가능한 발전'을 "미래 세대의 요구를 충족시킬 수 있는 능력을 저해하는 것이 없이 현재 세대의 요구를 충족시키는 것"이라고 정의하고 있다. 미래 세대에 대한 배려는 '지속가능한 발전'의 논의에서 매우 중요하다. 미래 세대의 문제는 바로 우리의 내일의 문제이기 때문이다. 따라서 미래 세대에 대한 책임문제는 사실 생태윤리학의 출발점이기도 하다.[25)] 근대의 환경생태적 경제학(environmental and ecological economics)과 환경정책 분석에서는 '지속가능한 발전'이 주요 개념이 되었다. 우리는 '지속가능한 발전'이 몇 가지 하위

23- 출처 : 김종천, 환경부 국제협력관, "지속가능한 발전 정책의 추진현황과 과제."

24- Lester W. Milbrath, *Envisioning a Sustainable Society : Learning Our Way Out.* 이태건 · 노병철 · 박지운 역, 『지속가능한 사회』, 인간사랑, 2001, pp. 211–219.

25- Robin Attfield, 2nd edition, *The Ethics of Environmental Concern,* The University of Georgia Press, 1991, p. 89.

목적들 사이에서, 혹은 그것을 지지하는 이익단체들 사이에서 일어날 수 있는 잠재적인 갈등을 해결하기 위한 출발점이 되는 것을 알 수 있다. 즉, (1) 증가하는 혹은 최대화하는 현 세대들의 인간복지 문제에 대한 접근, (2) 충분한 기회를 유지하기 위한 혹은 미래 세대 복지의 실현을 방해하지 않는, (3) 환경의 질과 자연자원의 유효성의 보존 및 개선, (4) 생물과 유전적 다양성의 보존, 자연체계와 종(種)들의 특별한 실례(實例) 등에서 '지속가능한 발전' 은 주요 과제가 되고 있다.

오늘날 우리들의 생산, 소비, 그리고 의사결정 등의 방식에 있어서 '지속가능한 발전' 은 잠재적이며, 철저한 변화를 요구하고 있다는 것을 깨닫는 것이 중요하다. 또한 지속적인 발전은 일반적이고 보다 장기간의 정치적 지원을 얻는 것이 중요하다.[26] 이와 같은 주장은 지속적인 발전은 정치적인 지원 없이는 하나의 구호에 그치기 쉽다는 것을 의미하는 것으로 보인다. 사실 한 국가의 경영은 그 중요한 결정을 결국은 정치권에서 하기 마련인 것을 생각한다면 충분히 이해할 수 있는 일이다.

캐나다의 마니토바 주(Manitoba State)의 위니팩 시(Winnipeg city)에서 제시하는 지속가능한 발전을 위한 원리(principles)를 소개하면 다음과 같다.[27]

26- Bergh Jeron, C. J. M. Van Den, *Ecological Economics and Sustainable Development*, 1996, pp. 4–8.

27- Canada, Manitoba State. Winnipeg City : *Manitoba Round Table for Environment & Economy*, 1994.

〈지속가능한 발전을 위한 원리들〉

① **환경과 경제적 결정의 통합**(Integration of Environmental and Economic Decisions) : 인간의 건강을 포함하는 환경적 영향을 적절히 반영한 경제적 결정이 추진되어야 한다.
② **책임**(stewardship) : 우리는 환경과 경제를 현재와 미래 세대의 이익을 위해 경영해야 한다. 우리는 현재와 미래 세대의 이익을 위해서 환경과 경제를 돌봐야 한다는 것을 인식해야 한다. 오늘의 결정과 내일의 영향은 균형을 이루어야 한다.
③ **책임의 분담**(shared responsibility) : 모든 거주자들은 환경과 경제의 계속적인 유지를 위한 책임을 인식해야 하며, 이러한 책임은 의사결정과 행동에 있어서 협력과 개방된 협조의 정신으로 이뤄져야 한다.
④ **예방**(Prevention) : 우리는 환경(인간의 건강을 포함하여)과 정책, 프로그램, 그리고 의사결정의 경제적 영향을 예견하고 방어할 수 있어야 한다.
⑤ **보호**(conservation) : 우리는 중요한 생태적 과정과 생물적 다양성, 그리고 환경의 생명유지장치(life-support system)를 보호해야 한다. 지속적인 분야에서의 재생가능한 자원의 수확, 그리고 우리의 재생 가능한 자원과 재생 불가능한 자원의 현명하고 효율적인 사용이 필요하다.
⑥ **낭비의 최소화**(waste minimization) : 우리 사회의 생산물들을 줄이고, 재사용하고, 재순환하는 일에 노력해야 한다.
⑦ **강화**(enhancement) : 우리는 우리의 장기적인 생산능력, 질, 그리고 우리의 자연체계의 능력을 강화해야 한다.
⑧ **회복과 재생 이용**(rehabilitation and reclamation) : 우리는 손상되고 파괴된 환경을 유용하게 복구하는 데 노력해야 한다. 회복과 재생 이용은 지난날 파괴된 것에 대한 개선을 요구한다. 미래의 정책과 프로그램, 그리고 발전은 회복과 재생 이용이 고려된 것이어야 한다.
⑨ **과학적이고 기술적인 혁신**(scientific and technological innovation) : 우리는 인간의 건강과 경제성장을 포함하는 더 진전된 환경의 질을 위해서 연구하고, 발전시키고, 시험하며, 주요 기술의 이행을 필요로 한다.
⑩ **지구적 책임**(global responsibility) : 우리는 지구적으로 생각하고 지역적으로 행동해야 한다. 지구적 책임이란 환경에는 경계가 없다는 것이며, 그리고 여러 지역과 나라들에게는 생태학적인 독립성이 존재하지 않는다는 말이다.

이상의 내용들은 한마디로 지속적인 발전(sustainable development)은 환경체계의 능력을 수행하는 과정에서 인간의 삶의 질을 개선하는 것을 의미한다. 결국은 지속적인 발전(sustainable development)은 자연, 인간, 재정적 · 물리적인 모든 자원을 관리하는 것에 의하여 인간의 잠재적인 자원과 동시에 부(富)의 최대화를 도모하는 것이며, 따라서 그들의 공동선(common good)을 실현할 수 있도록 추구하는 것이다.[28] 또한 지속적인 발전은 지속적인 자원의 사용을 전제로 하는데, 회복될 수 있는(renewable) 자원의 사용은 그것들의 회복능력을 초과하지 않게 사용해야 한다. 회복 불가능한 자원을 사용하는 것은 적절하지 않다. 그 이유는 회복 불가능한 자원은 그 공급이 한정적이기 때문이다. 회복 불가능한 자원은 그것을 재순환(recycling)하고, 보존(conservation)하고, 그리고 대체(substitution)하여 고갈되지 않도록 해야 한다. 지속가능한 발전과 안정된 상태의 경제는 인간들이 소비문화를 보존의 문화(culture of maintenance)로 바꿀 때에만 가능하다.

(3) 세계지속가능발전세계정상회의(WSSD) 개최

세계지속가능발전세계정상회의(WSSD)가 2002년 8월 26일에서 9월 4일까지 남아프리카의 요하네스버그(Johannesburg)에서 열렸다. 이 회의에서는 지속가능 발전을 위한 정치적 선언문과 지속가능 발전을 위한

28_ Donald G. Kaufman, Cecilia M. Franz, *BIOSPHERE 2000*, Kendall/Hunt Publishing Co., pp. 34–36.

이행계획이 채택되었고, 파트너십/이니셔티브 사업이 제안되었다. 참가자는 194개국 정부대표단, 86개 국제기구, NGO 등 4만 여 명이었으며, 한국의 경우도 정부, 민간, 언론 포함 약 400여 명이 참여했다.

본 회의에서는 WSSD에 참가한 각국 대표, 민간단체 및 국제기구 대표들이 주제별 상호 관심사에 대해 토론하였다. 움베키(Mbeki) 남아공 대통령(WSSD 의장)이 참석한 개회식을 시작으로 유엔 사무총장이 제시한 지속가능 발전을 위한 5대 과제(보건, 생물 다양성, 농업, 물/위생, 에너지) 및 다영역 관련 주제(재정 · 무역 · 교육 · 과학) 등 사전에 설정된 6개 주제들이 중점 논의되었다.

WSSD 회의 결과는 다음과 같다.

① **요하네스버그 선언문 채택**(정치적 선언문)

- 향후 각국의 정부정책에서 '지속가능성'을 고려하는 계기가 됨.
- 경제, 사회, 환경을 동시에 고려하는 지속가능 발전에 대한 정치적 의지 재확인.

② **파트너십/이니셔티브 사업 확대**

- 많은 논의가 없었으나 앞으로 유엔사무국에서 계속적으로 제안을 받고 수정하는 것으로 함.

③ **이행계획서 채택**

- 10개 장 153개의 협의문안에 대한 협상을 마치고 9월 4일 채택

이 회의에서 주로 논의되었던 쟁점별 문안협상 결과는 아래와 같다.

① 현재의 이행계획을 실천함에 있어 각국이 공통으로 차별화된 책

임이 있음을 인식하고, 지속가능 발전을 위한 윤리의 중요성과 더불어 '의제 21'의 이행에 있어서도 윤리에 대해 고려해야 할 필요가 있다.

② 빈곤퇴치 : 빈곤퇴치를 위한 세계 연대기금 설립
③ 지속가능하지 못한 소비 · 생산패턴 변경
④ 에너지 분야의 합의
⑤ 자연자원 보전 · 관리에 관한 합의
⑥ 군소 도서국가의 지속가능 발전을 위한 합의
⑦ 이행수단의 합의
⑧ 아프리카의 지속가능 발전을 위한 합의

위와 같은 합의내용들은 과거보다 훨씬 구체화된 내용들을 함축하고 있다. 그러나 교토의정서의 내용에 대한 선진국들의 비준 거부 등을 포함하여 아직도 해결해야 할 문제는 산적해 있다는 것이 전문가들의 평가이다.

(4) '지속가능한 발전'을 위한 환경교육

'의제 21'에는 36장에 교육에 관한 내용들이 상세하게 제시되어 있다. 교육, 홍보 및 훈련은 실제로 '의제 21'의 모든 분야와 관련되어 있으나 특히 기본적인 수요의 충족, 능력형성 자료와 정보, 과학, 주요 그룹의 역할에 관한 내용과 더욱 밀접하게 관련되어 있다. '의제 21'의 지속가능한 발전을 위한 교육의 쇄신방향은 다음과 같다.

1) 교육정책

'의제 21'에 나타난 교육정책의 방향은 정규교육을 포함한 교육, 공공인식 및 훈련은 인간과 사회가 잠재력을 완전하게 발휘할 수 있게 하는 하나의 과정으로 인식되어야 한다는 것을 강조하고 있다. 또한 환경과 개발문제를 해결하는 데 있어서 지속가능한 발전을 촉진시키고 사람의 능력을 향상시키기 위해서는 교육이 매우 중요하다는 것을 강력히 못박고 있다.

또한 정규교육과 비정규교육은 양자가 모두 사람들이 지속가능한 발전에 관심을 가지고 그것에 기여하는 생활태도를 갖도록 변화시키는 데에 필수불가결한 것이라고 지적하고 있다. 이것은 학교의 정규교육 이외의 비정규교육, 즉 가정교육, 사회교육 및 기타의 일반적인 교육도 지속가능한 발전에 필요한 교육들임을 의미한다. 더 나아가 '의제 21'은 교육이 사람들로 하여금 환경과 윤리의식, 가치 및 생활태도, 지속가능한 발전과 일치하는 기술과 행동을 갖도록 하는 데 매우 중요하며, 의사결정 과정에의 효과적인 대중 참여를 위해서도 교육이 매우 중요하다고 지적하고 있다. 특히 환경윤리 교육이 지속가능한 발전을 위해서 그 밑바탕이 될 수 있다는 점을 확인하고 있다.

2) 교육목표

교육목표에서는 각 국가, 지역 및 국제기구는 그들의 수요, 정책 및 계획에 따라서 사업수행을 위한 우선순위와 일정을 밝혀야 된다고 강조하였다. 교육목표에서는 기초 교육을 강조하면서 다음과 같은 구체적인 목표를 제안한다. 소년, 소녀의 최소한 80% 이상에 대해 초등교육을 시키며, 최소한 1990년 수준의 절반 정도로 성인의 문맹률을 감소시키고, 여성들의 부족한 기본 교육을 보완하며 여성들의 교육수준을 남성의 수준까지 끌어올리는 데 노력을 집중한다. 즉 교육수준의 향상 없이는 지속가능한 발전은 이룰 수 없다는 것을 강조한 것으로 파악된다.

3) 정책수단

정책수단에서는 각 국가와 지역 및 국제기구는 그들의 수요, 정책 및 계획에 따라서 사업수행을 위한 우선순위와 일정을 밝혀야 한다는 것을 강조하면서 다음과 같은 정책수단을 제안한다. 모든 국가는 접근이 용이한 정책수단을 활용하여 형평의 촉진, 교육수단 및 교육범위의 확대, 지원정책의 개발, 자원의 동원 등이 잘 이뤄져야 한다. 한편, 이러한 목적을 달성하는 데 장애가 되는 경제 · 사회적 그리고 성적인 차별을 시정하기 위해 국제협의의 강화를 통한 국가적 전략을 마련하고 기초교육 수요에 대응하기 위한 정책을 포함해야 한다.

또한 각국 정부는 앞으로 3년 이내에 모든 단계의 교육에서 공동 해결과제로서 환경과 개발을 조화시키는 데 목표를 둔 전략을 준비하거나 새롭게 보완하도록 매진해야 한다. 우리나라의 경우에는 환경부를 비롯한 많은 정부기관이 있으며, 특별히 대통령 직속으로 지속가능발전위원회를 구성해서 지속가능한 정책의 자문을 맡고 있다.

4) 실행방법

사무국은 1993년부터 2000년까지 이 계획을 실행하는데, 국제사회로부터 양허적 또는 무상으로 지원받는 약 35억 불 내지 45억 불을 포함하여 매년 평균 총 비용이 약 80억 불 내지 90억 불 정도에 이를 것으로 추산하고 있다. 이러한 액수는 대략적인 추산에 불과한 것으로서 각국 정부에 의해 검토된 것은 아니다. 비특혜적인 사항을 포함한 실질적인 비용과 재정지원 조건은 무엇보다 특히 각국 정부가 실행에 옮기기 위해 결정하는 구체적 전략과 계획에 의해 좌우될 것이다. 특수한 상황에 처해 있는 국가에 대해서는 적절한 대책을 통하여 환경과 개발에 관련된 교육, 훈련 및 홍보를 위해 더 많은 지원이 있어야 할 것으로 본다.

한마디로 지속가능한 발전을 위한 교육의 쇄신은 하루아침에 이루어질 수 있는 일이 아니다. 더구나 세계 각국의 사정이 다르고 각각의 투자의 우선순위를 어디에 두느냐에 따라서 각국의 사정은 다를 수 있어서 그 효율성은 누구도 장담하기 쉽지 않다.

6. 환경문제 해결을 위한 탐구

(1) 환경문제 해결의 단계적 모델

환경문제의 연구는 우리에게 환경문제 해결에 대한 미래지향적이고 목표지향적인 방법을 제시하고, 건전한 환경관리를 실천하게 하며, 자연체계가 파괴되는 것을 최소화할 수 있게 한다. 그렇게 하는 것은 바로 우리로 하여금 자연체계와 다른 종(species)들을 보호하는 자연의 관리자의 윤리(stewardship ethic)를 연습하게 하는 것이다.[29)]

일반적으로, 환경문제의 연구는 원천적으로 사회과학의 연구로부터 발달된 문제 해결 모델들에 의하여 추진된다. 이 모델들은 순수한 자연과학적인 방법들과는 다르다. 그 방법들은 인간에 의해 일어난 문제들에서 출발하며, 그 문제에 적절한 인간의 가치관들을 설명하는 방법을 취한다. 따라서 환경문제들은 해결하기가 쉽지 않은 것이다. 그럼에도 불구하고 과학적인 방법과 환경문제 해결 모델들은 두 가지 모두 지속가능한 사회(sustainable society)를 위해서 유용한 것들이다.

환경문제 해결 모델의 5단계는 (1)문제를 확인하고 진단하는 단계, (2)목표들(goals)과 목적들(objectives)을 설정하는 단계, (3)연구의 방법을 고안하고(design) 실시하는(conduct) 단계, (4)대안적인 해결방안을 제안하는 단계(propose alternative solutions), (5)이행하고(implement) 감시하고(monitor), 그리고 선택된 해결방법을 재평가하는 단계이다.[30] 이러한 단계는 환경문제를 해결하기 위한 새로운 모델을 제시할 때에 항상 고려해야 할 과정이라고 생각된다.

인류에게 21세기는 정보, 통신, 생명공학, 환경 등의 신기술의 시대가 될 것 같다. 하루가 다르게 신기술이 대두하지만 또 다른 측면에서는 하나뿐인 지구의 자연환경은 하루가 다르게 파괴되어 가고 있는 것도 사실이다. 환경파괴의 심각성을 인류가 깨닫기 시작한 것이 바로 '브룬트란트 보고서', '리우 선언'이며, '의제 21'의 채택, '지속가능한 발전'의 채택 등인 것이다. 이제 인류는 환경주의와 발전주의 사이에 나타난 명제인 자연보호와 성장의 지혜로운 결합을 만들어내야 할 것이다. 여기에서 우리는 지구적인 차원의 체계적 사고와 생태적인 시각으로 지구를 바

29_ *Ibid.*, pp. 34-36.
30_ *Ibid.*, pp. 34-35.

라볼 수 있어야 한다. 그래야만 우리가 목표로 하고 있는 '지속가능한 발전'을 이룰 수 있는 것이다.

이러한 목표에 부응하기 위해서는 몇 가지 주요 과제가 고려되어야 할 것이다. 첫째, '지속가능한 발전'은 인간의 건전한 번영을 책임져야 하며, 그것과 더불어 인간의 자율성을 확실하게 보장해야 할 것이다. 둘째, 그것은 과거와 현재를 연결해 볼 때, 공동체의 복지를 형성할 수 있는 것이어야 한다. 셋째, 그것은 생태체계(ecosystem)의 생존능력을 보존하고 증진하는 것이어야 한다.

이제는 인류가 이뤄놓은 과학, 기술을 자연생태계와 인간에게 친화적인 방향으로, 그리고 윤리적인 방향으로 유도할 수 있는 균형의 틀을 마련해야 한다. 이러한 노력 중의 하나는 전 세계의 국가와 민족, 이익단체, 개인들이 함께 '지속가능한 발전'을 적극적으로 추진하는 것이다. 세계지속가능발전정상회의(WSSD)와 같은 기구들이 본연의 임무에 충실해야 하며, 그곳에서 제안된 여러 가지 정책들을 국가, 민간기업, 개인 그 누구라도 맡은바 책임을 정말로 잘 수행할 때에 결실을 얻을 것이다.

더욱 중요한 것은 환경윤리학의 올바른 정립이다. 환경윤리학은 좁은 의미의 자연환경 보전만이 아니라 인간의 환경에 대한 인식과 태도 및 자연에 대한 새로운 자세까지를 포함하는 개념이다. 인류 모두가 환경윤리학에 근거한 자연보호사상으로 무장하고, 그것을 완전히 생활화하여 하루하루를 살아갈 수 있어야 한다. 이러한 노력으로 이루어지는 지구사회는 생명의 존엄성이 존중되는 사회일 것이며, 생태효율이 높은 생산 및 소비체계를 구축할 수 있을 것이고, 환경친화적인 생산과 소비를 원활히 하고 있을 것이며, 자율과 책임에 의한 환경보호 실천이 나타날 것이다. 자연과 인간이 공생하는 지구환경을 만드는 일, 그것이 바로

'지속가능한 발전' 을 가능하게 만드는 것이다.

(2) 실천적 생태윤리 교육

일반적으로 도덕교육의 경우 통합적인 접근법은 세 부분으로 구성되어 있다고 볼 수 있다. 즉, 덕을 아는 것(knowing), 느끼는 것(feeling), 그리고 행동하는 것(acting)이다. 리코나(Thomas Lickona)는 효과적인 도덕교육을 위해서는 도덕적으로 아는 것과 느끼는 것, 그리고 행동하는 것이 통합되어야 한다고 주장한다. 나아가서 지난 20여 년간의 가장 중요한 윤리적인 발전은 인격교육과 깊은 관련을 지니고 있다고 지적한다.

아리스토텔레스는 훌륭한 인격을 올바른 교육의 삶이라고 정의하고 다른 사람들과의 관계와 자신과의 관계에서 올바른 교육이 이뤄진다고 보고 있다. 현대 철학자인 노박(Michael Novak)은 인격을 종교적인 전통이나 문학적인 이야기들, 그리고 현인들과 역사적으로 내려오는 상식적인 사람들의 모든 덕들과 조화된 것에서 찾고 있다. 그러나 그 누구도 모든 덕을 소유하고 있지는 못하기에 모든 사람들은 약점을 지니게 된다. 따라서 인격은 도덕적인 앎과 도덕적인 감정과 도덕적인 행동들이 내적으로 관련된 세 부분으로 인식된다.

지속가능한 발전을 위한 생태윤리 교육도 도덕교육의 인식의 틀에서 그 유형을 가져올 수 있다고 본다. 지속가능한 발전을 위한 좋은 인격(good character)은 잘 이뤄진 생태윤리 교육에서 가능하다고 본다. 더 나아가서 효율적인 생태윤리 교육은 학교생활의 모든 영역에서 의도적이며, 능동적이고, 포용적인 접근이 될 수 있다.

리코나(Thomas Lickona)의 좋은 인격 모델(Components of Good Character Model)을 생태윤리 교육의 인식의 틀로서 원용하여 훌륭한 모델을 이끌어낼 수도 있다. 그의 모델을 고려할 때 무엇보다도 먼저 환경윤리에 대한 이해(knowing), 느낌(feeling) 그리고 행동(acting)을 고려한 모델을 구성하는 것이 필요하다.

1) 생태윤리의 필요성에 대한 이해(Knowing the need for the ecosystemic ethics)

① 생태적인 이해(Awareness of Ecosystem) : 일반적으로 환경윤리는 인간과 자연과의 관계를 체계적이고 포괄적으로 설명하는 것이다. 따라서 환경문제의 이해는 우리의 지구를 보존하는 첫걸음이 된다. 일반적으로 모든 연령층으로부터의 환경적인 실패는 바로 환경적인 문맹에 기인한다. 오늘날 환경적인 위기를 안다는 것은 환경윤리 교육에서 정말 중요한 부분이 된다.

② 생태적인 가치를 알기(Knowing ecosystemic values) : 생태적인 가치는 환경정책의 기초 및 정당화와 관련이 깊다. 그것은 인간과 다른 종(species)들 간의 현재와 미래에 관련된 철학, 법률, 경제학 그리고 다른 원리들로부터 함께 협조하게 하며, 보다 현실적인 정책적 문제들(issues)과 기본적인 원리나 가정들과의 관계를 명백히 한다. 생태적인 가치는 지속가능한 미래와 지속가능한 발전, 그리고 지속가능한 사회들의 가치를 포함한다. 생태윤리적 교양은 이들 가치들을 아는 것을 요구한다. 가치를 아는 것은 다양한 상황에서 그것을 적용할 수 있는 방법을 아는 것이다.

③ 전망을 지니기(Perspective-taking) : 전망을 지닌다는 것은 다른 사람들의 견해(viewpoint)를 취할 수 있는 능력을 의미하며, 그들이 보는 것처

럼 어떠한 상황을 볼 수 있고, 그들이 어떻게 생각하고 반응하고 느낄 것인가에 대해 상상할 수 있도록 한다. 그것은 생태적인 판단을 위해 필수적인 것이다.

④ 생태적 추론(Ecosystem's reasoning) : 생태적 추론이란 그것이 생태적이 되는 방법을 이해하는 것과 왜 우리는 생태윤리를 고려해야 하는가에 대한 것들도 포함된다. 어린이들이 생태적 추론을 발전시킨다면, 그들은 유익한 환경적 추론을 익히게 되고, 이를 통해서 그들은 어떠한 일을 하는 것과 그만두는 일에 대해서도 추론할 수 있게 된다.

⑤ 결정하기(Decision-making) : 생태적인 문제에 의하여 개인의 행동방법을 생각하고 결정하게 만든다는 일은 바로 반성적인(reflective) 의사결정의 기술인 것이다.

⑥ 자각(Self-knowledge) : 자각이란 획득하기 가장 어려운 도덕적인 지식으로서 인격적인 발전을 위해서는 꼭 필요한 것이다. 생태적인 사람이 된다는 것은 우리 자신의 행동을 되돌아볼 수 있고, 그것을 비판적으로 판단할 수 있는 능력이 요구되는 일이다.

2) 생태적 감정(Ecosystemic feeling)

인격의 정서적인 부분은 도덕교육에서 가장 덜 연구된 부분 중의 하나이다. 그러나 그것은 매우 중요하다. 정서적인 측면은 지적인 측면과 마찬가지로 생태적인 행동을 위해서 중요하다. 따라서 다음의 정서적 · 생태적인 삶의 내용은 훌륭한 인격을 위한 교육을 할 때에 우리의 관심을 끌게 된다고 할 수 있다.

① 생태적인 양심(Ecosystemic Conscience) : 양심은 두 가지 측면을 지니고 있다. 인지적 측면으로서(a cognitive side) 무엇이 옳은 것인가를 아는

것과 다른 하나는 정서적인 측면으로서 옳은 일을 하도록 의무감을 느끼는 일이다. 개인적으로 생태적인 가치에 전념하게 된다는 것은 발전적인 과정이며, 그 과정은 학생들의 생태윤리 교육에서 가장 중요한 도전 중의 하나라고 볼 수 있다.

② **생태적인 자부심**(Ecosystemic Self-esteem) : 건전한 자부심을 지니게 되면 자신을 높게 평가한다. 연구에 의하면, 높은 자부심을 지닌 어린이들은 낮은 자부심을 가진 어린이들보다 동료들의 압력에 더욱 잘 견뎌내고 자신의 판단에 잘 따를 수 있는 능력을 지니고 있다고 한다. 물론 높은 자존심이 바로 인격을 의미하는 것은 아니다. 교육자로서의 우리들의 도전 중의 하나는 젊은이들이 자연을 보호하고 생태환경을 보호하려는 책임감과 같은 가치와 자신들의 보호능력에 대한 신뢰에 근거한 긍정적인 자부심을 갖게 해주는 것이다.

③ **생태적인 감정이입**(Ecosystemic Empathy) : 감정이입이란 다른 사람의 상황을 동일시하거나 상상적인 경험을 하는 것을 의미한다. 그것은 전망을 취하는 것의 정서적인 측면이다. 환경윤리 교육자로서 우리들의 임무 중의 하나는 자연을 사랑하고 환경을 보호하려는 일반화된 감정이입을 발전시키는 것이다. 역시 우리는 살아 있는 것들에 대한 감정이입이 필요하다.

④ **생태적인 선에 대한 사랑**(Loving the ecosystemic good) : 인격의 최고의 형태는 선에 대해 순전하게 매혹되는 것을 포함한다. 선을 사랑하게 될 때 선을 행하는 것에 대해 기쁨을 느낀다. 여기에서 환경적인 선은 바로 환경을 보호하는 행동이다. 그것은 역시 환경에 관련된 모든 것들을 행동으로 옮기는 것을 의미한다.

⑤ **생태학적인 자기 통제**(Ecosystemic Self-control) : 감정은 이성을 압도

할 수 있다. 이것은 바로 자기 통제가 왜 필요한 도덕적인 덕인가를 설명하는 이유 중의 하나이다. 생태환경적인 통제는 역시 방종을 제어하는데 필요하다.

⑥ **생태적인 겸손**(Ecosystemic Humility) : 겸손은 자기 인식의 효율적인 측면이다. 파괴된 생태환경을 볼 때에 우리 자신들은 굴욕감을 느끼게 된다. 이것은 바로 우리가 생태환경을 보호해야 한다는 것을 의미한다.

3) 생태적 실천(Ecosystemic action)

생태적인 실천은 좀더 확대해 보자면 인격의 서로 다른 두 부분의 결과이다. 만일 어떤 사람들이 생태적인 지식과 정서를 지니고 있다면 그들은 환경에 관하여 옳다고 알고 느끼는 것을 실천에 옮기고 싶을 것이다. 무엇이 사람들을 도덕적으로 행동하도록, 혹은 사람들을 그러한 행동을 지속하도록 하는가 하는 것을 알기 위해서는 인격의 세 가지 측면에 대한 관찰이 필요하다. 그것은 능력(competence), 의지(will), 그리고 습관(habit)이다. 역시 생태윤리 교육에 있어서도 인격의 세 가지 측면에 대한 고려가 필요하다.

① **생태적인 능력**(Ecosystemic Competence) : 생태적인 능력은 효율적인 생태적인 행동을 위해서 생태적인 판단과 감정을 지닐 수 있는 능력이다. 능력은 마찬가지로 다른 생태적인 상황에서도 같은 역할을 하게 한다.

② **생태적인 의지**(Ecosystemic Will) : 생태적인 상황에서의 올바른 선택은 일반적으로 어려운 일이다. 선(good)의 존재는 자유의지에 의한 진실된 행동과 우리 생각에 우리가 해야만 하는 일을 하기 위한 생태적인 에너지를 요구하게 된다. 그것은 이성적인 통제아래 정서(emotion)를 지키기 위한 의지가 필요하다. 의지야말로 생태적인 용기의 핵심이다.

③ **생태적 습관**(Ecosystemic Habit) : 훌륭한 인격을 지닌 사람은 진실하고, 충성스러우며, 용감하고, 친절하며, 공정하고 반대편 방향으로 유혹되지 않는다. 그들은 습관의 힘에 의해서 올바른 행동을 한다. 역시 생태적으로 선한 행동은 그로 하여금 지속가능한 사회를 위한 훌륭한 방어자가 되게 한다. 생명체와 자연을 사랑하는 것은 지속가능한 사회를 위한 좋은 습관이다. 생태적인 좋은 습관은 사람들로 하여금 자연의 보호자가 되게 한다.

효율적인 생태윤리 교육은 환경에 관하여 알고(knowing), 느끼고(feeling), 행동하는 것(acting)이 필요하다. 또한 효율적인 생태윤리 교육은 학교와 가정과 사회가 협동해야 한다. 따라서 효율적인 생태윤리 교육은 복합적인 접근(multiple approach)이 필요하다. 영국이나 미국, 캐나다 등에서 실시하고 있는 환경 캠프(The Environmental Camp)가 보다 효율적인 생태윤리 교육의 예가 될 수 있다고 생각된다. 한마디로 생태윤리 교육은 지속가능한 사회를 위해서는 필수적인 것이며, 자연을 사랑하는 일은 바로 우리들 자신을 사랑하는 것이요, 우리의 미래 세대들을 사랑하는 것이다.

생태윤리학은 인간의 자연에 대한 도덕적인 가치판단을 탐구하는 학문으로서 자정능력(assimilative capacity)을 상실한 지구를 살리기 위한 근원적인 연구라고 할 수 있다. 생태계의 자정능력이란 생태계의 환경에 위해나 변화가 발생할 때 그 변화에 적응하고 균형을 유지하여 영향을 줄일 수 있는 능력이며, 더 나아가 원래의 상태로 회복되어 가는 능력이라고 볼 수 있다. 지구의 생태적 위기를 극복하기 위해서는 그 원인에 대한 정확한 탐구와 이에 대한 대응책이 함께 강구되어야 한다. 이제는 더 이상 인간이 주인이고 자연 및 기타 주변의 모든 생태계는 인간의 목적에 봉사하기 위해 존재한다는 그릇된 시각이 아니라, 인류와 모든 생태계가 함께 공존해야 한다는 열린 사고가 필요한 때이다.

21세기의 과학과 공학의 시대에 살고 있는 우리 인류에게 생태윤리학은 환경파괴에 직면한 인류가 보다 쾌적한 삶을 유지하기 위하여 환경친화적인 규범을 설정하고 그 가능성과 타당성을 탐구하는 윤리학의 한 분야이다. 이를 위해 기왕의 규범윤리학의 이론과 원칙을 확대하여 동물보호, 자연보호, 환경보호의 원칙을 세우고, 더 나아가서 올바른 생태윤리적 의사결정을 위한 환경윤리 교육의 이론적 토대를 만들어 가는 윤리학의 새로운 연구영역으로서 생태철학은 환경윤리의 형이상학적 배후, 자연관 및 세계관, 생태환경 문제의 철학적 전제를 탐구하는 것이라고 할 수 있다.

사실 독일의 오토 키네(Otto Kinne) 박사와 우크라이나의 게나디 폴리카포브(Gennady Polikarpov) 박사가 국제생태윤리학회를 창립한 것이 1998년의 일이니 국제적인 연구의 분위기도 아직은 갈 길이 먼 수준에 있다. 그러나 생태윤리학과 공학윤리와의 만남은 오늘날 21세기의 과학과 공학의 시대에 사는 우리들에게 중요한 의미를 지니고 있다. 생태윤리학은 우리가 공학현장에서 올바르게 생각하고, 느끼며, 올바른 행동을 하도록 하는 데 방향타가 될 수 있으리라 생각한다.

생각해 볼 문제들

1. 공학윤리와 환경윤리와의 관계를 설명해 보자.
2. 생태환경이 우리의 관심을 끄는 이유는 무엇인가?
3. 우리 주변에서 생태적 위기의 증후를 발견해 보자. 이와 관련된 공학인의 책임과 의무는 무엇인가?
4. 공학윤리와 '지속가능한 발전'과의 관계를 설명해 보자.
5. 공학윤리와 생태윤리 교육과의 관계에 대해서는 어떤 설명이 필요할까?

더 읽어야 할 책들

1. 구승회, 『생태철학과 환경윤리』, 동국대학교출판부, 2001.
2. Andrew Light, "The Case for a Practical Pluralism", in Andrew Light and Holmes Rolston III eds., *Environmental Ethics*, Blackwell Philosophy Anthologies, 2003.
3. 이용필 외, 『지구촌 생태계 위기와 환경윤리교육』, 서울대출판부, 2002.
4. Lester W. Milbrath, *Envisioning a Sustainable Society : Learning Our Way Out*, 이태건 · 노병철 · 박지운 역, 『지속가능한 사회』, 인간사랑, 2001.

참고문헌

구승회, 『생태철학과 환경윤리』, 동국대학교출판부, 2001.

______, 『에코필로소피』, 새길, 1995.

______, 『환경윤리와 생태철학』, 동국대학교출판부, 2001.

______, "환경문제의 윤리학적 근거지움 : 환경문제가 왜 윤리학적인 문제인가?" 한국국민윤리학회 편, 『국민윤리연구』, 제36호, 1997.

문정호, "지속가능한 정책발전," 지속가능발전위원회, 2000.

박석환 · 곽동희 · 이태진 · 장관순 · 정문식 · 허우명 공저, 『환경생태학』, 신광문화사, 2002.

이용필 외, 『지구촌 생태계 위기와 환경윤리교육』, 서울대출판부, 2002.

진교훈, 『환경윤리』, 민음사, 1998.

황종환, 『생태윤리학』, 한남대학교출판부, 2001.

Andrew Light, "The Case for a Practical Pluralism," in Andrew Light and Holmes Rolston III eds., *Environmental Ethics*, Blackwell Philosophy Anthologies, 2003.

Donald G. Kaufman, Cecilia M. Franz, *BIOSPHERE 2000*, Kendall/Hunt Publishing Co., 1996.

Douglas H. Strong & Elizabeth S. Rosenfield, "Ethics or Expediency : A Environmental Question," Shrader-Frechette, Kristin S. eds, *Environmental Ethics*, The Boxwood Press, 1981.

Eugene P. Odum, *Fundamentals of Ecology*, second edition, W. B. Saunders Company, 1959.

L. W. Milbrath, *Envisioning a Sustainable Society : Learning Our Way Out*, 이태건 · 노병철 · 박지운 역, 『지속가능한 사회』, 인간사랑, 2001.

Chapter 7

정보사회의 특성과 정보윤리

조일수

우리나라의 정보화 수준은 잘 알려진 것처럼 거의 세계 최고수준이다. 정보통신부와 한국전산원이 발간한 『2006 국가정보화백서』에 따르면, 현재 우리나라의 국가 정보화 지수[1]는 세계 3위이다. 세계 주요 50개국을 조사한 2006년 통계에 의하면 우리나라의 초고속 인터넷 가입자수는 세계 1위, 케이블 TV 가입자수 세계 1위, 인터넷 이용자수 세계 3위이다. 우리나라의 국가 정보화 수준은 1998년까지 22위 정도에 머물렀으나 2004년 7위로 급상승하였고, 2005년에 이어 2006년에도 세계 3위를 유지한 것으로 나타났다. 2006년도 조사에서는 2005년도에 이어 스

1- 한국전산원이 산출하는 '국가정보화지수'는 국가정보화 수준을 가늠하는 핵심 지표 중 하나로 ITU(국제전기통신연합)의 통계를 바탕으로 작성된다. 4개 부문(컴퓨터, 인터넷, 통신, 방송)의 7개 항목(PC보급, 인터넷 이용자, 초고속인터넷 가입자, 전화회선, 이동전화 가입자, TV보급, 케이블TV가입자)의 정보화 지표에 의해 국가정보화지수가 산출된다.

웨덴이 1위를 차지했고 미국(2위), 한국(3위), 스위스(4위), 홍콩(5위)이 그 뒤를 이었다.[2)]

이러한 국가 정보화 지수에서 볼 수 있듯이 이제 우리나라는 명실상부한 'IT강국'으로 성장하였다. 이러한 점은 여러 뉴스 보도에서도 찾아볼 수 있다.[3)] 2006년 4월 뉴욕타임즈(*New York Times*)는 "한국은 세계에서 무선통신이 가장 발전한 나라로, 공상과학소설(SF)에서 나올 법한 일들을 현실로 만들어 가고 있다"고 대대적으로 보도하였다. 또한 미국의 포춘(*Fortune*)지도 '브로드밴드 원더랜드'라는 기획기사 속에서 "한국은 미래 디지털 시대에서 큰 영향력을 발휘하게 될 것이다"라고 지적한 바 있다. 한편, 2005년 11월 WSIS(World Summit of Information Society) 회의에서 발표한 디지털 기회지수(DOI : Digital Opportunity Index)[4)]에서 한국은 미국, 일본, 덴마크 등 총 40개국의 평가대상국 중 1위를 차지하여 또 한 번 세계의 주목을 받았다. 이렇듯 한국은 정보화 분야에 있어서 세계의 주목을 받으며 빠르게 성장하였다.

이처럼 우리나라의 정보화는 아주 빠른 속도로 진행되어 왔으며, 정치, 경제, 교육, 공공 행정, 문화, 군대 등 사회의 전 부문이 컴퓨터 및 정보통신기술을 기반으로 눈부시게 변화하고 있다. 그리하여 우리 사회는

2- 이상의 통계 출처는 한국전산원, 『국가정보화백서 2006』, 서울 : 한국전산원, 2006, pp. 13-19. 『국가정보화백서 2006』은 http://www.nia.or.kr/에서 E-book으로 열람이 가능하다.

3- 이하 보도내용은 한국전산원, 『국가정보화백서 2006 국문 요약본』, 서울 : 한국전산원, 2006, p. 4에서 재인용. 『국가정보화백서 2006 국문 요약본』은 http://www.nia.or.kr/에서 PDF파일 형태로 열람 가능.

4- 정보 인프라 보급, 기회제공, 활용 정도 등 3가지 요소를 종합적으로 분석하여 정보통신발달 정도를 평가.

이른바 '정보사회'로 진입하고 있다. 정보사회는 반도체기술, 정보처리기술, 위성통신기술 등과 같은 정보통신기술이 발전함에 따라 우리 사회에서 정보가 중요한 역할을 차지하고 우리 생활을 편리하게 해주는 사회이다.

정보사회는 우리에게 많은 편리함과 유익함을 가져다 주었지만, 또 한편으로는 정보통신기술의 그릇된 사용으로 말미암은 많은 부작용을 가져다 주었다. 예를 들면, 오늘날 우리 사회에서는 사이버 공간상에서의 음란 및 폭력물, 자살 사이트 등과 같은 반사회적 정보의 유통과 사이버 명예훼손 및 비방, 사이버 성폭력, 개인정보의 오 · 남용, 컴퓨터를 이용한 범죄, 사이버 중독 등이 심각한 사회문제로 대두되어 이에 대한 적극적인 대처가 요구되는 상황이다. 그러나 정부는 정치와 행정 효율을 도모하기 위하여, 시장은 이윤을 창출하기 위하여, 그리고 학생과 시민은 오락 및 여가의 목적으로 급속히 정보화를 추진하다 보니 정보사회에서 정보윤리를 어떻게 보장할 것인지에 대한 사회적 고민과 토론, 그리고 제도의 개발은 미흡한 실정이다. 정보화는 인간적인 삶의 조건을 더욱 풍부히 하고 유복한 삶의 바탕을 마련하기 위해 추진되는 것이다. 그러므로 정보사회에서 인간의 삶의 질을 어떻게 향상시키고 보다 풍요로운 삶과 기본적인 인간의 권리를 어떻게 신장 · 보호할 것인가에 대한 질문은 끊임없이 제기되어야 한다. 이에 본장에서는 사이버 공간 및 정보사회의 특성을 검토해서 정보사회에 대한 이해를 높이는 것과 아울러 정보사회에서 대두될 수 있는 여러 가지 윤리적 문제점들에 대해 검토하고 이에 대한 대안을 모색하려 한다.

1. 사이버 공간의 특성[5)]

우리 사회의 정보화가 급속히 진전됨에 따라 사이버 공간이 가지는 현실 공간에의 영향력 또한 급속히 확대되고 있다. 사실, 사이버 공간은 일찍이 우리가 한번도 경험한 적이 없는 전적으로 낯선 공간이다. 사이버 공간은 물리적 실재가 존재하지 않으면서도 우리의 행위와 사고에 막대한 영향을 주며, 우리의 경험을 재구성하고 있다.

'사이버 공간(cyberspace)'이란 용어는 1984년 그 당시에는 크게 알려져 있지 않았던 소설가인 윌리엄 깁슨(W. Gibson)이 자신의 『뉴로맨서(*Neuromancer*)』라는 공상과학 소설에서 처음으로 사용하였다. 이 소설은 컴퓨터 해커들이 정부를 대신하는 기업들과 보안자료를 놓고 전쟁을 벌이는 내용이다. 이 소설은 유형의 물질적 존재라고는 전혀 없는 컴퓨터 네트워크상의 가상의 무대를 배경으로 전개되는데, 깁슨은 이러한 무대 배경을 사이버 공간이라고 명명하였다. 깁슨의 용어를 대중화시킨 사람은 미국의 전자 프론티어 재단(EFF : Electronic Frontier Foundation)의 창립자 중 한 사람인 발로우(J. F. Barlow)이다.[6)] 그에 의하면, 사이버 공간은 물리적 실재가 비육체적 관계에 의해 대치되어 컴퓨터 스크린 뒤의 가상세계에 형태가 부여된 것이다. 즉 사이버 공간은 물리적 실체가 존재

5– 조일수, "디지털 민주주의 형성을 위한 민주 시민성 연구," 서울대 박사학위논문, 2002, pp. 17–40의 내용을 일부 수정 발췌.

6– Brian D. Loader ed, *The Governance of Cyberspace*, New York : Routledge, 1997, pp. 3–4.

하지 않으면서도 현실 공간에서의 실체들이 가상적으로 존재하는 공간이라는 것이다. 그 이후 사이버 공간에 대한 의미는 여러 가지로 묘사되고 있으나 일반적으로 "장소와 물질에 기반한 현실 세계와는 달리 컴퓨터 네트워크 속에 존재하는 공간 아닌 공간"으로 정의된다.[7)]

사이버 공간은 네트워크로 연결되어 있는 컴퓨터, 네트워크를 통해 전달되는 정보, 네트워크를 사용하는 사람들로 구성된다. 사이버 공간은 기본적인 장치만 갖추어진다면 누구나 언제 어디서나 접속이 가능하다. 즉 시간적 · 공간적 장애에서 자유롭다. 이런 특성 때문에 사이버 공간은 최근 기존의 물리적 공간에서의 인간활동에 대한 대안으로 활용되고 있다. 예를 들어 사이버 교육, 사이버 공동체, 사이버 쇼핑몰 등 현실적 공간을 대체하는 새로운 공간으로 각광을 받고 있다.

사이버 공간의 가장 큰 특성은 말 그대로 무한한 정보의 바다라는 점이다. 우리가 필요로 하는 거의 모든 정보는 사이버 공간 속에 있다고 해도 과언은 아니다. 그러므로 사이버 공간은 거대한 하나의 지적 데이터베이스(DB)라고 할 수 있다. 사이버 공간은 무한한 정보의 보고일 뿐만 아니라, 그 정보들이 특정인이나 특정 집단에 의해 통제되기 어렵다는 점도 주요한 특성 중의 하나이다. 즉 사이버 공간 이용자들은 스스로가 정보의 생산자임과 동시에 소비자이며 자기 정보의 관리자이기도 하다.

또한 사이버 공간은 지금까지의 커뮤니케이션 미디어와는 전혀 다른 새로운 커뮤니케이션의 공간이다. 지금까지 인류가 가졌던 어떠한 커뮤니케이션 매체도 (1) 비동시적이고 (2) 쌍방향적인 방식으로 (3) 시 · 공

7- 김성국, "정보사회의 정치생활 : 시민사회와 민주주의," 정보사회학회 편, 『정보사회의 이해』, 서울 : 나남출판, 1998, p. 157.

간을 초월하여 (4) 익명성이 유지되는 (5) 다수 대 다수의 커뮤니케이션을 가능하게 해주지 못했다. 이러한 사이버 공간에서의 커뮤니케이션은 현실 공간의 커뮤니케이션과는 다른 속성을 지닌다.

현실 공간에서의 커뮤니케이션은 대부분의 경우에 송 · 수신자가 신체적인 만남을 통해 이루어진다. 그러나 사이버 공간에서는 대부분의 커뮤니케이션이 상대방 혹은 상대방의 목소리를 보거나 듣지 않은 채 컴퓨터 모니터에 나타난 문자나 이미지를 통해 이루어진다. 이러한 커뮤니케이션 형태를 컴퓨터 매개 커뮤니케이션(CMCs : Computer Mediated Communications)이라 한다. 컴퓨터 매개 커뮤니케이션이 가지는 익명성이라는 특성에 대해서는 몇 가지 생각해 볼 점이 있다.

현실 공간에서는 사회의 규범과 질서, 혹은 사회적 분위기에 순응하는 사람이더라도 사이버 공간에서는 현실 공간에서 따르던 규범과 도덕을 벗어 던지고 자신의 독자적인 판단에 따라 행위하는 경우가 많다. 현실 공간에서는 사회적 관습과 규범 혹은 사회적 압력이나 분위기에 의해 실행하지 못하던 행위도 사이버 공간에서는 쉽게 그러한 행위를 실행하는 경우가 종종 발생한다. 그리하여 사이버 공간이야말로 가장 자유로운 공간이라고 주장되기도 한다.

이러한 자유로움의 상당부분은 익명성에서 기인한다. 물론 실명으로만 접속을 허용하는 웹사이트가 있기는 하나[8] 대부분의 웹사이트에서는 자신의 실명을 사용하는 대신 ID로 접속하여 정보를 취득 혹은 제공

8- 예를 들어, 동창회 사이트나 정부기관 내에 설치된 진정서 수리를 하는 사이트는 대부분의 경우 실명으로 운영된다. 또한 우리나라에서는 2007년 7월부터 일부 사이트는 '인터넷 실명제' 를 의무적으로 실시해야 한다.

하고 또 다른 익명의 ID 소유자들과 커뮤니케이션하도록 한다. 이러한 익명성은 대면적인 접촉에서는 찾아볼 수 없는 독특한 결과를 초래한다. 익명 사용은 심리적인 안정감을 갖게 한다. 신체상으로 거리를 두고 있는 상태에서 서로 간에 익명을 사용하여 신분이 노출되지 않는다면 상호 간에 친밀감은 상실되는 대신에 안정감을 느낄 수 있다.[9] 익명성으로 인한 인간관계는 기존의 집단이나 사회권력 관계의 변화를 야기하기도 한다. 익명성은 참여자들에게 평등한 지위를 부여한다. 따라서 집단이나 권력자에 대한 동조도 약화된다. 즉 익명성은 사람들로 하여금 집단의 부정적 영향력이나 집단적 의사결정에 있어서 힘 있는 집단 지도자의 무비판적 맹종에서 자유로워질 수 있도록 한다. 또한 실명의 경우라면 불이익을 받을까 두려워 하지 못할 이야기들을 게시판이나 토론실에서 자유롭게 피력할 수도 있다. 이런 의미에서 익명성은 개인적 자유의 확대와 더불어 개인주의를 강화시킨다고 볼 수 있다.

한편, 익명성은 기존의 사회규범이나 역할로부터 이탈하는 결과를 낳기도 한다. 사이버 공간에서 타인에 대한 모욕적 언사(flaming), 위계 무시, 과격한 감정의 분출, 명예훼손 및 중상비방 등이 난무하는 것은 익명성으로 인한 자기 몰두나 자의식의 극단적 형태의 표출로 해석될 수도 있다.[10]

사이버 공간이 가지는 익명성으로 말미암아 많은 문제가 발생하는 것

9– L. M. Harasim, "Network as Social Space," in L. M. Harasim, ed., *Global Network : Computers and International Communication*, 이 건 역, 『글로벌 네트워크』, 서울 : 1997, 전예원.

10– S. Kiesler, J. Siegel, and T. W. McGuire, "Social Aspects of Computer–Mediated Communication," *American Psychologist 39*, 1984.

도 사실이지만, 그럼에도 불구하고 상당수의 사이버 공간 이용자들은 거기에 엄격한 중앙집권적 통제가 가해지거나 익명성이 제거되는 것을 원치 않기도 한다. 그들은 사이버 공간이 번창하는 것은 바로 거기에 중앙집권적 지배권위가 없기 때문이며, 그들은 전통적인 형식의 규제나 익명성의 제거는 오히려 아이디어의 자유로운 흐름을 방해할 것이라고 믿는다.[11] 그리하여 그들은 사이버 공간의 통합을 유지하기 위해 스스로 질서와 규범을 창출하기도 한다. 즉 사이버 공간에서의 상호작용을 통해 사이버 공간 이용자들은 자신들을 스스로 규제할 수 있는 규범이나 질서, 그리고 새로운 위계를 창출해내기도 한다.

위에서 일부 언급한 것처럼 사이버 공간은 또한 국가와 같은 권위체의 중앙집중적 통제나 간섭을 싫어하는 분권적 혹은 무정부주의적 속성을 지니고 있다. 사이버 공간은 국가 간의 경계가 명확하지 않고 자유로이 국경을 넘나드는 통신과 정보 흐름으로 말미암아 특정 정치공동체에 의해 지배되기 어렵다. 이러한 사이버 공간의 분권적 속성은 초기 인터넷의 시작에서부터 찾아볼 수 있다.

인터넷의 모태가 첫 모습을 드러낸 것은 1969년 미국 국방성의 군사 네트워크 프로젝트였던 알파넷(ARPANET)이었다. 당시 미국 국방성은 랜드(RAND)연구소에 핵전쟁에도 살아남을 수 있는 '명령-통신 네트워크'에 대한 연구를 위촉했다. 당시 컴퓨터를 네트워킹하는 방법은 중앙에 통제 컴퓨터를 두고 다른 컴퓨터들을 마치 우산살 모양처럼 중앙 컴퓨터에 연결하는 것이 일반적이었다. 이러한 방법은 중앙 컴퓨터가 다

11– Richard Spinello, 이태건 · 노병철 역, 『사이버 윤리』, 서울 : 인간사랑, 2000, pp. 74–75.

른 모든 컴퓨터들을 관장하는 효율성은 있었지만, 핵전쟁이나 다른 사고에 의해 중앙 컴퓨터가 파괴되면 통신시설 자체가 마비된다는 약점이 있었다. 그리하여 중심이 여러 곳으로 흩어져 존재하는 분산적 네트워크(distributed network)의 구축이 시작되었고, 그 결과물이 바로 알파넷이었다. 알파넷에는 '중심'이라는 개념이 의미가 없으며, 따라서 적의 핵 공격으로 인해 몇 개의 통신선이나 컴퓨터가 파괴되어도 남아 있는 것들을 이용해서 통신이 가능했다.[12)] 이처럼 인터넷은 등장 초기부터 중앙 통제방식을 거부하고 분권적 속성을 지니기 위해 네트워크형 조직, 즉 그물형 조직을 채택했다. 이처럼 사이버 공간은 그 출범 초기부터 분권적 · 무정부적 속성을 지니고 있다고 할 수 있다.

2. 사이버 공간의 발전에 따른 정보사회로의 변화[13)]

사이버 공간이 발전하고 그 활용이 증대함에 따라 현실 공간의 사회도 상당히 변화하고 있다. 우선 사이버 공간이 우리 사회의 정치를 어떻게 변모시킬 것인가를 검토해 보자. 정치란 본래 "누가 무엇을 언제 어떻

12_ 홍성욱, "인터넷은 열린 세상을 만들어낼 것인가?" 홍성욱, 백욱인 편, 『2001 싸이버스페이스 오디쎄이』, 서울 : 창작과 비평사, 2001, pp. 35-37.

13_ 조일수, "디지털 민주주의 형성을 위한 민주 시민성 연구," 서울대 박사학위논문, 2002, pp. 41-79의 내용을 일부 수정 발췌.

게 얻느냐(who gets what, when, how)"[14)]라는 행위로서, 사이버 공간과 정보 통신기술이 정치에 도입되더라도 그 근본은 변할 수 없다는 주장이 있다. 이런 견해에 따르면, 사이버 공간을 활용한 정치는 정치의 액서서리의 변화일 뿐이지 본질적 변화는 아니다.[15)]

그러나 정보사회에서 정치의 기본적 성격은 상당히 변모하리라 예상된다. 비록 "누가 무엇을 언제 어떻게 얻느냐"라는 정치의 근본적인 본질은 변하지 않을지라도 정보사회에서는 구체적으로 '누가', '무엇을' 그리고 '어떻게'가 그 이전의 산업사회에서의 정치와는 완연히 달라질 것이다. 먼저 '무엇을'과 관련하여 생각해 보자. 정보의 생산, 유통 및 소비가 사회의 전 부문을 지배하게 되는 정보사회에서 지배적인 가치는 지식과 정보이다. 그러므로 정보사회에서의 정치는 산업사회에서 재화의 소유와 통제가 정치의 핵심이었던 것처럼 정보와 지식의 배분이 최대의 관심사가 될 것이다. 알렉산더와 팰(C. J. Alexander & L. A. Pal)은 정보의 배분이 정보사회의 정치에서 핵심이 되리라는 예측에서 한 걸음 더 나아가 정보를 통제하는 방식에 따라 정보사회에서의 주요한 세력을 세 가지로 범주화하였다. 그것은 정보를 통제하는 세력, 정보에 대한 통로(pipelines)를 통제하는 세력, 그리고 통로를 통과한 정보를 모니터로 가져와 이용할 수 있게 하는 소프트웨어를 통제하는 세력이다.[16)] 그들은 이 세 범주의 세력들에 의해 정보사회의 정치적 지형이 좌우될 것으로 예상

14- Harold Dwight Lasswell, *Politics : Who Gets What, When, How*, Cleveland : World Pub. Co., 1958.

15- 유광수 · 배득종 외, 『정보화 시대의 민주주의』, 서울 : 나노미디어, 2000, pp. 13-14.

16- C. J. Alexander & L. A. Pal eds., *Digital Democracy*, Ontario : Oxford University Press, 1998, p. 3.

한다.

다음으로 정보사회에서 '누가' '어떻게' 정보를 소유하고 통제하느냐라는 문제를 생각해 보자. 전통적인 정치적 커뮤니케이션 구조에서는 언론, 정부, 정치조직은 대중을 소외한 채 쌍방향적으로 서로 연결된다. 즉 언론은 정부나 정치조직으로부터 정치적 정보를 추출하고, 일방향적인 방송매체를 이용하여 대중에게 정보를 공급한다. 따라서 정치적 정보는 주로 언론에 의존하여 일방향적으로 대중에게 전달된다. 그러나 기존의 정치 커뮤니케이션 구조는 사이버 공간의 활용에 따라 변화된다. 사이버 공간에서는 언론, 정부, 정치조직, 대중 등 모든 정치적 행위자들이 다통로적 커뮤니케이션 구조를 통해서 서로 직접 연결된다. 즉 사이버 공간은 대중, 정치조직, 정부 간에 새로운 연결고리를 창출해내며, 정보의 쌍방향적 흐름이 대중과 언론 사이에 도입된다. 또한 시민에 의한 소규모의 독립적인 방송이 생겨나고 지리적으로 분산되어 있던 개인들이 가상조직을 통해 한데 뭉침에 따라 대중 구성원들 사이에서도 정보의 흐름이 증대된다.

그리하여 과거에는 언론을 매개로 해서 수동적으로만 정치정보를 획득할 수 있었던 시민들이 이제는 사이버 공간을 활용하여 정치조직 그리고 정부로부터 직접 정보를 획득할 수 있다. 그뿐만 아니라 시민들은 정치조직이나 정부에 정보를 직접 입력할 수도 있게 되었다. 달리 말하여 과거에는 시민들이 언론을 통해 매개된 정보만을 얻을 수 있었으나, 사이버 공간이 발전함에 따라 시민들이 이용할 수 있는 정치정보가 양적으로 증가하고, 또한 시민들이 능동적으로 정치정보를 생산 · 수용할 수 있는 환경이 조성되고 있다. 이는 시민들이 정치적 논의 주제를 설정하는 과정과 의제를 심의하는 과정, 그리고 의제에 대한 의사결정 과정에 대한 통제력이 증대됨을 의미한다. 즉 민주주의가 보다 심화될 수 있음을 뜻한다.

한편, 사이버 공간을 활용한 정치가 고대 그리스와 같은 직접민주주의를 고양시킬 것인지, 혹은 근대 산업사회의 대의제 민주주의를 강화할 것인지에 대해서는 상당한 논란이 진행중이다. 뿐만 아니라 사이버 공간은 정치적 권력을 쥐고 있는 이들에 의해서 의사결정 과정이 왜곡되거나 조작될 가능성이 크고 시민에 대한 감시와 통제의 가능성을 확대하기 때문에 정보사회에서의 민주주의는 오히려 역작용이 클 것이라는 비관적인 전망을 하는 사람도 있다. 이러한 논쟁과 관련하여 한 가지 염두에 두어야 할 점은 사이버 공간이 어떤 형태의 민주주의를 출현시키든지 간에, 혹은 민주주의의 미래가 낙관적이든 비관적이든 간에 핵심적인 사항은 사이버 공간 속에서 정치적 활동을 할 시민들의 자질이 중요하다는 점이다. 정보사회에서의 민주주의는 시민들의 의사에 더욱 반응적이 되기 때문에 시민들의 자질이 그 성패를 좌우할 것으로 보인다.

사이버 공간은 정치적 측면뿐만 아니라 경제적 측면에서도 우리 사회를 크게 변모시키고 있다. 오늘날 경제는 사이버 공간의 등장과 발전에 힘입어 '디지털 경제' 혹은 '신경제'라 불리는 새로운 발전양상을 보여주고 있다. 개인 간 혹은 국가 간의 교역은 전통적으로 상호 협력적인 물물교환에 기초했었다. 그러나 정보통신기술의 발달은 이러한 교역을 명목뿐인 체계(tokenized system)로 이동시키고 있다.[17] 즉 오늘날에 이르러 개인 간 혹은 국가 간의 교역은 실제의 화폐가 오고가는 것이 아니라

17– Neil Barrett, *The State of the Cybernation*, London : Kogan Page, 1997, p. 125.

디지털화된 신호가 오고감으로써 교역이 완성되고 있다. 이는 개인의 경제생활에서도 마찬가지로, 사이버 쇼핑몰에서 볼 수 있듯이 상품이나 서비스가 단지 전자적 신호로 매개되고 있다.

디지털 경제에서 기업조직은 관리위계를 수평화하고 있으며, 관리자와 노동자 간의 구분, 생산자와 소비자 간의 구분이 약화되고 있다. 기업들은 자신의 경쟁력을 제고하기 위해 고객과 노동자들에게 경영에의 참여와 협력을 요청하고 있다. 즉 참여정치와 마찬가지로 참여경영이 미래의 물결인 것처럼 보이며, 사이버 공간으로 인한 참여의 확대가 기업 조직 변화의 핵심이다.[18]

한편, 디지털 경제에서 우리가 주목해 보아야 하는 것은 인적 자본, 지식 · 정보재화, 그리고 자본주의 성격 변화에 대한 내용이다. 기존의 주류 경제학에서 생산과정에 투입되는 생산요소는 토지, 자본(생산수단), 노동의 세 가지로 설명된다. 이 토지, 자본, 노동은 모두 경합적[19] 재화이고, 노동자와 분리 가능한(alienable) 것들이다. 이러한 경합적 및 생산수단의 분리 가능성이 바로 생산수단을 소유한 자본가가 노동자를 통제하고 잉여가치[20]를 추출하는 물리적 근거가 된다. 그리하여 전통적인 자본주의 사회에서는 잉여가치를 둘러싼 자본가와 노동자의 이해관계가 대립될 수밖에 없었다. 그리하여 끊임없이 자본가와 노동자 간에 잉

18_ Lawrence K. Grossman, *The Electronic Republic : Reshaping Democracy in America*, New York : Viking Penguin, 1995, p. 154.

19_ 여기서 '경합적'이라는 말의 의미는 한 사람이 소유하면 또 다른 사람은 소유할 수 없다는 것을 뜻한다.

20_ '잉여가치'는 노동자가 생산한 상품의 가치와 노동자에게 지불되는 임금(가치)과의 차이를 뜻한다.

여가치, 즉 재화의 소유와 통제를 두고 이념적 및 물리적 대립과 갈등이 심화되어 왔다. 따라서 산업사회에서의 정치는 이러한 갈등의 양상을 여하히 통제하고 해결할 것인가가 그 핵심이 되어 왔다.

그러나 디지털 경제 하에서는 자본가와 노동자 간의 관계는 새롭게 정립된다. 로머(R. M. Romer)에 의하면, 오늘날의 정보사회에서의 생산 활동에는 노동과 자본이란 재화 이외에 인적 자본과 지식 · 정보라는 두 가지 전혀 다른 성격의 재화가 존재한다.[21] 노동이나 자본 그리고 인적 자본 모두 공유하고 있는 속성은 경합적 재화라는 점이다. 그런데 인적 자본과 강한 상호 보완관계에 놓여 있는 지식 · 정보재화는 노동자와 분리 가능하지만 본질적으로 비경합적 재화라는 특성을 가진다. 따라서 자본가와 노동자 간의 대립과 갈등이 산업사회보다는 완화될 소지가 있다.

한편, 지식 · 정보재화는 그것의 첫 단위를 생산하기가 매우 어렵지만 이를 재생산하기는 매우 쉽다. 즉 첫 단위를 제외하고는 한계생산비용(marginal cost)[22]이 매우 낮다. 지식 · 정보재화가 비경합적 재화이며 한계생산비용이 낮다는 점은 정보사회에서 기업 간의 경쟁이 산업사회보다 격화되리라는 점을 예상케 한다. 즉 산업사회에서 기업을 하려면 기계와 토지라는 고정자본의 투자가 막대하게 요구되기에 자기 자본이 없이는 기업을 이루기가 어려웠던 반면, 정보사회에서는 지식 · 정보재화의 비경합적 속성과 한계생산비용의 저렴으로 말미암아 정보의 생

21– R. M. Romer, "Why, Indeed, in America? Theory, History and the Origin of Modern Economic Growth," *American Economic Review Vol. 86,* No. 2, 1996.

22– '한계생산비용'은 생산물 한 단위를 추가로 생산하는 데 필요한 총비용의 증가분을 의미한다.

산 · 처리 · 가공 능력만 있으면 누구든지 쉽게 기업을 만들 수 있게 되었다. 따라서 정보사회에서는 산업사회보다 더욱 커다란 기업 간 경쟁이 존재할 가능성이 있다.

정보통신기술과 사이버 공간의 급속한 발전은 자본주의를 외적으로 확장시키는 것과 더불어 내부적으로 더욱 심화시켜 사회적 불평등을 더욱 크게 한다는 우려의 시각도 있다. 특히 오늘날의 세계화는 각 국가의 재정과 경제적 흐름이 국제화되는 것을 의미하며, 이에 따라 과거보다 훨씬 더 세계 경제가 통합되어 있어서 국제적 자본주의 체제는 각국의 국내정책 수립에 새로운 제한을 주고 있다.[23] 이러한 경향은 정보통신기술과 사이버 공간의 발달로 인해 더욱 가속화되고 있다. 사이버 공간은 외연적으로 세계의 자본주의 체제를 통합하는 한편, 내부적으로도 오랫동안 상업성과는 일정한 거리를 두었던 가정 내의 오락과 교육까지도 자본주의적 상업성의 논리로 침식하고 있다. 이러한 경향, 즉 사이버 공간과 인터넷을 통해 자본주의가 외연적으로 경계를 확대하는 것과 동시에 국제적인 유기적 연관성을 강화해 나가고 있으며, 또한 직접적으로 자본주의 경제가 사회적 · 문화적 영역에까지 침투하고 있는 것을 '디지털 자본주의'라 부르기도 한다.[24] 디지털 자본주의 시대에 있어서 초국가기업의 지나친 지배와 상업화, 그리고 이로 말미암은 빈부의 격차와 사회적 불평등의 확대는 우려할 만한 수준에 이르고 있다.

23_ Richard B. DuBoff, "Global Something, but It's No Baloney," Manuscript, 1997, p. 1 ; Dan Schiller, *Digital Capitalism : Netwoking the Global Market System*, Cambridge : The MIT Press, 2000, p. xiv에서 재인용.

24_ Dan Schiller, *Digital Capitalism : Netwoking the Global Market System*, Cambridge : The MIT Press, 2000, pp. xiv–xv.

한편, 정보의 유통이 훨씬 자유로워지는 정보사회에서 문화는 사회의 핵심 영역으로 부상한다. 왜냐하면 문화 자체가 정보의 유통에 기반하고 있기 때문이다. 특히 사이버 공간의 등장과 발전은 시민의 문화를 점점 참여의 문화로 변모시키고 있다. 전통적으로 구분되었던 문화의 생산자와 소비자 간의 경계가 약화되어 시민들은 단순한 문화의 수용자에서 문화 생산자의 지위로 변모하고 있다. 예를 들어, 사이버 공간의 문학작품에서는 이어쓰기를 통한 집단창작이 성행한다. 즉 한 사람이 일정 분량의 원고를 집필하면 다음 사람이 그 뒤를 이어 작품을 창작한다. 대중가수들의 콘서트장에서 관객은 단순히 노래나 연주를 듣는 것만이 아니고 노래나 연주에 직접 참여한다. 또한 게임에 있어서도 단순히 주어진 프로그램에 따라 수동적으로 참여하는 게임보다는 여러 사람들이 온라인으로 참여하여 주인공의 캐릭터나 게임 환경을 자신이 직접 창조하는 MMORPG 게임이 성행하고 있다. 이처럼 디지털 문화는 수동적인 문화의 향유보다는 문화에의 능동적 참여를 선호한다.

또한 사이버 공간은 현실 공간에서의 문화권력을 해체시키고 재구성하는 새로운 대안의 공간으로 등장하고 있다. 예를 들어, 사이버 세계에서 문학활동은 신춘문예를 통한 등단이라는 현실 세계의 권위적 제도를 무력화시키고 있다. 또한 '딴지일보'는 정치권력의 차원에서도 함부로 대하지 못했던 ㅇㅇ일보를 조롱하며 당당히 사이버 공간의 대안적인 언론매체로 등장하였으며, 그 이후 많은 사이버 언론매체가 등장하였다.

한편, 정보사회에서 친밀한 대면의 사회적 관계는 사이버 공간을 매개로 하는 익명의 관계로 대치되고 있다. 오늘날 친구 간의 만남은 서로 얼굴을 맞대고 삶의 일상사를 같이하며 희노애락을 나누는 장기간의 교류가 아니라, 사이버 공간에서의 단기적이고 공통의 관심사를 매개로 하는 가벼운 만남으로 변모하고 있다. 개인이 자신의 정체성을 확인하고 그 속에서 삶의 의미를 찾아가는 공동체도 지역과 연고를 기반으로 하는 1차 집단적 공동체보다는 지역과 연고를 벗어나서 단순히 관심사와 이해관계를 같이하는 2차 집단적 공동체 중심으로 재편성되고 있다.

이처럼 사이버 공간의 발전은 사회의 전반적인 문화적 풍토를 변화시킬 뿐만 아니라 시민들의 의식과 가치관도 크게 변화시키고 있다. 정보사회의 시민들은 사회환경의 변화에 상응하여 다원적 가치를 지향한다. 다원적 가치체계 하에서는 어떠한 관념이나 행위도 이단의 이름으로 배제되지 않고 소정의 존재가치가 용인된다. 이같은 개방적 사고경향은 궁극적으로 이질적 요소들 간의 결합을 조장한다.[25] 예를 들어, 전통적 사고방식에서 남녀는 명백히 구분되고 서로 다른 것으로 취급된다. 그러나 남녀 모두를 남성성 및 여성성을 공유하는 존재로서 인식하는 양성적 시각(androgynous perspective)에서는 남녀를 서로 분절적 범주로 간주하지 아니하며, 따라서 동성애도 이성 간의 사랑과 마찬가지로 취급해야 한다고 주장되고, 트랜스젠더도 용인될 수 있다. 정보사회의 시민들은 이러한 다원적 사고, 이질적 요소들의 결합을 용인한다. 그리하여 어린 시절 즐겨 읽는 동화에서의 기존 관념을 뒤집은 '슈렉' 같은 만화영화가 시민들로부터 환영받고, 클래식 가곡과 대중가요가 교차하는 '열린 음악회' 같은 프로그램이 인기를 누린다.

한편, 정보시대의 시민들은 자신들의 권리가 침해당했을 경우에 과거와는 달리 참으려 하지 않는다. 확대된 커뮤니케이션 통로를 활용하여 자

25_ 박명진, "정보격차와 세대차이," 아산사회복지재단사업재단편, 『정보사회와 사회윤리』, 서울 : 아산사회복지재단, 1996, pp. 367-381.

신의 불만을 즉각 동료 시민들에게 전달하고, 부당한 처사의 당사자에게 항의를 표시하려 한다. 또한 정보시대의 소비자들은 가격정보, 품질정보를 쉽게 얻을 수 있고 효과적으로 불만을 표시할 수 있는 통로를 갖게 됨에 따라 소비자의 권리에 민감해졌다. 그리하여 특정 기업체나 제품에 불만이 있을 경우에는 즉각 해당 기업에 불만을 표하거나 사이버 공간상에서 동료 시민들을 규합하여 안티 사이트를 개설하곤 한다. 이에 따라 기업체들은 더욱 더 소비자들의 목소리에 귀를 기울이지 않을 수 없게 되었다. 이처럼 사이버 공간에서 시민들은 점점 자신의 권리에 민감하게 되고, 자신의 권리를 유지하고 보장받기 위해 더욱 더 참여의식을 지니게 되었다.

3. 정보윤리의 기본 원리

위에서 본 것처럼 사이버 공간의 발전은 과거 우리가 경험하지 못한 새로운 세계로 우리를 이끌며, 우리 사회의 모습을 급격하게 변모시키고 있다. 그것은 우리에게 많은 편리함과 유익함을 가져다 주었지만 또 한편으로는 많은 부작용을 가져다 주었다. 우리가 정보사회에서 인간다운 삶을 영위하기 위해서는 예상되는 부작용들을 최대한 빠른 시일 내에 극복할 수 있어야 한다. 그 중 가장 시급한 것은 정보사회의 윤리적 문제점들을 극복하기 위해 정보윤리를 확립하는 것이다.

정보윤리는 정보사회에서 우리가 어떻게 살아야 하는지를 알려주는 규범이다. 따라서 정보윤리는 지금까지 규범윤리학 분야에서 널리 인정되어 왔던 원리나 원칙들을 사이버 공간의 행위지침으로 적용하는 작업과 관련된다. 물론 사이버 공간과 현실 공간의 속성이 다르기 때문에 현실 공간을 규제하던 도덕적 원리나 원칙을 그대로 사이버 공간에 적용하여 정보윤리의 기본 원리나 원칙으로 삼을 수는 없다. 그러므로 현실 공간의 도덕적 원리나 원칙을 적절하게 수정하고 변형할 필요가 있다.

미국의 정보윤리학자인 스피넬로(R. Spinello)는 정보사회에서의 삶의 지침으로 권장될 수 있는 일반적인 도덕적 원리들로서 자율성, 해악금지, 선행, 그리고 정의를 제시하고 있다.[26] 또 다른 미국의 윤리학자인 세버슨(R. Severson)은 정보사회에서 우리가 올바른 판단을 내리는 데 도움이 되는 원리로서 지적 재산권 존중, 프라이버시 존중, 공정한 표시, 해악금지 등을 제시하고 있다.[27] 이러한 논의를 종합하여 정보윤리의 기본 원리를 제시하면 다음과 같다.

첫째는 자율성의 원리이다. 칸트를 비롯한 여러 철학자들은 일관되게 사람의 사람다움을 규정하는 요소는 사람이 지니고 있는 자율의 능력 또는 자결의 능력이라고 주장해 왔다. 그들에 의하면 합리적인 사람이라면 누구나 핵심이 되는 도덕적 능력 두 가지를 지니고 있는데, 그것은 (1) 사람은 누구나 자신이 지닌 훌륭한 삶의 이상을 추구하기 위하여 합리적 계획을 수립하고 그것을 수정해 나갈 수 있는 능력을 소유하고 있으며, (2) 다른 사람이 지니고 있는 동일한 자기 결정 능력을 존중할

26– Richard Spinello, 이태건 · 노병철 역, 『사이버 윤리』, 서울 : 인간사랑, 2000, pp. 64–69.

27– Richard J. Severson, 추병완 · 류지한 역, 『정보윤리학의 기본원리』, 서울 : 철학과 현실사, 2000, p. 35.

수 있는 능력 또한 소유하고 있다는 점이다. 이러한 자율성은 도덕적 책임의 필요조건일 뿐만 아니라, 개인들은 이 자율성의 행사를 통하여 스스로가 지니고 있는 최선의 삶의 이상에 따라 자기 운명을 개척해 나가기도 하는 것이다.[28] 또한 누군가가 자율성을 박탈당할 때 그의 계획은 방해를 받게 되는 동시에 자신이 당연히 받아야 할 대우를 받지 못하게 되는 것이다. 그러므로 우리는 자신의 자율성과 더불어 타인의 자율성을 존중하려는 자세를 지녀야 한다.

두 번째는 책임의 원리이다. 책임의 원리는 자율성의 원리에 따른 당연한 논리적 귀결로서, 소극적으로는 자신의 행위결과는 자신이 감수한다는 뜻이며, 적극적으로는 자기에게 주어진 일을 다하는 것을 의미한다. 사이버 공간의 주요한 특성 중의 하나가 익명성임을 고려해 볼 때, 책임의 원리는 정보사회에서 더욱 강조되어야 할 원리임에 틀림없다. 그러므로 정보사회에서는 어떤 행동을 하기 전에 나의 행동이 다른 사람에게 어떠한 영향을 미치게 될 것인지, 그리고 그 결과를 내가 충분히 감당할 수 있을 것인지에 대해 신중하게 생각해 본 다음에 행동하는 것이 바람직하다.

세 번째는 존중의 원리이다. 존중의 원리도 또한 자율성의 원리에 따라 파생되는 것으로서, 사람이나 사물이 지닌 고귀한 가치에 대해서 경의를 표하는 것을 뜻한다. 존중의 원리는 자기 자신에 대한 존중과 다른 사람 및 사물에 대한 존중으로 나누어 생각해 볼 수 있다. 먼저 자신에 대한 존중은 자신의 생명과 몸 그리고 자신의 삶의 목적과 이상을 소중

28- Richard Spinello, 이태건 · 노병철 역, 『사이버 윤리』, 서울 : 인간사랑, 2000, p. 65.

한 것으로 대우할 것을 요구한다. 그러므로 우리는 정보사회에서 자기 자신에 대한 신체적 · 정신적 학대, 즉 고귀한 삶의 목적과 이상을 잃은 행동 혹은 각종 사이버 중독이나 사이버 폐인과 같은 삶을 삼가야 할 것이다. 존중은 더 나아가 다른 사람과 사물에 대한 존중을 의미한다. 특히, 다른 사람의 지적 재산권, 인격이나 사생활, 다양성 등을 인정하고 존중하는 것을 의미한다. 이것은 또한 다른 사람의 자율성에 대한 존중으로서 다른 사람을 나 자신과 같이 똑같이 소중한 사람으로 대우할 것을 요구한다. 사이버 공간은 비대면적 공간이라는 특성상 다른 사람에 대해 의식하지 않고 행동하게 되는 경우가 많다. 그러므로 사이버 공간에서는 타인에 대한 존중의 원리가 절대적으로 필요하다.

네 번째로는 정의의 원리이다. 무엇이 정의인가에 대해서는 다양한 견해들이 존재하기 때문에 한마디로 정의를 규정하기는 어렵다. 그럼에도 불구하고 '동일한 것은 동일하게 취급하고 다른 것은 다르게 취급한다' 는 정의에 대한 형식적 규정은 대부분의 사람들로부터 공감을 얻고 있다. 즉 정의는 공정한 대우와 불편부당성을 핵심으로 한다고 할 수 있다. 정보사회에서 우리는 정의의 원리에 따라서 공정하게 정보를 교환해야 하고, 정보사회의 혜택이 모든 사람에게 공정하게 돌아갈 수 있도록 해야 하며, 타인의 권리도 공정하게 나의 그것과 똑같은 것으로 취급해 주어야 한다.

다섯 번째는 해악금지의 원리이다. 해악금지란 남에게 피해를 주지 않는 것을 뜻한다. 이 원리에 따르면, 정보사회에서 우리는 가능한 한 다른 사람에게 해악을 끼치거나 상해를 입히는 일을 피해야 한다. 사이버 공간에서 다른 사람을 비방하거나 욕설을 하는 등의 언어폭력을 행사하는 것, 크래킹을 하거나 바이러스를 퍼뜨리는 것과 같은 행동은 남에게 해로움을 주는 것이므로 마땅히 해서는 안 되는 것이다.

여섯 번째는 선행의 원리이다. 선행의 원리는 다른 사람의 복지를 증진시킬 수 있는 방식으로 행동해야 함을 의미한다. 해악금지의 원리가 소극적이라면 선행의 원리는 적극적이라 할 수 있다. 즉 해악금지의 원리가 남에게 해를 끼치지 말라는 최소한의 도덕인 데 반해, 선행의 원리는 다른 사람에게 도움을 주어야 한다는 최대한의 도덕원리라 할 수 있다. 그런데 '당위는 능력을 함축한다'는 명제처럼 선행의 원리는 다른 사람의 복지를 증진시킬 수 있는 능력이 있을 때 실천할 수 있는 것이다. 즉 누군가가 도움을 절실하게 필요로 하며, 우리가 그러한 상황을 알고 있으며 그에게 도움을 줄 수 있는 능력이 있을 때 우리는 다른 사람에게 도움을 줘야 한다. 정보사회는 우리가 해악금지의 원리를 넘어서서 다른 사람에게 도움과 이로움을 주기 위해 노력할 때 더욱 살기 좋은 사회가 될 수 있을 것이다.

4. 사이버 공간 규제방안

우리가 사이버 공간에서 앞서 언급한 여섯 가지 원리에 의거하여 행동한다면 정보사회의 윤리적 문제들은 거의 발생하지 않을 것이다. 그러나 문제는 도덕적 원리의 구속력이 아직까지는 그리 강하지 못하다는 점이다. 그러므로 정보사회의 윤리적 문제들을 해결하기 위해서는 정보윤리 이외의 다른 제도적 혹은 기술적 측면에도 의존할 필요가 있다.

미국 하버드 대학의 레시그(L. Lessig) 교수는 사이버 공간에서 인간의 행동을 제한하는 요소를 4가지 제시했다. 그것은 법, 시장, 기술(암호), 자율(규범)이다.[29] 그에 의하면 법은 어떤 행동을 지시하거나 금지함으로써, 그리고 위반자들에 대해서 여러 가지 제재를 가함으로써 사이버 공간에서 인간의 행동을 규제한다. 예를 들어, 우리나라에서는 정보통신망 이용 촉진 및 정보보호 등에 관한 법률, 정보통신기반 보호법, 저작권법, 특허법, 청소년 보호법 등과 같은 많은 법률들이 사이버 공간에서 우리의 행동을 규제하고 있다. 그러나 인간의 모든 행위를 법으로 규제하기 힘들다는 점과 법망을 교묘히 빠져나가는 행위가 있다는 점에서 법은 사이버 공간에서 인간의 행동을 규제하기에 충분한 제도적 장치가 되지 못한다. 더욱이 사이버 공간이 무경계성, 무국적성의 특성을 가졌다는 점을 고려한다면 특정 국가의 법률로서 사이버 공간을 규제한다는 것은 더욱 기대하기 힘들다. 한편, 사이버 공간만을 대상으로 하는 특정한 법이 필요한가의 여부와 현실 세계에서 적용되고 있는 법이 약간의 조정과 섬세한 조율을 거쳐 사이버 공간에서도 적용될 수 있는가의 여부에 관하여서는 활발한 논의가 벌어지고 있다.

시장도 여러 가지 방법으로 사이버 공간에서 우리의 행동을 규제한다. 예를 들어 특정 웹사이트가 유료화됨으로써 우리의 접속을 제한하기도 한다. 또한 광고가 어떤 인기 웹사이트에 몰림으로써 그 사이트들로 하여금 서비스를 향상시킬 수 있게 한다거나 인터넷 서비스 제공자들(ISPs)의 가격조정 방침이 인터넷에의 접속률을 결정하기도 한다는 사실

29- Richard A. Spinello, & Herman T. Tavani, *Readings in CyberEthics*, Sudbury : MA, Jones and Bartlett Publishers, 2001, pp. 124–134.

은 시장 메커니즘에 의해서도 우리의 행동이 제약될 수 있음을 보여준다. 한편, 시장의 제약이 현실 공간에서 작동하는 양상과는 달리 사이버 공간에서는 상이하게 작동하는 경우가 자주 있다는 사실에 주목할 필요도 있다. 예를 들어, 사이버 공간에서의 음란물 배포는 현실 공간에서보다 훨씬 용이하고 비용이 저렴하기 때문에 사이버 공간에서의 음란물 공급이 계속 늘어나고 있다. 그러므로 시장 메커니즘을 활용하여 사이버 공간에서 우리의 행동을 적절하게 규제하는 것도 필요하다. 그러나 지나치게 시장규제에 의존하는 것은 인간의 자유와 가치를 금전과 교환한다는 점에서 의문의 여지가 남아 있다.

소프트웨어 코드, 즉 인터넷에서 사용되는 프로그램과 약정들 또한 우리의 행동을 통제한다. 이들 프로그램들은 흔히 '사이버 공간의 장치들(architectures of cyberspace)'이라고 불리기도 한다. 예를 들어, 암호(code)는 사용자 이름(username)과 비밀번호(password)를 요구함으로써 특정 웹사이트에의 접속을 제한한다. 최근 들어 음란물이나 스팸 차단 프로그램과 같은 특정한 소프트웨어는 사이버 공간에서 우리의 행동을 아주 효과적으로 제한할 수 있음을 잘 보여주고 있다.

사실 정보사회에서는 법보다도 소프트웨어 기술이 우리를 더욱 많이 규제할 가능성이 있다. 레시그도 또한 "장기적으로 볼 때, 프로그래머들에 의하여 만들어진 족쇄는 우리를 훨씬 더 많이 그리고 철저히 제약할 수 있다"고 주장한다.[30] 기술이나 암호가 공공의 법보다 더 강력히 우리를 구속할 수 있다는 생각은 의미심장하다. 법의 대용물로서 기술이나

30- Richard Spinello, 이태건 · 노병철 역, 『사이버 윤리』, 서울 : 인간사랑, 2000, pp. 34-35.

암호를 사용하는 것은 법에 의하여 보호된 공공선이나 도덕적 가치가 암호 개발자나 사용자에 의해 무시될 수도 있음을 시사한다. 더구나 정부가 직접 기술이나 암호를 보다 강력한 통제력을 지닌 것으로 만들기 위하여 사이버 공간 통제장치의 개발에 적극적으로 나설 수도 있다. 이를 테면 정부는 모든 인터넷 상거래를 추적할 수 있는 장치의 개발을 주도함으로써 사이버 공간에서의 모든 거래를 감독하거나 감시할 수 있는 능력을 지닐 수도 있다. 사설기관에 의한 것이건 공공기관에 의한 것이건 사이버 공간에 대한 통제장치는 향후 엄청난 규제능력을 지니게 될 것이다.

마지막으로 사이버 공간에서 우리의 행동을 규제하는 것은 인터넷 예절과 사회관습을 포함한 자율적 규범이 있다. 앞서 언급한 정보윤리의 기본 원리들이 그 예가 될 수 있을 것이다. 사실 자율적 규범으로 사이버 공간에서 인간의 행동을 규제할 수 있다면 사이버 공간은 외부의 힘에 의존하지 않으면서도 자율적 질서가 형성되는 이상적인 공간이 될 수 있다. 그러나 자율적 규범은 그 실효성에서 의문이 제기된다.

이상의 논의들을 종합해 볼 때, 사이버 공간에서 인간의 행동을 보다 도덕적인 행위로 이끌기 위해서는 정보윤리의 확립과 더불어 여타의 제도적 및 기술적 처방도 필요하다. 달리 말하여, 정보사회에서 발생하는 많은 윤리적 문제들을 해결하기 위해서는 정보윤리에 대한 지속적 교육과 더불어 제도적 및 기술적 대응을 포함한 복합적 처방이 필요하다. 예를 들어, 사이버 공간에서의 음란물 범람에 대해 생각해 보자. 이 문제를 해결하기 위해 가장 이상적인 방법은 사이버 공간에서 활동하는 모든 사람들이 철저하게 정보윤리의 기본 원리에 의거해서 행동하는 것이다. 그러나 이것은 현실적으로 상당히 기대하기 힘들다. 그러므로 무분별하게 음란물을 생산하고 유통하는 사람에게는 적절한 법적 규제를 가하는 것도 필요하며, 또 다른 한편으로는 보다 효과적인 사용자 기반 음란물 차단 프로그램의 개발과 보급을 통해 음란물에 대한 접속을 제한하는 것과 같은 기술적 처방도 필요하다. 이러한 복합적 처방을 통해서 음란물 유통의 범람을 제한할 수 있을 것이다.

5. 사이버 공간에서의 윤리적 쟁점

정보사회에서 발생하는 현상들은 그 가치판단이 명확하게 이루어질 수 있는 문제도 있지만, 또 다른 한편으로는 그 선 · 악이 분명하지 않아 논쟁이 벌어지고 있는 문제들도 있다. 예를 들어, 컴퓨터를 이용한 범죄나 바이러스 유포, 혹은 근거 없이 다른 사람을 중상모략 혹은 비방하는 것은 명백하게 도덕적으로 그릇된 행위이다. 그러나 몇 년 전에 우리나라에서 발생한 부부 미술 교사의 누드 사진 인터넷 게재와 같은 행위는 그 도덕적 가치가 명백하지 않다. 이 절에서는 오늘날의 정보사회에서 논란이 되고 있는 주요 정보윤리 관련 쟁점 사항을 2가지만 간략히 검토해 보고 이에 대한 자신의 입장을 정리해 볼 수 있는 기회를 갖도록 하자.

(1) 표현의 자유와 게재물 통제

사이버 공간은 우리에게 표현의 자유를 향유할 기회를 크게 증대시켜 주었다. 사이버 공간을 통하여 우리는 누구나 뉴스를 전파하거나 상업적 제품을 광고하거나 흥미거리를 전파하는 '도시의 외침자'가 될 수 있다.[31] 사실 사상 · 표현의 자유는 우리의 삶에서 매우 중요하다. 사상의 자유는 인간의 내심에 들어 있는 세계관, 인생관, 정치적 신조의 자유이다. 이러한 사상이 내심에 머무르지 않고 외부에 표현될 때 표현의 자유나 언론 · 출판 · 집회 · 결사의 자유로 나타난다. 이처럼 사상 및 표현의 자유는 인간다운 삶을 유지하는 데 있어서 가장 핵심적으로 충족되어야 하는 것이라 할 수 있다. 그리하여 미국 수정헌법은 종교 · 언론 및 출판의 자유, 집회 및 청원의 권리 등 표현의 자유와 관련된 사항을 제1조로 규정하고 있다.

한편 사이버 공간에서 통용되는 법칙 중의 하나로 메트 칼프(Met Calfe)의 법칙이 있다. 이 법칙은 한 네트워크가 가지는 가치는 그 네트워크에 연결된 노드 수의 제곱에 비례한다는 것이다. 이러한 네트워크 효과가 발생하려면 연결된 노드들은 각기 다른 특색을 가져야 한다. 만약 비슷한 유형의 노드들만이 연결되어 있다면 네트워크 효과는 발휘되지 않을 것이다. 그러므로 사이버 공간이 정보의 보고로서의 가치를 가지기 위해서는 서로 다른 다양한 정보들이 각기 각양의 형태로 표현되어 있어야

31– Richard A. Spinello, & Herman T. Tavani, *Readings in CyberEthics*, Sudbury : MA, Jones and Bartlett Publishers, 2001, p. 105.

한다. 그러기 위해서는 사이버 공간에서는 표현의 자유가 충분히 보장되어야 한다.

사이버 공간은 표현의 자유가 구가될 수 있는 곳이긴 하나 모든 표현이 도덕적으로 허용 가능한가라는 문제와 관련하여 논쟁의 여지가 있는 곳이기도 하다. 예를 들어, 흑인을 비하하거나 동성애를 비하 혹은 찬양하는 발언은 표현의 자유로 허용되어야 하는가, 또는 여성에 대한 폭력적 표현은 표현의 자유인가 언어폭력인가? 또한 특정인의 누드 표현은 외설로 규제되어야 하는가 혹은 표현의 자유로 허용되어야 하는가? 실제로 우리나라에서도 표현의 자유와 게재물 통제와 관련하여 논쟁이 벌어지기도 하였다. 예를 들어, 정신과 의사가 개설한 자살 방지 웹사이트가 자살자들이 자살을 공모하는 게시판으로 이용되면서 이 사이트의 폐쇄 여부에 대한 논쟁이 벌어지기도 하였다. 또한 고등학생들에 의한 자기 학교 선생님 평가 사이트, 미술 교사의 부부 누드 사진 게재 사이트, 급진적인 정치적 견해를 담은 게시판 등의 폐쇄 여부를 두고 논란이 벌어지기도 하였다. 향후 사이버 공간에서는 표현의 자유에 대한 보장과 사회적 공익과 도덕을 저해하는 게재물에 대한 통제 사이에 적절한 균형을 모색하는 방안이 강구되어야 할 것이다.

(2) 지적 재산권 보장 정도

재산권은 자신의 재산을 타인으로부터 차단하고 자신의 의도대로 이용하여 이로부터 이득을 창출해내거나 양도할 수 있는 권리를 의미한다.[32] 이러한 재산권은 자신의 노력에 의해 창출된 재산은 자신이 소유하는 것이 정당하다는 정의의 원리, 재산권이 보장됨으로써 경제적 효율성을 도모할 수 있다는 이유, 재산권이 보장됨으로써 정치적 자유도 또한 보장될 수 있다는 원리 등에 의해 정당화되기도 한다. 한편, 지적 재산은 유형의 재화보다는 특정 개념 · 지식 · 정보에 대한 권리로서 비영화(Non zero-some) 게임적 속성과 접근의 한계비용이 경미하다는 점, 그리고 비경합적으로 이용할 수 있다는 특성을 가진다.

사이버 공간에서도 지적 재산권은 인정되고 있다. 예를 들어, 웹사이트에 대한 지적 재산권도 인정된다. 그리하여 사이버 공간의 지적 재산 생산자는 자신의 지적 재산에 대해 스스로 정한 방법으로 관리할 수 있다. 예를 들자면, 사이버 공간에서 특정한 정보를 게재한 사람은 승인체계(trusted system, 승인을 받은 사람만이 자신이 생산한 정보에 접근할 수 있도록 하는 것) 프로그램을 활용하여 자신이 생산한 디지털 정보 이용에 대한 규칙을 스스로 정할 수 있다. 그렇다고 하더라도 사이버 공간에서는 많은 지적 재산 관련 논쟁이 발생하고 있다. 예를 들자면, 도메인 이름의 소유문제, 심층연결(deep linking)의 문제, 창만들기(framing)의 문제, 메타태그(Mete-Tag)의 문제 등이 있다.

이러한 문제들과 아울러 정보사회에서 지적 재산권과 관련하여 가장 논쟁의 대상이 되는 것은 카피 라이트(copy-right)와 카피 레프트(copy-left)의 문제이다. 특히 컴퓨터 소프트웨어에 대한 지적 재산권을 강력히 인정하려는 카피 라이트의 주장과 소프트웨어의 원천코드(source code)를 공개하고 그것에 대한 지적 재산권을 제한하려는 카피 레프트의 주

32- Richard Spinello, 이태건 · 노병철 역, 『사이버 윤리』, 서울 : 인간사랑, 2000, pp. 163-166.

장은 오늘날 커다란 논쟁을 불러일으키고 있다.

한편, 해킹과 크랙킹을 구분하고 해킹에 대해서는 일정 정도 용인해야 한다는 주장도 상당한 논란을 불러일으키고 있다. 해킹(hacking)은 승인을 받지 않거나 승인된 이상으로 컴퓨터 시스템이나 정보에 접근하는 행위를 의미한다. 반면에 크래킹(cracking)은 승인을 받지 않거나 승인된 이상으로 컴퓨터 시스템이나 정보에 접근하여 컴퓨터 시스템이나 정보를 도용 혹은 변형하는 경우를 의미한다. 크래킹이 도덕적으로 비난받을 만하다는 점에는 거의 모든 사람들이 동의할 수 있다. 한편, 해킹에 대해 관대한 사람들은 해킹이 실질적으로 컴퓨터 시스템이나 정보에 해를 끼치는 것이 없으므로 도덕적 비난의 대상이 될 수 없다고 주장한다. 오히려 해킹을 통해 특정 시스템이 안고 있는 보안상의 취약점이 드러나므로 그 시스템의 약점을 보완하는 데 도움을 줄 수 있으며, 더 나아가 이것은 정보기술이 발전하는 데에 커다란 기여를 할 수 있다고 주장한다. 이러한 정보사회에서의 윤리적 쟁점들은 향후 지속적인 논쟁을 사회적 합의를 모색하고 이를 통해 하나씩 해결해 나가야 할 것이다.

생각해 볼 문제들

1. 2007년 7월부터 우리나라는 제한적인 '인터넷 실명제'를 실시한다. 우리나라에서 시행되는 이 제도의 시행방안에 대해 조사해 보고, 이 제도의 시행에 대한 자신의 찬·반 여부 및 그 근거를 제시해 보자.
2. 사이버 공간에서 불건전한 정보의 유통을 막기 위한 방법은 불건전한 정보의 생산 자체를 제한하는 방법과 불건전한 정보가 정보 수용자에게 도달되지 못하도록 제한하는 방법이 있다. 인터넷 실명제가 전자의 대표적 방법이라면 후자의 대표적 방법으로는 인터넷 내용 등급제 및 차단 소프트웨어의 사용이라 할 수 있다. 우리나라에서는 2001년부터 청소년 유해 매체물에 대한 인터넷 내용 등급제를 일부 시행하고 있다. 인터넷 내용 등급제와 차단 소프트웨어의 사용을 확대하면 정보 수용자의 의사에 따라 불건전한 정보가 자신의 단말 컴퓨터에 도달하는 것을 통제할 수 있다. 이러한 제도의 확대 시행에 대한 자신의 견해를 정리해 보자.
3. 컴퓨터 소트트웨어에 대한 copy rights의 주장과 copy lefts의 주장을 조사해 보고, 자신은 어느 쪽 입장에 설 것인지를 생각해 보자.
4. 영화 「마이너리티 리포트」나 「매트릭스」를 보고 미래 정보사회의 모습이 어떨 것인지 상상해 보자. 특히 미래 정보사회가 낙관적일 것인지 혹은 비관적일 것인지에 대해 자신의 생각을 정리해 보자.

더 읽어야 할 책들

1. Richard Spinello, 이태건·노병철 역, 『사이버 윤리』, 서울 : 인간사랑, 2000.
2. R. J. Severson, 추병완·유지환 역, 『정보윤리학의 기본원리』, 서울 : 철학과 현실사, 2000.
3. 홍성욱·백욱인 편, 『2001 싸이버스페이스 오디쎄이』, 서울 : 창작과비평사, 2001.

참고문헌

아산사회복지재단사업재단 편, 『정보사회와 사회윤리』, 서울 : 아산사회복지재단, 1996.

유광수 · 배득종 외, 『정보화 시대의 민주주의』, 서울 : 나노미디어, 2000.

정보사회학회 편, 『정보사회의 이해』, 서울 : 나남출판, 1998.

조일수, "디지털 민주주의 형성을 위한 민주 시민성 연구," 서울대 박사학위논문, 2002.

한국전산원, 『국가 정보화백서 2006』, 서울 : 한국전산원, 2006.

홍성욱 · 백욱인 편, 『2001 싸이버스페이스 오디쎄이』, 서울 : 창작과 비평사, 2001.

Brian D. Loader, ed., *The Governance of Cyberspace*, New York : Routledge, 1997.

C. J. Alexander & L. A. Pal, eds., *Digital Democracy*, Ontario : Oxford University Press, 1998.

Dan Schiller, *Digital Capitalism : Networking the Global Market System*, Cambridge : The MIT Press, 2000.

Harold Dwight Lasswell, *Politics : Who Gets What, When, How*, Cleveland : World Pub. Co., 1958.

L. M. Harasim, ed., *Global Network : Computers and International Communication*, 이건 역, 『글로벌 네트워크』, 서울 : 1997, 전예원.

Lawrence K. Grossman, *The Electronic Republic : Reshaping Democracy in America*, New York : Viking Penguin, 1995.

Neil Barrett, *The State of the Cybernation*, London : Kogan Page, 1997.

R. M. Romer, "Why, Indeed, in America? Theory, History and the Origin of Modern Economic Growth," *American Economic Review Vol. 86*, No. 2, 1996.

Richard A. Spinello, & Herman T. Tavani, *Readings in Cyber Ethics*, Sudbury : MA,

Jones and Bartlett Publishers, 2001.

Richard J. Severson, 추병완 · 류지한 역, 『정보윤리학의 기본원리』, 서울 : 철학과 현실사, 2000.

Richard Spinello, 이태건 · 노병철 역, 『사이버 윤리』, 서울 : 인간사랑, 2000.

S. Kiesler, J. Siegel, and T. W. McGuire, "Social Aspects of Computer-Mediated Communication," *American Psychologist 39*, 1984.

Chapter 8

현대 사회와 기업윤리

김대용

1. 자본주의와 기업

현대 사회는 대중사회, 소비사회, 탈산업사회, 정보사회, 포스트모던 사회 등으로 매우 다양하게 불리고 있으며, 이와 같은 다양한 명칭은 현대 사회의 특성을 어떤 관점에서 보느냐에 따른 것이다. 현대 사회를 특징짓는 성격들이 매우 다양한 것은 분명하지만 현대 사회를 고찰하기 위해서는 그 경제체제인 자본주의에 대한 이해가 필수적이다. 자본주의에 대한 이해는 이 장에서 다룰 기업윤리의 문제와 직 · 간접적으로 연관되어 있다.

자본주의란 현대 사회의 구조와 변동을 기반으로 한 경제체제의 구성원리를 가리키는 말이다. 마르크스(K. Marx)는 자본주의의 특징을 이윤획득을 목적으로 상품생산이 이루어지며, 생산이 무계획적이며 노동력이 상품화된다는 점 등에서 찾았다. 베버(M. Weber)는 자본주의를 "직업으로서 합법적 이윤을 조직적 · 합리적으로 추구하는 정신적 태도"라고 정의하였다.

자본주의는 다양하게 정의될 수 있지만 쉽게 말하면 '자본이 주도하는 생산방식(way of production)'이며, 자본주의 사회란 자본주의 생산방식을 경제적 기초로 삼고 있는 사회이다. 자본이란 한마디로 말해 '돈'이다. 그러나 모든 돈이 자본이 될 수 있는 것은 아니다. 돈 중에서 이윤을 추구하기 위해 생산에 투입되는 돈이 자본이다. 자본가들은 자본으로 생산설비와 기계, 원료 등을 구입하고, 노동자를 고용하여 상품을 생산하며, 이를 시장에 내다 팔아 이윤을 획득한다.

자본가들이 이윤획득을 목적으로 설립한 자본의 조직단위를 기업이라고 한다. 현대 사회에서 기업은 생산수단의 소유와 노동의 분리를 기초로 하여 이윤의 극대화를 추구하는 독립적인 생산경제 단위를 이루고 있다. 기업은 자본의 가치증식을 위하여 재화 또는 서비스를 생산한다는 점에서 정부, 교회 등의 비영리 경제조직과 구별되며, 또한 소비경제의 단위체인 정부, 가계와도 차별성을 갖는다.

자본주의가 발전하면서 기업의 목적에도 변화가 있었다. 서구사회에서 18세기 후반부터 19세기 전반에 걸친 산업혁명으로 확립된 산업자본주의 아래에서는 특정 수요자를 위한 주문생산 또는 제한된 수요를 대상으로 한 한계생산에서 국내외의 시장을 통하여 판매될 것을 예측한 상품생산이 가능하게 되었다. 이 시기 기업의 목적은 주로 경제적 역할에 한정되었고, 경제적 역할을 얼마나 잘 수행했는가는 기업활동의 결과로 획득한 이윤에 의하여 평가되었다. 19세기 말 이후 20세기 초반에 산업자본주의는 독점자본주의로 이행하였다. 산업자본주의 아래에서 경제규모의 팽창, 생산력의 급격한 증대 등이 이루어졌으나 기업들 간의 무한경쟁에서 비롯된 이윤율의 저하와 그 과정에서 나타난 주기적인 공황으로부터 살아남기 위해 대규모 기업들에 의한 자본의 집적 · 집중과 금융자본에 의한 독점이 이루어짐으로써 독점자본주의로 이행되었다. 독점자본주의 시기의 기업은 경제적 이윤을 추구하는 데 더 열성적이었다. 그러나 거대한 소수 기업이 경제적인 지배력을 가질 뿐만 아니라 정치, 사회, 문화 등 모든 분야에 있어서 강한 영향력을 행사하게 됨으로써 공공이익이 무시되는 독점자본주의의 병폐도 아울러 나타났으며, 기업의 본질을 사회 · 심리적 협동 시스템으로 보려는 생각이 싹트기 시작하였다.

1930년대에 이르러 독점자본주의가 갖는 내재적 한계 때문에 공황이 발생하자 국가가 개입하여 국민의 복지를 책임지는 복지국가 자본주의가 나타나게 되었다. 복지국가에서는 대기업의 독점자본화를 억제하기 위하여 공공정책을 통한 정부의 개입이 실행되었으며, 나아가 정부는 사회 시스템 내의 각 구성실체들 간의 이해를 상호 조정하는 역할까지 담당하였다. 이와 같이 복지국가 자본주의 아래에서는 기업을 경제 · 기술적 생산 시스템으로서만이 아니라 사회 · 심리적 협동 시스템으로서 보아야 한다는 주장이 더욱 커지게 되었다. 이 시기에는 정부의 개입에 의하여 기업에 사회적 책임을 묻는 등 타율적이기는 하지만 기업의 사회적 목적이 본격적으로 강조되기 시작하였다(신유근, 2001 : 86).

자본주의 경제체제에서 기업은 이윤의 극대화를 추구하기 위해서 윤리를 무시하거나 적어도 일정한 정도 윤리와 거리를 둘 수 있으며, 실제로 인권과 환경 등을 무시하면서 이윤만을 추구하던 기업들도 적지 않았다. 그러나 최근 기업윤리(Business Ethics)는 사회의 중요한 현안으로 떠올랐다. 한 예로 최근 노르웨이는 정부차원에서 인권, 환경 등 윤리기준에 위배되는 기업들을 투자대상에서 제외시키고 있다. 세계 3위 석유수출국인 노르웨이는 미래 세대를 위해 석유수입을 적립하려는 목적으로 1996년 정부가 운영하는 연금 펀드를 출범시켰다. 현재 그 규모가 3천억 달러를 넘어 국제 금융시장에 큰 영향력을 행사하고 있는 노르웨이 정부는 2004년 윤리위원회를 만들고 투자 회피 기준으로 중대한 인권침해, 총체적 부패, 중대한 환경피해 등을 제시하였다. 이러한 방침에 따라 2006년 6월에는 납품업자들의 어린이 노동 착취와 노조설립 방해 등을 이유로 미국 월마트 회사에 투자한 4억 달러를 회수한 바 있으며, 2007년 1월에는 남아프리카공화국 광산회사 디아르디골드의 자회사인 뉴기니 광산이 매일 맹독물질인 비소와 수은, 납이 들어간 금속물질 481톤을 강에 버린다는 이유로 이 회사의 주식 6억 5,500만 달러어치를 팔아버렸다. 노르웨이 정부는 이미 핵미사일과 집속탄, 대륙간탄도탄 등을 만드는 군수산업체인 유나이티드테크놀로지스, 보잉, 제너럴다이내믹스 등과 같은 회사들의 주식을 매각한 바 있었다(한겨레신문, 2007년 5월 5일, 11면). 기업윤리를 강조하고 있는 것은 노르웨이 정부만이 아니다. 기업윤리는 최근 세계 각국 정부와 기업들의 현안 과제로 떠올랐다.

이 장은 4절로 구성되었다. 첫 번째 절은 기업윤리의 개념, 두 번째 절은 기업윤리가 대두된 사회적 배경, 세 번째 절은 기업윤리가 가장 발달되었다고 하는 미국 기업윤리의 현황, 네 번째 절은 한국에서 기업윤리의 발달과 그 과제이다.

2. 기업윤리의 개념

자본주의 체제에서 기업은 근본적으로 경제 · 기술적 생산 시스템이며, 이러한 기업이 그 본질적 기능을 얼마나 잘 수행했는가는 기업활동의 결과로 기업이 획득한 이윤에 의해 측정된다. 그러나 기업이 장기적으로 성장 · 발전하기 위해서는 경제적 이윤뿐만 아니라 기업의 전반적 경영활동에 대해 사회로부터 정당성을 인정받아야 한다. 이것은 기업이 경제 · 기술적 생산 시스템으로서만이 아니라 사회 · 심리적 협동 시스템으로 역할하여야 한다는 것을 의미한다. 사회 · 심리적 협동 시스템의 측면에서 본다면 기업은 재화와 용역을 산출하기 위해 주주, 종업원, 소비자 등 전체 사회 시스템의 주요 구성집단과의 협력을 필요로 하며, 사회 구성집단 중 어느 하나라도 없으면 산출을 만들어내지 못하는 사회의 하위 시스템인 것이다(신유근, 2001 : 70). 특히 현대 사회에서 기업은 개인의 소유물이 아니고 사회적 존재이기 때문에 기업이 존속하고 성장하려면 사회이익 모델(Societal-interest Model)을 따라야 한다. 즉 기업은 첫째 사회가 필요로 하는 서비스를 해야 하며, 둘째 그러기 위해서는 사회가 필요로 하는 가치를 창조하고 그것을 전달하는 것을 그 목표로 삼아야 하며, 셋째 그 대가로 수익을 얻게 되며, 넷째 사회와 오래 지속하는 관계를 유지해야 할 필요가 있다(이종영, 2003 : 31).

윤리란 행위의 옳고 그름이나 도덕적인 것과 비도덕적인 것에 대한 판단기준이듯이 기업윤리란 기업경영이라는 특수한 상황에 윤리를 적용한 것이다(김성수, 2001 : 2). 윤리라는 개념이 각자가 주장하는 바나 강조하는 논점에 따라 다소 차이가 있듯이 기업윤리에 대한 접근도 크게 두 가지 흐름으로 구분할 수 있다. 첫째 흐름은 전통적 윤리분야의 성과를 기업경영이라는 특수한 상황에 접목시키면서 행동이나 태도의 판단기준 자체에 초점을 두는 규범적 접근이다. 이러한 접근에 기초할 때 기업윤리란 "기업경영이라는 상황에서 나타나는 행동의 옳고 그름이나 선과 악을 체계적으로 구분하는 판단기준 또는 이를 연구하는 것"을 의미한다. 규범적 접근법에서는 윤리의 본질, 기업목적과 윤리, 윤리의 주체, 윤리적 가치판단의 기준 등을 강조한다. 둘째의 흐름은 전통적 윤리분야의 연구에 기초하면서도 조직이론 또는 행동과학의 성과를 흡수해 도덕적 가치와 관련 있는 경영자와 기업영영의 의사결정에 초점을 두는 실용적 접근이다. 이러한 접근에 기초할 때 기업윤리란 "도덕적 가치, 보다 구체적으로는 다양한 이해관계자나 광범위한 사회에 이익을 주거나 해를 줄 수 있는 행동을 취하는 것과 관련된 의사결정을 연구하는 것"을 의미한다(허갑수, 2006 : 200-201).

기업윤리는 기업을 운영하는 데 있어서 발생할 수 있는 윤리적 이슈들을 명확히 하고 그것들을 해결하기 위한 접근 가능한 방법들을 인식하는 데 도움을 주며, 또 윤리적 의사결정과 기업 내에서 윤리적 의사결정을 촉진하는 방법들을 배울 수 있도록 한다. 즉 기업윤리는 무엇이 옳고 그른가를 말하는 것이나 다른 기업이나 개인의 행위를 판단하는 데 목적이 있기보다는 기업의 의사결정 과정에서 개인이 갖고 있는 가치와 확신을 이해하고 그 결정이 사회와 조직 전체에 미칠 영향을 고려하는 하나의 근거를 제시하는 데 그 의의가 있다(박헌준 편, 2000 : iv).

개인의 윤리수준에 발달단계가 있는 것과 마찬가지로 기업이라는 조직에 있어서도 윤리수준의 발달단계를 생각할 수 있다. 첫 번째 단계의 기업은 기업 소유주와 경영자를 가장 중요한 이해 당사자로 보고 이익의 극대화를 경영의 주목적으로 한다. 이 단계의 기업은 윤리문제에 대해서는 고려하지 않는다. 두 번째 단계의 기업은 법규는 준수하려고 하지만 그 이상의 노력은 하지 않는다. 세 번째 단계의 기업은 기업의 사회적 책임을 인식하기 시작하고, 기업이 소재하고 있는 지역주민들의 이해문제를 고려하며, 대외적으로 좋은 관계를 유지하려고 노력하지만 대체로 기업의 자기 이익을 먼저 염두에 두고 있다. 네 번째 단계의 기업은 기업윤리와 기업이익의 균형을 찾으려고 노력한다. 기업신조에 윤리문제를 언급하고, 기업의 사명을 규정할 때에 윤리를 반영하며, 윤리위원회를 기업 내에 만들고, 인사에 윤리문제를 고려한다. 때로는 이익을 포기하더라도 윤리적 행위를 할 것을 중요시한다. 다섯 번째 단계의 기업은 명확한 윤리관과 윤리원칙을 천명하여 모든 종업원이 그 원칙에 따라서 윤리와 관련된 기업문제를 해결하도록 요구하고, 기업의 이익은 윤리 다음의 고려사항으로 취급한다(이종영, 2003 : 85-86).

기업윤리와 비슷한 의미를 갖고 있는 용어로는 윤리경영(Ethical Management), 사회중시 경영(Socially Responsible Management), 기업의 사회적 책임(Corporate Social Responsibility) 등이 있다. Business Ethics를 기업윤리 또는 윤리경영이라고 번역하는 것에서 알 수 있듯이 윤리경영이라는 용어는 기업윤리와 거의 같은 의미로 사용되고 있다. 사회중시 경영이란 기업이 단순히 재화와 용역을 생산하는 데 그치지 않고 사회 속에서 보다 바람직한 역할을 할 것을 기대할 때 사용한다(신유근, 2001 : 4). 기업윤리와 관련되어 사용하는 주요 용어들은 대부분 공통적으로 기업의 사회적 책임 개념을 밑바탕에 깔고 있다(박헌준 · 권인수, 2004 : 3). 사회를 구성하는 주요 구성체로서 기업은 일정 부분 사회로부터 책임을 부여받으면서 기업활동을 통하여 사회의 목표와 가치를 추구하거나 그에 합당한 행동을 함으로써 사회적 정당성을 인정받게 된다. 기업윤리는 개인과 기업의 결정을 돕는 기준과 원칙에 관심을 갖지만 기업의 사회적 책임은 기업 행위의 대사회적 영향력이라는 결과에 초점을 맞추고 있다(박헌준 편, 2000 : vi).

3. 기업윤리 대두의 사회적 배경

냉전체제가 종식된 후 세계 각국은 과거 국가의 힘이었던 정치력과 군사력 대신 경제 중심의 국가경쟁력을 중시하고 있으며, 이에 따라 미국을 비롯한 선진국들과 국제무역기구(WTO), 국제상공회의소(ICC), 경제협력개발기구(OECD), 세계은행(World Bank) 등 국제경제기구들은 공정하고 투명한 경쟁규칙이 적용되는 '자유경쟁시장'의 확대를 강력하게 추진하고 있다(유철, 2000 : 1).

세계경제시장에서 자유경쟁이 적용되는 시장질서 구축을 위하여 국제경제기구들이 추진하는 것이 뇌물과 같은 부패한 거래를 없애려는 '부패 라운드(Corruption Round)'이다. 부패 라운드는 세계화의 진전으로 국제 거래가 급증하고 부패도 국제화됨에 따라 국제적으로 이를 감시하고 규제할 필요성이 증대된 데 따른 것이다. 특히 미국을 비롯한 선진국의 기업들은 개발도상국가나 공산주의에서 자본주의로 이행한 체제전환(Transition Economy) 국가의 정부조달시장과 무역거래가 급증하고 있음에도 불구하고 상대국 정부나 경쟁기업의 부패 관행에 의해 경제행위가 방해받고 경제적 손해를 입게 되었다고 판단하였다. 반부패 노력은 1997년 아시아 경제위기가 연고 자본주의(Corny Capitalism)의 부패와 비효율성에 기인한다는 비판이 확산되면서 더 큰 힘을 얻고 있다. 부패 라운드는 1997년에 제정되었던 경제협력개발기구의 '국제상거래에서 해외 공무원에 대한 뇌물방지협약(Convention on Combatting of Foreign Public Officials in International Business Transactions)'이 1999년 2월 발효됨으로써 본격적으로 출범하였다.[1] 이 협약에서는 뇌물을 범죄행위로 규정하고 직원과 법인의 형사처벌을 권고하고 있다. 부패문제에 대해 모든 국가들이 똑같은 이해관계를 갖고 접근하는 것은 아니지만, 공식적인 제도의 수준에서 투명성과 공정한 경쟁을 추구하는 세계화의 흐름과 경제 시스템의 수렴현상은 더욱 가속화되고 있다(박헌준 편, 2000 : 560-561).

부패 라운드는 기업윤리의 국제표준화 작업으로 나타나고 있다. 기업윤리의 국제표준화 작업은 기업윤리가 제품의 품질과 함께 국제거래의 필수적인 요소가 되는 것은 물론 기업의 신용도를 평가하는 기준으로 작용하고 있다(최인철, 2002 : 8). 기업윤리의 국제표준화 작업은 기업의 사회적 책임을 강화하는 방향으로도 전개되고 있다. 기업의 사회적 책임은 소비자 주권의 확대라는 측면에서 일부 선진국에서만 쟁점화되었던 주제이지만 이제는 선진국이 후진국에 대한 무역공세의 한 항목으로 자리잡게 되면서 사회적 책임을 이행하지 않는 기업에 대한 규제의 차원으로 발전하고 있다. 이것이 세계화 및 무역자유화의 일환으로 논의

1- 부패 라운드의 발전과정과 그 주체에 대해서는 박헌준 편, 2000 : 562-565 참고.

되고 있는 '윤리 라운드(Ethic Round)'이다. 즉 국제기구나 NGO를 중심으로 기업의 재무 외적인 성과와 관행에 대한 지침을 제공하는 준칙이나 표준을 의미하는 글로벌 규약이 발표되거나 준비되고 있다. 기업들은 글로벌 규약에 기초하여 자사의 사회적 책임을 이해하고 다양한 사업행동과 관련하여 행동강령 등의 공적 약속을 작성하고 있다. 개발도상국가의 입장에서 보면 윤리 라운드는 불합리한 측면이 없는 것은 아니지만 글로벌 스탠더드를 지향하는 기업은 더 이상 기업의 사회적 책임을 외면하던 방식으로는 경영을 할 수 없게 되었다(정원규 외, 2006 : 366-371).

기업의 사회적 책임과 관련된 이론적 쟁점은 크게 두 가지이다. 첫 번째 쟁점은 기업의 사회적 책임의 목표가 주주의 이익을 극대화시키는 것인지 아니면 이해관계자의 총체적 이익을 고려해야 하는가이다. 두 번째 쟁점은 윤리이론이 다양한 상황에서 어떤 윤리적 입장에 입각하여 기업과 관련된 윤리적 문제들을 풀어갈 것인가 하는 것이다. 첫 번째 문제는 기업이 사회제도의 일부분이며, 기업 구성원 또한 시민이기 때문에 기업의 책임은 주주뿐만 아니라 기업이 영향을 미치는 모든 이해관계자의 이익을 포괄해야 한다는 이해관계자 이론이 대세가 되어가고 있다(정원규 외, 2006 : 368). 두 번째 문제는 윤리이론이 다양하기 때문에 어떤 윤리적 입장을 채택해 문제를 풀어가야 한다고 하기는 어렵지만 사회적 책임과 관련된 최소한의 합의 가능한 원칙을 제시할 수는 있다. 합의 가능한 원칙으로는 공정성, 공익성, 투명성, 실행성 등이 있다(정원규 외, 2006 : 374-376). 다음의 표는 이러한 원칙에 따라 만들어진 기업의 사회적 책임(CSR) 평가지표 범주를 예시한 것이다.

기업의 사회적 책임을 강조하는 입장이 점차 사회적으로 자리잡아가고 있지만 프리드만(M. Friedman), 하이에크(Friedrich August von Hayek)

〈표 8-1〉 기업의 사회적 책임 평가 지표범주와 예시

구분	투명성 (Transparancy)	공정성 (Fairness)	공익성 (Publicness)	실행성 (Practicability)
경영	경영공시체계, 회계공시, CSR 공시	행동강령, 공정경쟁행동, 부패 · 뇌물, 영업비밀 · 저작권 침해	기업 지배구조, CSR 적용범위, 국가경제 기여, 협력기업 관계	책임자 · 전담부서, 이사회의 CSR 심의, CSR 국제규약 이행
지역사회	지역 모니터링 체계, 대주민정보 공개	경영 현지화, 현지 재투자, 지역정치활동 자제	지역 자원봉사 체계, 고용창출, 지역개발 기여, 기부 · 자선활동	책임자 · 전담부서, 기업 종사자 긍지, 지역 정부 · 언론 평가
환경	환경 모니터링 체계, 환경영향 정보 공개	환경관리 체계, 오염물질 배출, 폐기물 배출, 제품의 환경친화성	에너지 관리 체계, 원자재 · 에너지 사용, 리사이클링, 생물 다양성 영향	책임자 · 전담부서, 환경법규 위반, ISO 14,000 인증
노동자	노동자 의견 수렴체계, 대노동자 정보공개, 징계 · 포상절차	안전 · 보건 수칙, 부당노동 금지, 고용평등, 최저임금 준수, 인격권 침해, 안전 · 보건 사고	사내 복지제도, 임금, 복지 프로그램, 작업장 환경	책임자 · 전담부서, 노동법규 위반, 해고율 · 이직률
소비자	제품 모니터링 체계, 표시 절차 · 내용	소비자 정보 관리체계, 제품 · 서비스, 안전 · 보건, 소비자 프라이버시 침해	품질관리 체계, A/S 처리, 소비자 불만 처리	책임자 · 전담부서, 소비자 보호 규제 위반

정원규(2007), 175쪽에서 인용.

등과 같이 기업의 사회적 책임을 부정하는 입장들이 없는 것은 아니다. 1976년 노벨경제학상을 수상하였던 프리드만은 자본주의 사회의 존립을 위해서는 기업의 사회적 책임은 부정되어야 한다고 주장하였다. 그에게 있어서 기업의 사회적 책임은 자본주의 사회를 전복하는 개념이다. “자유기업과 사유재산제도에서 경영자는 기업 소유자의 고용원이므로 고용주에게 직접적인 책임을 져야 하고, 그 책임은 사회의 기본적인 규

칙을 따르면서 가능한 한 많은 돈을 벌어야 한다는 그들의 욕망에 따라서 기업을 운영하는 것이다. 사회적 책임에 따른 그의 행동이 주주에 대한 이익을 감소시킨다면 그는 주주의 돈을 소비하는 것이 되고, 그의 행동이 소비가격을 인상시킨다면 그는 소비자의 돈을 소비하는 것이 되며, 그의 행동이 종업원의 임금을 낮춘다면 그는 종업원의 돈을 소비하는 것이 된다"(허갑수, 2006 : 205-206). 1974년 스웨덴의 뮈르달(K. G. Myrdal)과 함께 노벨경제학상을 수상하였던 하이에크도 자유기업의 옹호자로서 기업에 대한 사회적 책임이 강요됨으로써 국가에 의한 기업통제의 증대는 결국 자유기업체제의 붕괴를 가져오고 말 것이라고 주장하였다(허갑수, 2006 : 202).

그러나 기업이 사회의 하위 시스템이며 기업의 영향력이 더욱 확대되고 있다는 점을 고려한다면 기업이 사회 속에서 생존하기 위해서는 사회와 조화를 이루어 가야 한다. 기업윤리의 수준이 높아져 고객을 비롯한 이해관계자의 만족이 증대되고 기업의 이미지가 좋아진다면 개별 기업은 물론 기업 전체가 성장 · 발전하게 될 것이다. 반면 기업이 비윤리적인 경영을 할 경우 과징금이나 소송으로 인한 비용의 발생, 소비자 이탈, 기업구성원의 사기 저하, 투자자들의 주식투매 등 해당 기업의 존폐에 영향을 줄 수 있을 뿐만 아니라 부정부패, 정경유착, 소비자 안전 부재, 환경파괴 등의 부정적인 사회적 결과를 가져올 수 있다. 이와 같이 기업윤리는 기업이 속한 사회와 국가, 더 나아가서는 지구 자체의 생존과 연결된다.

기업이 윤리경영을 할 경우 기업은 이윤을 창출할 수 있을까? 기업의 윤리수준과 재무적 성과 간의 상관관계는 기업경영자들과 학계의 주목을 받고 있는 주제로서 많은 연구들이 이루어지고 있다. 기업에게 사회적 책임을 강요할 경우 기업이 불안정한 재무상황에 빠질 수도 있으며, 단기적 현금 흐름을 중시하는 일반 주주나 투자자들은 기업이 사회적 책임을 수행하는 데 드는 비용에 대해 부정적 입장을 취한다는 연구들이 없는 것은 아니지만, 최근 많은 연구들에서는 기업의 윤리적 의사결정과 기업의 재무성과 간에 정(正)의 상관관계가 있는 것으로 나타나고 있다. 예를 들면 업무수행에 있어서 사회법규의 준수와 윤리적 가치기준의 적용을 중시할수록 조직구성원의 조직 몰입과 직무 만족도가 높아지며, 기업의 이미지로 나타나는 기업의 사회적 책임에 대한 지각이 매출액이나 수익성과 같은 재무적 성과로 나타난다는 것이다. 반면 기업의 비윤리성은 장 · 단기적으로 기업에 훨씬 큰 손실을 초래할 수 있다. 뇌물수수, 탈세, 공공계약 위반 등과 같은 불법적 사례가 알려질 경우 주식시장이 민감하게 반응하면서 해당 기업의 주가가 폭락하는 것이나 기업의 비윤리성으로 인해 소비자의 신뢰를 상실한 기업들이 회생불능 사태에 빠지는 경우도 적지 않다(박헌준 · 권인수, 2004 : 7-8). 이와 같이 윤리경영은 기업의 이윤을 부정하는 것이 아니라 장 · 단기적으로 생존을 위해 기업이 취해야 할 필수적인 요소가 되었다. 그러나 기업이 사회적 책임을 충실히 이행하려고 할 경우 그것이 왜 재무성과와 연결이 되는지, 또 어떻게 연결이 되는지를 명확하게 설명하는 이론은 부족한 실정이다(박헌준 · 권인수, 2004 : 21).

4. 미국의 기업윤리

1929년에 시작된 미국 경제대공황은 기업윤리를 사회적 문제로 제기하였던 중요한 계기였다. 1929년 350선이었던 다우 지수가 1932년 40선으로 추락하였던 대공황의 원인 중의 하나로 금융 측면에서 각종 불공정거래와 불건전한 금융관행이 지적되었기 때문이다. J. P 모건 2세, 뉴욕증권거래소 이사장 등 수많은 금융권의 거물들이 가명계좌 거래로 소득세를 탈루하고, 심지어 자기 회사 주식을 공매도해 떼돈을 번 사실들이 드러났다. 저명인사들까지 공공연하게 가담했던 주가조작에 철퇴가 내려진 것은 물론, 증권거래법이 제정되고 증권거래위원회가 만들어져 금융시장의 뼈대가 다시 갖추어졌다. 아울러 은행의 무분별한 증권업무 행위로 인한 부작용을 막기 위해 상업은행과 투자은행의 업무영역을 명확히 구분한 글래스-스티걸법(Glass-Steagall Act)이 제정되기도 하였으며, 급증하는 기업비리를 방지하기 위해 사내 행동준칙(Code of Conduct)이나 윤리강령(Code of Business Ethics) 제정이 확대되었다(양세영, 2002 : 67-68).

1976년에 발생한 록히드사의 뇌물사건도 기업윤리 확산에 큰 영향을 주었다. 국제적으로 큰 파장을 미쳤던 이 사건 이후 미국 정부는 부패와의 전쟁을 선포하고 다양한 부패방지 법안을 입법하였다. 아울러 철저한 기업윤리 시스템을 유도하기 위한 각종 인센티브와 업종별 지침이 마련되었다. 국제 간 거래에서 외국관리에게 뇌물을 제공하는 것을 금지한 해외부패방지법(The Foreign Corrupt Practices Act of 1977)은 이러한 노력의 대표적 산물이다. 이후 미국은 1980년대 후반 군수업체의 국방조달 비리문제에 봉착하여 1986년 2월 대통령 직속 '국방관리를 위한 푸른 리본(Blue Ribbon) 위원회'를 구성하고, 조달비리 개선을 위한 동료 압력(Peer Pressure) 형태의 윤리경영 시스템 도입 권고안을 작성하였다. GE, 보잉, 록히드 등 50여 개 군수업체는 이 권고를 받아들여 DII 체제(Dependance Industry Initiative on Business Ethics and Conduct)를 도입하게 되었다. DII의 주요 내용은 (1) 기업윤리강령 채택, (2) 직원훈련, (3) 위반사례 내부보고, (4) 준법감시 프로그램 도입, (5) 최상의 관행 포럼(Best Practice Forum) 개최 성과 전파 등이다(양세영, 2002 : 68).

1991년에 제정된 미국연방판결지침(The U.S. Federal Sentencing Guidelines of 1991)은 미국의 기업윤리 시스템 구축에 있어서 가장 혁신적이며 종합적인 입법으로 평가받고 있다. 이 지침은 채찍과 당근 접근방식을 통하여 기업들로 하여금 그들의 윤리 준수 프로그램을 신설하거나 기존의 프로그램을 수정할 동기를 부여하였다. 이 지침은 연방법을 위반한 기업들에 대해 판결을 할 때 판사들이 따라야 할 메뉴얼로 구성되어 있으며, 판사들은 범죄행위로 기소된 기업들이 범죄행위가 일어나기 이전에 효과적인 준법 프로그램을 가지고 있었는가를 먼저 묻게 되어 있다(박재용, 2002 : 4-5). 이 지침은 해당 기업에 대한 처벌의 공정성을 확보하고 충분한 범죄억제 효과를 보장하고자 할 뿐만 아니라 조직 내의 범죄행위를 예방하고 조직이 그 스스로 범죄를 규명하고 보고하는 내부적 장치를 개발할 것을 유도한다는 점에서 혁신적이다. 또한 이 지침은 조직이 준법과정을 개발하여 그들의 종업원들이 잘못된 행위를 범하지 않도록 예방하고 감지하고 억제할 것을 요구한다.

조직이 종업원들의 범죄행위를 예방하고 감지하려는 노력을 성실히 하였는가의 여부는 '효과적인 준법 프로그램'을 통해 확인할 수 있다. 효과적인 준법 프로그램은 다음과 같은 7가지 요소를 가져야 한다. 즉, 첫째 준법기준 및 절차(예 : 행동강령 혹은 윤리강령), 둘째 고급 인력에 의한 감시(예 : 준법경영자 혹은 윤리경영자), 셋째 권한이양을 할 때의 적절한 조치, 넷째 기준 및 절차에 의한 효과적인 의사소통(예 : 교육훈련), 다섯째 감사/모니터링 및 보고체계(예 : 핫라인), 여섯째 처벌장치의 실행 및 강화, 일곱째 발견 후의 적절한 대응 등이다(박재용, 2002 : 7). 이 지침은 미국에서 기업윤리 프로그램을 신설하고 개선하는 데 적지 않은 영향을 주었다. 그것은 이 지침이 법원이 기업에게 부과하는 벌금의 규모를 준법 프로그램이나 윤리 프로그램의 존재 여부와 관련하여 판결을 내렸기 때문이다.

이상에서 살펴본 바와 같이 미국의 기업윤리 시스템은 비교적 잘 구축되어 있었음에도 불구하고 기업의 비윤리경영 사례는 적지 않게 있었다. 2001년 10월 미국의 최대 에너지 업체인 엔론사의 분식회계 사건이 드러났으며, 결국 그 회사는 파산하고 말았다. 엔론사의 혐의내용은 이중장부 작성, 부채 은폐, 수익 15억 달러 과대 계상 등이었다. 엔론은 포춘(*Fortune*)지가 매년 선정하는 '미국에서 가장 존경받는 500대 기업'에서 항상 10위권을 유지했다는 점에서 그 충격은 더욱 컸다(김요환 · 김민철, 2005 : 81). 이 사건 이후 분식회계 사태는 글로벌크로싱, 아델피아, 타이코, 듀크 에너지, 다이너지 월드컴, 제록스 등 유수의 기업들에게로 확산되었다. 월드컴은 사상 최대 규모인 38억 달러의 회계비리가 드러났으며, GE · GM 등 미국의 대표적 기업마저 분식회계 의혹이 제기되어 미국 경제 전반에 걸쳐 불신이 고조되었다.

이러한 사태 때문에 미국 정부와 의회는 기업의 신뢰 회복을 위해

2002년 7월 사베인즈-옥슬리법안(Sarbanes-Oxley Act)으로 명명된 기업 개혁법을 제정하였다. 이 법은 최고경영자나 최고재무책임자의 회계보고서 인증과 처벌 강화, 독립적인 회계감독위원회 신설과 감독기능 강화를 주요 내용으로 하고 있다(양세영, 2002 : 65). 엔론의 회계부정 사건 이후 미국의 경제계도 윤리경영의 표준화를 통한 기업의 신뢰회복을 도모하고 있다. 미국의 윤리임원협의회(EOA : Ethics Officer Association)는 72개의 가이드 라인으로 구성된 기업윤리경영표준안을 제정하였으며, 이 안을 글로벌 차원으로 적용하기 위해 국제표준화기구(ISO : International Organization for Standardization)의 표준안으로 만들기 위해 노력하고 있다(최인철, 2002 : 7). 그러나 엔론사 등의 사태는 법과 제도만으로 기업의 비리경영을 막을 수 없으며, 기업들의 자발적인 준법정신과 윤리경영 노력이 기업윤리를 정립하는 데 있어서 관건이라는 것을 잘 보여주고 있다.

5. 한국의 기업윤리 발달

한국은 잘 알려진 대로 1960년대 이후 정부 주도로 급속한 경제성장을 이룩하였다. 정부는 규제와 금융할당권을 갖고 기업을 통제해 왔으며, 기업은 정부의 산업정책에 순응하면서 성장을 계속하였다. 정부의 강력하고 수많은 규제권한은 인·허가권을 둘러싼 뇌물과 부패를 양산하는 구조적 원인이 되었고, 규제를 피하면서 특혜를 얻으려는 기업의 이해관계는 뇌물을 일상적인 관행으로 만들어 버렸다. 1993년에 창설된 민간 감시기구인 국제투명성위원회(TI)가 1998년 기준으로 한국의 부패지수를 10점 만점에 4.3점, 순위는 85개국 중 43번째인 것으로 발표한 것에서 나타나듯이 한국은 국제사회에서 뇌물공여 국가 혹은 부패가 만연된 국가로 분류되었다(박헌준 편, 2000 : 573-575).

경제는 1960년대 이후 매우 빠른 속도로 성장하였지만 1990년대 이전까지 한국 정부와 기업들은 기업윤리에 관심을 두지 않았다. 정부는 기업의 이윤증대를 경제성장과 직결시켜 인식하고 있었고, 기업들은 이윤의 극대화를 위한 경영을 그 목표로 설정하고 있었기 때문에 기업윤리에 관심을 기울일 수 없었다.

한국에서 기업윤리에 대한 본격적 관심은 1990년대 초반부터 시작되었다. 한국경영학회는 1991년 추계학술회의에서 기업윤리를 핵심 주제로 다루면서 기업윤리의 중요성을 강조하였다. 이 학회에서 개최한 학술회의는 기업윤리를 대학 경영학과의 정규 교과목으로 편성하기 위한 목적을 가지고 있었다. 1996년 1월에는 매일경제신문사가 미국에서 활동 중인 한국계 경제학자 연구단체인 한미경제학회와 공동으로 개최한 신년 대토론회에서는 급변하는 세계 경제상황을 고려해 새로운 기업인 윤리를 정립하고 경영방법도 일신해야 한다는 의견이 제시되었으며, 정부와 기업 간의 관계도 변해야 한다는 지적도 나왔다. 연세대학교 경영연구소는 1997년 7월 기업윤리 교육을 주제로 한 심포지엄을 개최하였으며, 2000년까지 매년 1회씩 기업윤리에 관한 심포지엄을 개최하였다. 1998년 10월에는 한국기업윤리학회가 창설되었으며, 이 학회에서는 기업윤리와 관련된 다양한 이슈를 중심으로 기업윤리의 필요성과 중요성을 피력하였다(박헌종 · 이종건, 2002 : 141).

기업윤리에 관한 연구가 활성화되던 시기에 경제계에서도 기업윤리를 실행하기 위한 노력을 가속화하기 시작하였다. 공기업인 포항제철은 1993년 국내기업으로는 최초로 윤리강령을 제정 · 발표하고 동시에 윤리강령 해설을 발행하였다. 사기업으로는 LG 그룹이 1994년 처음으로 맥킨지 컨설팅 회사의 자문을 받아 윤리규범을 제정하였으며, 1995년에는 현대 그룹이 기업윤리 강령을 제정하는 등 많은 기업들이 윤리강령 제정에 관심을 갖게 되었다. 1996년 대기업 경영자들의 모임인 전국경제인연합회(이하 전경련으로 줄임)에서는 투명한 경영 정착과 국민으로부터 신뢰받는 기업상 구축을 위해 기업들이 추구해야 할 경영원칙과 윤리규범을 담은 기업윤리헌장을 발표하였다. 이 헌장은 기업의 사회적 책임, 정당한 이윤창출, 기업 상호 간 공정경쟁, 대 · 중소기업 간 보완협력, 소비자와 고객의 권익 증진, 주주 · 경영자 · 종업원 등 기업구성원의 이익 향상, 환경친화적 경영, 지역사회 발전 기여 등 8개항의 실천강령을 포함하고 있었다.[2] 바로 뒤이어 전국경제인연합회, 상공회의소, 무역협회, 중소기업중앙회, 경영자총협회 등 경제 5단체도 1996년의 정기총회에서 '해외진출기업 행동강령'을 채택하였다. 이 강령은 해외에 진출한 국내기업들의 이미지를 높이기 위해 지켜야 할 규범을 담은 것이었다(한기수, 2006 : 198-199).

정부도 학계와 경제계에 비하면 늦었지만 기업윤리에 대한 제도적 장치들을 정비하였다. 정부는 1998년 민간 중심으로 구성된 대통령 자문기구인 '반부패 특별위원회'를 설치하였다. 이 위원회는 공직자 행동강령, 부패행위 신고자 보호 및 보상금 지급제도, 시민감사 청구제도 등

2_ 이 헌장은 1999년에 신기업윤리헌장으로 개정되었다.

이 포함된 반부패기본법의 입법을 추진하고 기업윤리 강령을 채택하는 기업에게는 인센티브를 제공하는 방안, 뇌물제공 기업에게 제재를 강화하는 국가계약법 시행령 개정을 추진하였다(위수일, 2005 : 154).

2001년 7월 제정된 부패방지법은 이러한 노력의 결과였다. 공직자의 부정부패를 예방할 수 있는 조항이 상당 부분 빠지기는 했지만, 이 법의 제정으로 공직자 및 공공기관과 관련된 부패행위를 근절하고 내부 고발자를 보호할 수 있는 법적 근거를 마련하였다. 이 법에 따라 신설된 부패방지위원회는 공직자 및 공공기관과 관련된 부패행위에 대한 신고를 접수해 조사가 필요할 경우 수사기관 · 감사원 등 조사기관에 이첩하고, 장관 · 차관 · 광역자치단체장 등 고위 공직자의 부패혐의에 대해서는 검찰에 고발할 수 있다. 또한 내부 고발자가 소속기관, 단체, 기업 등으로부터 신분상 불이익을 받지 않도록 했으며, 이들이 신변에 불안을 느낄 경우에는 신변보호도 받을 수 있다. 아울러 신고내용과 관련해 자신의 범죄가 발견된 경우 형을 경감 또는 면제받을 수 있다. 그리고 공공기관의 부패행위에 대해 감사원에 감사를 청구할 수 있는 국민감사청구제도도 도입되었다. 1999년 2월에는 경제협력개발기구의 요구에 따라 '국제상거래에서 해외공무원에 대한 뇌물방지협약'을 발효하였다. 또한 기업의 경영투명성의 제고를 위해 주주의 권리 강화, 이사회 · 감사기구 활성화, 이해관계자 권리 보호, 시장에 의한 경영 감시 등을 기본 골격으로 한 기업지배구조 개선작업도 상당히 이루어졌다.

1990년 이전에도 기업윤리에 대한 관심이 전혀 없지는 않았다. 예를 들면 전국경제인연합회는 1980년 7월 기업윤리 강령을 발표한 바 있었고, 이 강령이 삼성, 현대, LG 등 대기업의 윤리강령 선언으로 이어졌다. 그러나 이와 같은 기업윤리에 대한 표면적 제도화 활동이 최고경영자의 윤리경영을 위한 가치관이나 종업원의 윤리적 행동으로 이어졌다고 하기는 어렵다(정진철 · 최태희, 2006 : 149-150). 그것은 1980년대까지 제기된 기업윤리가 기업과 사회의 사활과 연결되지 못하였던 것에 비해 1990년대에는 기업윤리가 기업은 물론 사회의 사활로까지 연결되었기 때문이다. 1990년대에는 기업윤리가 전 세계적으로 강조되었다는 외부적 요인도 있었지만 사회 내부적으로도 기업윤리의 필요성이 높아졌다. 1990년대에는 비윤리적 기업활동으로 인한 대형사건 및 사고가 빈발하였으며, 이 때문에 정부와 시민단체, 사회구성원들은 윤리경영을 요구하였으며, 기업들도 신뢰를 회복하지 않고서는 기업을 경영하기 어렵게 되었다.

1991년에는 두산전자가 낙동강에 페놀을 방류함으로써 식수원을 오염시키는 사고가 발생하였다. 시민운동단체들은 두산 상품의 불매운동을 전개하였으며, 페놀에 오염된 수돗물을 먹고 유산한 임산부들은 두산전자를 상대로 소송을 제기하였다. 1994년 10월에는 동아건설에서 시공한 성수대교가 붕괴되어 여중생을 포함하여 32명이 사망하는 사고가 발생하였다. 사고원인은 다리의 철골구조물 및 트러스 불량 제작에 따른 부실시공에 있었으며, 공무원들의 관리 소홀도 그 원인으로 지적되었다. 1995년 5월에는 삼풍백화점이 붕괴되었다. 이 사고로 506명이 사망 및 실종되고, 940명이 부상당하였다. 이 사고는 건축, 구조설계, 시공, 유지관리 등의 총체적 부실에 의한 것이었다. 이날 오전 붕괴의 조짐이 있었음에도 불구하고 백화점 측은 오후 6시까지 영업을 강행함으로써 인명피해가 더욱 커졌다(한기수, 2006 : 197-198).

이외에도 이 시기 빈번하게 발생하였던 사건 및 사고들은 수많은 사람들을 희생시키고 사회구성원들에게 엄청난 정신적 · 물질적 충격을 주었을 뿐만 아니라, 해당 기업들은 물론 모든 기업들을 불신하게 만드는 원인으로 작용하였다. 건설회사의 부실시공은 해외건설 수주에도 악영향을 미쳐 최저가로 입찰하여도 수주를 받지 못하는 사태들도 발생하였다. 이러한 사건과 사고들은 포항제철을 비롯한 국내기업들로 하여금 윤리강령을 제정하게 만드는 원인으로 작용하였다.

기업윤리는 이러한 사건들 외에 1997년 말 한국이 국제통화기금(IMF : International Monetary Fund)으로부터 지원금융을 받게 된 이후 그 중요성이 더욱 커지게 되었다. 크루그만(P. Krugman)과 국제통화기금 등은 당시 발생하였던 한국과 동아시아의 경제위기를 정부, 금융기관, 대기업 간의 도덕적인 해이(Moral Hazard)에 기인한 금융위기로 규정하고 강력한 구조개혁 조치를 권고하였기 때문이다. 이들에 따르면 한국의 경제위기는 대기업과 금융기관은 결코 도산하지 않는다는 정부의 암묵적 보증을 담보로 한 금융기관의 과다한 해외차입과 대기업의 자본비용을 무시한 과잉투자 때문에 발생하였다. 특히 한국 기업들 사이에 만연된 불투명한 회계관행과 공시제도는 해외투자자들이 일시에 자금을 회수하게 만드는 원인으로 작용함으로써 경제위기를 더욱 악화시켰다고 진단하였다. 국제통화기금은 금융지원을 하면서 대기업의 지배구조와 금융개혁을 강력하게 요구하였고, 정부는 이를 거의 그대로 수용하였다(박헌준 편, 2000 : 592).

그 이후 정부는 급속하게 경제성장을 추진하면서 도외시되어 왔던 각종 제도적 틀을 정비하는 과정에서 공식 · 비공식적으로 유지하여 왔던 금융기관과 대기업의 의사결정에 대한 각종 재량권을 크게 축소하는 한편 투명성을 강조하는 기업 지배구조 개혁방안을 적극적으로 추진하였다. 회계제도의 투명성 제고 차원에서 기업집단의 결합 재무제표 작성을 의무화하고, 경영자의 자의적인 행동을 견제하기 위해 사외이사 제도를 도입하였으며, 소액주주들의 권한행사 요건을 대폭 완화하였다. 뿐만 아니라 정부는 한국 기업집단의 특수성을 감안하여 지배 대주주의 대표이사 등재와 비서실의 폐지를 권고하고, 상법에 '사실상의 이사(de facto director)' 개념을 도입함으로써 소유경영자의 법적 책임을 강화하였다. 금융시장을 통한 기업 지배구조 개선책도 도입되었다. 경영권 보호를 위해 강조되어 왔던 M&A 관련 규제가 상당 부분 폐지되어 주식시장이 경영활동에 대한 감독기능을 수행할 수 있는 여건이 조성되었으며, 기업과 은행 간의 재무구조 약정은 기업에 대한 은행의 견제기능을 회복시켜 줄 것으로 기대되고 있다. 또한 기관투자가들의 중립적 의결권 행사 규정이 폐지됨으로써 투자자들이 기업과 금융기관의 투자 실패에 대해 책임을 추궁할 수 있는 제도적 기반을 마련하였다(박헌준 편, 2000 : 608). 이러한 제도를 정비하는 외에 정부는 부실 금융기관의 정리와 퇴출기업의 지정 등을 통해 금융기관과 대기업도 파산할 수 있다는 새로운 관행을 정립하고자 노력하였다. 이에 따라 1997년 말 기준 총 2,102개의 금융기관 중 13% 수준인 264개 기관을 계약 이전, 합병, 청산 등의 형식으로 정리하였고, 5대 그룹의 계열사 20개사를 포함한 55개 퇴출기업의 명단을 발표하였다(박헌준 편, 2000 : 610). 이러한 정책들은 모두 기업들로 하여금 투명한 기업경영을 요구하는 것이었다.

기업윤리에 대한 관심이 높아짐에 따라 2002년 전경련이 조사한 결과에 따르면 기업윤리헌장을 보유 · 실천중인 기업은 292개의 대기업 중 49.7%로 확대되었다. 또한 윤리헌장 제정 기업들의 77.9%가 윤리 전담부서의 설치 및 임원 선임을 통한 윤리경영 및 준법감시 전담조직을 운용하고 있었다. 윤리경영에 대한 필요성도 292개 대기업 중 매우 필요하다 59.1%, 어느 정도 필요하다고 답한 기업이 36%로 95.9%가 그 필요성을 인정하고 있는 것으로 나타났다. 그러나 기업윤리 국제표준안 제정 동향에 대한 인지도는 비교적 낮은 편으로 나타나 윤리헌장을 제정한 기업들도 국제표준화기구(ISO : International Organization for Standardization)와 미국의 윤리임원협의회(EOA : Ethics Officer Association) 등이 추진하고 있는 내용을 74.4%만이 인지하고 있으며, 윤리헌장 미제정 기업은 불과 38.4%만이 이를 인지하고 있는 것으로 나타났다. 또한 기업들이 윤리경영의 필요성을 인식하면서도 그 이유에 대해 사회적 책임 때문이라고 답한 기업은 69.1%인 데 반해 수익성 및 생존전략의 일환이라고 생각하는 기업은 28.5%에 지나지 않아 윤리경영을 기업의 생존전략으로 인식하지 않는 문제점 등이 발견되었다(위수일, 2005 : 160-162).

6. 한국의 기업윤리 정립을 위한 과제

2004년 10월 삼성, LG, 현대, SK 등 4대 그룹의 최고경영자들은 전경련 회관에서 '기업의 사회적 책임 어떻게 이행할 것인가' 를 주제로 특별간담회를 가졌고, 2005년 4월에는 경제 5단체가 윤리경영, 투명경영, 사회공헌이라는 3대 과제를 실천하는 투명사회협약 경제부분 실천협의회를 출범시켰으며, 2006년 4월에는 삼성, LG, 현대, SK, 금호아시아나, 포스코 그룹의 사회공헌 담당 최고경영자 및 임원으로 구성된 사회공헌위원회를 개최하였던 것에서 나타나듯이 기업들은 기업윤리의 필요성을 보다 명확하게 인식하고 있는 것으로 보인다(김창호, 2006 : 34-35).

그러나 1990년대 기업의 비리경영으로 인한 대형사건들과 1997년 국제통화기금의 재정지원 이후 기업윤리의 중요성이 사회 전반으로 확산되고 기업윤리 확립을 위한 제도적 장치들이 마련되고 있었음에도 불구하고 기업들의 불법 또는 비리경영은 여전히 계속되고 있다. 2001년 초 검찰이 발표한 바에 따르면 대우 그룹이 1997년 이후 3년간 김우중 전 회장 지시에 따라 처리한 분식회계 규모가 41조 원에 이르고, 이를 근거로 금융기관들로부터 받아낸 불법대출 액수는 10조 원 가까운 것으로 밝혀졌다. 또 김 전 회장은 영국 런던에 설립한 비밀 금융조직 비에프시(BFC : Britisth Finance Center)를 운영하면서 30여 개 계좌를 통해 3년간 200억 달러(약 26조 원)에 이르는 자금을 관리해 온 것으로 드러났다. 이 사건으로 대우의 주요 임원 7명에게 중형과 함께 추징금 26조 원이 부과되었다(한겨레신문, 2001년 2월 3일 ; 한겨레신문, 2001년 7월 25일). 이 사건 수사 후 해외로 도피하였던 김 전 회장은 2005년 6월 자진 귀국하였으며, 2006년 5월 1심에서 징역 10년과 추징금 21조 4,484억 원, 벌금 1천만 원을 선고받았다(한겨레신문, 2006년 5월 31일).

2003년 6월에는 SK 그룹의 실질적 총수인 최태원 SK 회장이 주식 이면계약과 부당 내부거래 외에 SK 글로벌의 1조 5천억 원대 분식회계 혐의로 서울지방법원에서 징역 3년을 선고받았다(한겨레신문, 2003년 6월 14일). 2006년 4월에는 정몽구 현대차 그룹 회장이 2001년 이후 현대차 등 그룹 계열사에서 1천2백 여억 원의 비자금을 조성 · 횡령하고 회사에 4천억 원에 달하는 손해를 끼친 혐의로 구속되었다. 현대자동차는 정 회장 자시로 계열사 채무탕감을 위해 금융기관과 금융당국 10여 곳을 대상으로 로비를 했다는 것도 드러났다(경향신문, 2006년 4월 29일 ; 경향신문, 2006년 5월 30일). 정 회장의 구속 후 사회적 비난을 우려하였던 현대

자동차는 1조 원을 사회에 헌납하기로 하였다.

이러한 비리경영 외에 한국기업에는 비상장 주식 등을 이용해 불법적으로 부와 경영권을 승계하는 편법도 많이 발생하고 있다. 편법상속은 한국의 대표적 기업인 삼성 그룹에서도 있었다. 2005년 법원이 이건희 삼성 회장 자녀 4명에게 삼성 에버랜드 전환사채를 헐값에 넘긴 혐의로 에버랜드 당시 임원들의 업무상 배임죄를 인정한 것은 그 대표적인 사례이다(한겨레신문, 2005년 10월 5일). 이 판결은 2000년 법학교수 43인이 이건희 회장을 비롯한 삼성 그룹의 고위임원 30여 명이 1996년에 발행한 전환사채를 이 회장 자녀 4명에게 헐값에 넘긴 문제로 고발한 지 5년 만에 내려진 것이다. 삼성 그룹이 1심에 승복하지 않고 항고한 2심에서는 회사의 손실은 있으나 손해액을 확정할 수 없다는 이유로 업무상 배임죄만 인정했던 1심에 비해 특정경제범죄가중처벌법을 적용해 오히려 그 처벌이 강화되었다(경향신문, 2007년 5월 30일). 2006년 2월 삼성 그룹은 전환사채 불법증여 외에 불법적인 대선자금 지원, 그리고 정치권에 영향력을 강화하기 위한 의도를 가진 정 · 재 · 언론계 사이의 커넥션이 사실로 드러난 이른바 'X파일' 등에 대해 사과하는 의미에서 이건희 회장 일가의 사재 출연을 포함해 8천억 원의 기금을 사회에 헌납한다고 발표하였다(한겨레신문, 2006년 2월 8일).

한국 기업들이 기업윤리를 과거에 비해 중시하고 있기는 하나 이러한 부도덕하고 불법적인 경영사례는 기업윤리에 대한 관심이 기업 스스로의 자각에 의해서가 아니라 외부로부터의 강요에 의한 성격을 지니고 있다는 점을 보여주고 있다. 그러나 윤리경영은 앞에서 살펴본 바와 같이 이제는 선택사항이 아니라 필수사항이다. 세계화 시대가 본격화됨에 따라 기업 간의 경쟁이 치열해지고 이에 따라 생존을 위해 이윤획득의 필요성이 더욱 높아지고 있는 것도 사실이지만, 기업과 이해관계를 갖는 이해관계자 집단이 늘어나고 이들이 기업에 대한 요구도 다양하고 질적으로 수준이 높아지고 있는 상황에서 기업의 사회적 책무성을 인식하여 기업의 사회성, 공공성, 공익성을 보다 확고하게 인식할 필요가 있다(허갑수, 2006). 현재 기업윤리는 기업이 선택할 수 있는 사안의 하나가 아니라 중요한 경쟁력의 원천이다.

기업윤리의 정착을 위해서는 법적 · 제도적 장치를 정비하는 것도 필요하다. 그러나 기업 소유주와 최고경영자가 명확하게 분리되지 않은 한국 기업의 풍토에서 대우, 삼성, 현대자동차, SK 그룹에서 볼 수 있는 바와 같이 기업윤리가 정착되기 위해서는 무엇보다도 기업 소유주가 기업윤리의 필요성을 분명하게 이해하고 이를 적극적으로 추진하는 것이 중요하다.

생각해 볼 문제들

1. 나를 기업의 최고경영자라고 가정할 때 윤리경영과 기업이윤 간의 관계를 어떻게 정립해야 할지에 대해 생각해 보시오.
2. 투명경영과 신뢰경영을 실천함으로써 성공한 기업과 비리경영으로 몰락한 기업들을 조사하고, 그러한 기업들의 차이점에 대해 생각해 보시오.
3. 우리나라의 기업들 중에는 법원이나 검찰에서 해당 기업과 관련되어 있는 소송이나 판결을 담당하였던 판사나 검사들을 고문변호사 내지 임직원으로 스카우트하는 사례가 종종 있습니다. 이러한 사례를 기업윤리의 관점에서 생각해 보시오.

더 읽어야 할 책들

1. 조영탁, 『조영탁의 행복한 경영이야기』, 서울 : 휴넷, 2004.
2. 데이비드 뱃스톤, 신철호 옮김, 『영혼이 있는 기업』, 서울 : 거름, 2003.
3. 레리 존스 · 밥 필립스, 나선숙 옮김, 『정직한 경영 존경받는 기업』, 서울 : 한스미디어, 2005.

참고문헌

김성수, "기업윤리의 국제동향과 부패관행에 관한 국제규범화의 동향 분석," 『기업윤리연구 3』, 2001.

김요환 · 김민철, "회계부정에 대한 윤리경영의 성공적인 정착방안," 『전산회계연구』 제4권 제1호, 2005.

김창호, "ISO 26000 시행에 대한 기업의 사회적 책임경영 구축방안," 『인적자원관리연구』 제13권 제2호, 2006.

박노경, "FTA 체결예상국가들의 기업윤리 및 문화적 특성 : 한국 · 미국 · 일본 · 중국 중심," 『무역학회지』 제31권 제5호, 2006.

박재용, "미국의 기업윤리 강화 체계," 『기업윤리연구 4』, 2002.

박헌준 편, 『한국의 기업윤리 : 현실과 과제』 서울 : 박영사, 2000.

박헌준 · 이종건, "한국 기업의 윤리경영 1991-2001 : 변화와 실태," 『기업윤리연구 4』, 2002.

박헌준 · 권인수, "기업윤리 연구의 최근 동향과 실증연구 과제," 『기업윤리연구 8』, 2004.

신유근, 『사회중시경영 : 기업과 사회』, 서울 : 경문사, 2001.

양세영, "미국의 최근 기업윤리 동향과 과제," 『임금연구』 2002년 가을호, 2002.

위수일, "한국기업의 윤리경영 정착화 방안," 『경영교육논총』 제37집, 2005.

유 철, "윤리경영 왜 필요한가," 『기업윤리연구 2』, 2000.

이종영, 『기업윤리 : 이론과 실제』, 서울 : 삼영사, 2003.

이학종 · 이종건, "조직구성원의 윤리풍토에 대한 지각과 조직효율성간의 관계에 관한 실증적 연구," 『기업윤리연구 2』, 2000.

전국경제인연합회 윤리경영팀, 『기업윤리와 기업가치 및 성과간의 관계 분석』, 서울 : 전경련, 2004.

정원규, "기업윤리," 『철학과 현실』 2002년 가을호(통권 제54호), 2002.

정원규 · 최성호 · 윤훈용 · 임석준, "기업의 사회적 책임(CSR) 평가체계 추론을 위한 이론적 고찰," 『21세기정치학회보』 제16집 1호, 2006.

정원규, "경영자를 위한 기업윤리 교육과정에 대한 철학적 반성과 대안," 『철학』 제90집, 2007.

한기수, "1990년대 우리나라 기업윤리교육의 실태와 과제에 관한 연구 : 학부를 중심으로," 『경영교육연구』 제10권 제1호, 2006.

Chapter 9

직업 및 엔지니어 윤리

김연숙

1. 직업윤리의 기초

엔지니어는 일종의 전문직 직종으로서, 엔지니어에게는 전문직 직업윤리와 관련된 윤리적 요구가 부여된다. 그러므로 엔지니어 윤리를 살펴봄에 있어서 먼저 전문직의 일반적 특성을 살펴보고, 전문직으로서의 엔지니어에게 요구되는 윤리요소들을 살펴보겠다.

(1) 일과 노동의 의미

"일하기 싫거든 먹지도 말라"는 말이 있듯이 인간에게 일과 노동은 먹는 것 못지않게 필수불가결한 중요한 삶의 일부분을 구성한다. 물론 인간만이 일을 하는 것은 아니다. 동물의 세계에서도 생존과 먹이를 위해 부지런히 활동하는 모습을 볼 수 있고, 어떤 동물들은 인간의 노동을 보조하는 데 활용되기도 한다. 전통적 운송수단인 마차를 끄는 말이나 논밭을 가는 쟁기를 끌던 소의 역할을 생각해 볼 수 있고, 정교하게 자신이 머물 집을 짓고 먹이를 쟁이는 개미나 벌을 보면 알 수 있다.

그러나 대체로 동물의 활동과 인간의 노동활동을 동일시하는 경우는 별로 없는 것 같다. 특히 생물학자이자 철학적 인간학자인 포르트만이나 겔렌과 같은 이들은 결핍존재(mängelwesen)로서의 인간의 생물학적 조건으로부터 인간의 일과 노동의 기원을 찾는다. 이들에 의하면 동물의 노동이 본능의 도식에 의거한 맹목적이고 단순한 기계적 활동이라면, 인간의 노동은 지성에 의한 합목적적 노동이고 도구를 이용하는 합리적 노동이라는 것이다.

동물들은 모든 육체적 기관들이 태어날 때부터 그 자연적인 생활조건과 환경에 적합하게 도식처럼 거의 완성되어져 있다. 송아지는 태어나서 얼마 안 되어 걷고 뛰면서 거의 어미 소와 별 차이 없이 환경에 적응되어 있으며, 새들도 태어나서 어느 정도 지나면 날 수 있게 된다. 반면 인간은 의식주가 본능적으로 결정되어 있지 않으며, 그의 삶의 환경에 적응하여 살아가려면 오랜 교육과 적응기간을 필요로 한다. 뿐만 아니라 인간은 소여된 환경에 자신을 적응할 뿐만 아니라 경우에 따라서는 세계와 환경을 자신의 삶 속에서 변화시킬 수도 있다. 이런 과정에서 인간이 수행하는 능동적인 활동 전반을 일컬어 '일'이라 부를 수 있다. 이렇게 일하는 존재를 일컬어 우리는 '노동하는 존재(homo-Faber, Homo-Laborans)'라 한다. 이것은 노동이 인간의 본질임을 의미한다.

그런데 인류 역사에서 노동의 의미는 다양한 함의를 지녀왔다. 원시적 노동의 경우, 노동은 유희 또는 예술과 불가분의 관계를 맺고 있다. 원시사회에서는 노동과 유희, 예술이 엄격하게 구분되지 않았으며, 노동은 영리를 목적으로 하는 것이 아니라 그 자체로 유희의 성격을 지니고 있었다. 음악, 춤 등과 융합된 노동은 규칙적이고 합목적적인 긴장된 활동이기보다는 불규칙적이고 자연스런 성격이 강했다.

고대 그리스에서는 모든 육체적 · 경제적 노동을 비천한 인간의 일로서 경멸하고 노예가 해야 할 것으로 치부하였다. 자유로운 시민은 시간적 여유를 향유하면서 폴리스의 정치에 참여하거나 진리를 사랑하는 정신적 활동이나 전쟁에 참여하여 명예를 걸고 싸우는 일에 주로 종사하였다고 한다. 중세에도 노동보다는 기도와 신앙생활을 중시하는 입장이 여전히 강하였다.

이와 같은 노동관의 변화는 종교개혁을 추진한 프로테스탄티즘을 통해 촉발된다. 원래 소명(Beruf)이라는 말은 성스러운 직업인 승직에 대하여 사용되던 것인데 루터는 이것을 속된 직인 일반적 직업노동에도 적용하였다. 루터에 의하면 모든 직업은 신으로부터의 소명에 의하여 성립된 것으로, 이로써 세속적 직업과 노동에 적극성과 합리성이 부여된다. 특히 칼비니즘의 윤리는 노동에 새로운 의미를 부여하게 되어 세속적 직업 그 자체를 신의 소명에 의한 것으로, 퓨리탄은 목적으로서의 부의 추구를 배척하면서도 직업노동의 결과로서의 부의 획득을 신의 은총으로 생각하였다. 즉 아무리 이익이 증대하더라도 자기의 향락을 위해서가 아니라 오직 '신의 영광'에 봉사하기 위해 일한다는 정신으로 금욕적 성격을 함축하게 된다. 이렇게 얻어진 이윤은 소비되지 않고 축적되어 자본으로 전환되어졌으며, 결국 청교도들의 금욕적 직업윤리는 자본주의의 성립을 촉진하는 한 요소가 될 수 있었다.[1)]

(2) 전문직 직업윤리

1) 직업의 의미

우리가 사용하는 직업이라는 말은 사회적 지위나 위상을 나타내는 직(職)이란 말과 생업을 의미하는 업(業)이란 말의 합성으로 되어 있다. 사전적 의미로 '직'에는 직위를 뜻하는 것 외에도 '맡을 직', '떳떳할 직'의 의미가 들어 있다. 서구에서 직업을 의미하는 말들로는 'occupation(英)', 'Profession(불)', 라틴어 vocatio에서 유래된 'vocation' 등이 있다. occupation은 '장소를 점유하는'이라는 경제적인 성격을 함축하며, 한 영역에서 개인의 역할을 지시하는 의미가 함축되어 있다. profession은 노동력과 교환되는 임금에 초점을 맞추는 표현이기보다는 그 일이 지니는 사회적 지위나 위상을 강조하는 말이다. vocation은 '불림'을 의미하는 독일어 'Beruf'와도 관련되는 말로, 신의 부름 또는 소명을 받은 일이라는 의미가 함의되어 있다. 이런 맥락에서 본다면 직업은 본래 떳떳하고 당당한 것으로, 하늘을 우러러 부끄럼 없는 일이자 하늘이 맡긴 일이라는 함축적 의미를 지니고 있다.[2)]

일반적으로 일, 업무, 직업 등은 일상적인 대화에서 구별 없이 사용되고 있는 용어들이지만 엄격하게 보자면 그 의미들은 조금씩 차이가 있다. 우선 일(work)은 '자신이나 타인에게 가치가 있는 재화나 용역을 창출해내는 활동'으로 정의된다. 대체로 고용주나 고객과 같은 타인들을

1– 장승구, 『삶과 윤리』, 서울 : 이회, 1997, p. 156.

2– 이관춘, 『직업은 직업이고 윤리는 윤리인가』, 서울 : 학지사, 2005, pp. 55–56.

위해 행한 일에 대하여는 금전적 보상을 받지만 모든 일이 금전적 보상과 관련된 것은 아니다. 가사노동이나 종교적 선교활동, 자원봉사 활동 등은 금전적 보상을 거의 기대하지 않고 행해지기도 한다. 여기서 타인에 대한 가치는 가족을 위한 일, 이타주의, 구원 등의 추상적 의미를 함축하게 된다. 업무(job)는 일 중에서 실제로 수행하는 구체적인 과제를 지칭하는 것으로, 근로자가 특정한 맥락에서 수행하는 기술적 · 사회적 활동이라 할 수 있다. 직업(occupation)은 일반적으로 어떤 사람이 수행하는 일의 유형을 지칭하는 것으로, 재화를 생산하거나 서비스를 제공하는 활동의 사회적 및 기술적 구성으로 규정될 수 있다. 보다 구체적으로 직업은 핵심적인 직무를 사회적으로 조직화한 것으로 볼 수 있다. 한국 표준직업 분류에서는 직업을 '개인이 계속적으로 수행하는 경제 및 사회활동의 종류'라고 규정한다.[3)]

직업이 우리의 삶에 지니는 의미는 다양한 측면에서 살펴볼 수 있지만 대체적으로 인간개체의 생존발전과 공동체의 사회적 기능의 역할 분담, 자아실현을 목표로 하는 지속적인 노동 또는 일의 특성 등을 지닌다. 다시 말하자면, 직업은 개인적으로는 자신의 재질, 포부, 가능성, 적성, 취향 등을 실현해 가는 기회를 가지게 되는 것이며, 사회적 측면에서는 기능적 역할을 분담하면서 사회구조의 구성원으로서 하나의 위치를 점하면서 사회형성에 기여하는 것이기도 하다. 직업을 생계를 위하여 사회성원이 각자의 역량을 발휘하여 일정한 일에 지속적으로 종사하는 사회활동이라고 이해할 때, 성인은 직업을 가짐으로써 자신과 가족의 생계를

3_ 송재범, 『디지털 시대의 직업윤리』, 고양시 : 인간사랑, 2001, pp. 197-198.

꾸리고 다른 사람들과 서로 의사소통하면서 상부상조하며 전체 사회의 영위에 기여한다. 직업은 자발적으로 수행하지만 경제적 보상을 받지 않는 자원봉사와 구별되며, 또 보상을 받지만 노동력을 공급하는 행위가 강제력을 띠는 강제노동과는 구별된다.

2) 전문직 직업윤리

① 전문직 개념

오늘날 사회가 산업화될수록 일의 기술적 세분화, 기계화, 경영의 대규모화, 공무 · 자유업이 증대하고 직업은 점점 복잡다양해지는 동시에 상호 의존적 관계가 점증하고 있다. 전문직 윤리(professional ethics)는 전문직이라 불리는 직업에 종사하는 사람들이 지켜야 할 윤리를 말한다. 전문직을 의미하는 profession의 초기 의미는 '어떤 방식으로 살겠다고 자유롭게 약속하는 행동'과 관련된 것으로, 일거리를 의미하는 job이나 생업을 의미하는 occupation과는 구분되었다. 형용사 professed는 종교적 질서에 대한 수도사의 맹서와 같은 활동과 관련된 것으로 정의되며, 17세기에 이르러서는 적절한 자격을 갖춘 직업을 가진 사람을 지칭하였으며, 특별한 기술, 지식, 정신집중을 요구하는 것과 관련된 직업을 의미하였다.

전문직의 기원에 관한 의견은 다양하나 서양 중세시대의 장인조합(guild)에서 출발했다는 주장이 많다. 중세시대 유럽의 도시에서는 제과직, 마구사, 도예공, 목수, 칼을 만드는 도공, 금속공 등의 수공업자들이 있었다. 이들 수공업자들은 도시마다 동업조합인 길드를 형성하였고, 각 길드에는 각각 고유의 가치관이나 행동규범이 존재하였다. 가령 제조법이나 용구에 관한 규범, 고객과의 거래에 관한 규정, 직업기술 습득에 관한 규정, 길드 가입절차에 관한 규정 등이 있다. 이런 규정이나 규범이 형성되고 지켜진 것은 한편으로는 제품의 품질을 유지하고 동업자들끼리 과도한 경쟁을 방지함으로써 직업상의 영리활동을 원활히 하기 위함이었고, 다른 한편으로는 동업자가 가지고 있는 여러 가지 특권을 보호하고 권위를 유지하기 위해서였다. 즉, 동업조합을 결성하고 직업활동에 따르는 여러 가지 규정을 시행하므로 직업상의 이익을 보호함은 물론 직업상의 신용이 유지되도록 노력하였던 것이다. 요컨대 중세의 장인조합은 도제의 훈련기준이나 장인들의 업무능력 및 직무수행을 자율적으로 통제하면서 나름대로 전문성을 유지하는 역할을 하였다.[4)]

근대에 들어와서 공장제 제조업의 등장으로 수공업에 의존하던 길드의 조직은 붕괴되었으나 직업별로 동업자의 행동을 규제하고 동업자의 이익을 보호하는 제도와 관행은 여전히 남아 있다. 현재 전문직이란 아마추어와 대비되는 개념으로 일정한 사회적 · 직업적 특성을 갖추고 있으며, 사회적으로 공인된 어떤 특정한 직업범주를 지칭한다. 또한 전문직업은 전문적 지식이 세분화되고 새로운 종류의 직업이 생겨나면서 그 종류가 점차 증가하고 있다. 전문직 유형은 크게 두 가지 유형으로 구별할 수 있다. 하나는 전통적 전문직으로 의사, 치과의, 약사, 간호사, 변호사, 공인회계사, 각종 기술사, 교사, 연구원, 화가, 작가, 언론인 등이 있으며, 현대적 전문직은 방송, 광고, 영화 등과 관련된 아나운서, 카피라이터, 영화감독 등이나 사회의 변화에 따른 각종 컨설턴트, 컴퓨터, 정보공학의 발달에 따른 정보처리 전문가, 컴퓨터 프로그래머, 시스템 분석가,

---

4– 앞의 책, p. 314.

전자기술자, 원자력 기술자, 관제사, 우주항공사 등 다양하다.

카(David Carr)는 전문직업의 핵심 기준을 다음과 같이 제시한다. 첫째, 전문가는 중요한 공공 서비스를 제공한다. 둘째, 전문가는 이론적으로 뿐만 아니라 실천적으로 전문가임을 말한다. 셋째, 전문가는 실천강령으로 명시되어야 할 윤리적 차원을 지닌다. 넷째, 전문가는 충원과 규율의 목적상 조직 및 규제를 필요로 한다. 다섯째, 전문 실천가들은 효과적인 실천을 위해 높은 수준의 개인적 자율성(예컨대 판단의 독립성)을 필요로 한다.[5]

전문직은 전문적 지식과 기술 혹은 노하우를 필요로 하는 직업이다. 전문직의 직업적 특성은 필수적이고 이익이 되는 사회적 요구를 만족시켜야 하며, 분별력이나 판단력을 필요로 하며, 표준화에 종속되지 않는다. 전문가는 작업현장 및 직무수행에서 상당한 자율성을 지니게 된다. 또한 높은 지적 수준에서 수행되는 활동유형이자 오랫동안 검증된 연구와 경험의 산물이기 때문에 일련의 지식체계와 기술을 필요로 한다. 그러므로 형식적 교육기관과 전문가를 양성하는 기관을 졸업한 사람만이 전문가의 자격을 얻을 수 있으며, 이들 자격에는 면허취득이 요구된다. 또한 전문직으로서의 법적 지위를 가져야 하며, 정비된 입회기준이 요구된다. 전문직은 기술적 지식과 전문가적 이상을 증진시키고 사회에 봉사하는 집단의식이 요구된다. 특히 전문직은 직업적 특성상 윤리기준 및 윤리강령의 엄격한 준수를 요구받는다. 이와 같은 내용을 바탕으로 하여

5- David Carr, "professional Education and Professional Ethics," *Journal of Applied Philosophy*, Vol. 16, No.1, 1999, p. 34. 최문기, "과학기술윤리의 현황과 연구 윤리 과제", 『국민윤리연구』 제63호, 한국국민윤리학회, 2006, p. 61 재인용.

전문직업인으로서 전문가의 요건은 다음 4가지로 구체화할 수 있을 것이다.

㉮ 업무상 요건

판에 박힌 일이 아니며, 기계화될 수 없는 일에 대하여 숙련된 기량을 발휘하고, 결정권/판단권(재료, 부품, 장치의 구매 및 사용결정, 평가, 심사, 과제/업무의 진행 및 명령 등)을 행사하며, 자유재량권(지적 소유권, 특허권, 기업정보의 보안기밀의 유출방지 등)을 실행함으로써 전문적인 서비스를 제공하는 데 있어 대개 독점하거나 독점성이 짙다. 따라서 전문가들은 자격증이 요구되고, 업무상 자율성을 누린다.

㉯ 교육요건

단순한 훈련이나 견습수준이 아닌 상당한 시간의 전문적인 교육과정(대학교육 과정 ; 공학사, 공학석사, 공학박사 등)을 이수하여야 한다.

㉰ 사회적 (소속단체) 요건

직업종사자는 해당되는 전문협회(토목학회, 기계학회, 전기학회 등) 또는 기구(공학교육인증원, 공학한림원 등)가 결정되어 있고, 회원들은 이에 공적으로 예속된다. 이 협회 또는 기구는 직업허가의 기준들, 회원들의 행동기준(윤리헌장)들, 이 기준들의 강제적 실시에 관한 결정을 논의하고 시행한다. 전문가들을 그 소속단체의 윤리헌장에 명시된 윤리적 표준에 의해 규제되어야 한다.

㉱ 공적 업적 요건

봉사와 직업 실천의 결과가 쾌적한 생활환경의 조성, 공공의 건강증진, 편리한 생활도구의 제공, 통신 시스템의 구축, 운송 시스템의 구축, 에너지 자원의 조달, 의료 진단기구 및 치료장비의 고안 등 공공의 선에

기여해야 한다.[6)]

② 전문직의 윤리적 조건

일반적으로 직업윤리는 모든 직업에 보편적으로 요구되는 일반 직업윤리와 특정한 직업영역과 직업에 따른 고유한 기능으로서 직능(職能)에 따른 직무수행에서 요구되는 특수한 직업 또는 전문직 윤리의 두 가지로 구분된다.

직업과 직무에 따른 윤리를 강조하는 전통은 고대 그리스로 거슬러 올라간다. 플라톤은 그의 저서 『국가론』에서 국가의 조직원리는 분업이며, 각각의 직업과 지위에 맞는 직분을 수행할 것과 사회적 계급에 따라 차등적으로 부과되는 특유한 덕을 지닐 것을 강조하였다. 예컨대 생산자 계급은 절제의 덕을, 전사자 계급은 용기를, 통치자 계급은 지혜의 덕을 기본 덕으로 부과하였다.

플라톤이 주장하는 것과 같은 직업에 따라 요구되는 덕에 차이가 있다는 입장은 오늘날의 전문직 직업윤리의 방향설정에도 어느 정도 타당한 것으로 받아들여진다. 모든 직업에는 직업의 성격과 직능에 따라 특히 중요하게 요구되는 전문적 능력과 윤리적 요구가 있기 때문이다. 컴퓨터 프로그래머에게 특별히 요구되는 윤리가 있고, 변호사나 의사 역시 그들의 직종에 따라 고유하게 요구되는 윤리적 덕목들이 있다. 공무원은 일반시민보다 더욱 더 청렴할 것이 요구되며, 군인이나 경찰은 보다 높은 용감성이, 학자, 성직자, 법조인에게는 보다 높은 도덕성이 요구된다

6– 배원병 외, 『공학윤리』, 서울 : 북스힐, 2006, p. 10.

고 할 수 있다.

특히 전문인이 수행하는 직업활동의 윤리적 조건은 윤리적 업무계약, 성실성, 책임감 등으로 제시된다.

㉮ 업무의 윤리적 계약

- 업무계약을 위해 전문인은 그 업무수행에 적합한 지식과 기술, 업무수행 중의 장애를 극복하는 데 도움을 받을 수 있는 정보와 기술을 구하는 능력을 구비해야 한다.
- 계약내용의 명시가 요구된다. 업무 성격상 일을 분담할 경우 분할된 업무에 대해 누가, 어떤 부분을 수행할 것인가를 명시해야 한다. 만일 작업체계에서 작은 업무나 하청작업이 비전문인에게 맡겨진다면 일의 전문성은 떨어진다.
- 계약은 개방적이고 공시적이어야 한다. 계약은 할당된 시간자원, 물질적 자원, 재정적 자원의 한도 내에서 정확히 실행되어야 한다.
- 계약에 들어가기 전 전문인은 계약업무가 내부적 갈등이나 문제를 일으키는 것이 아닌지를 확인해야 한다.

㉯ 업무의 성실

- 성실(誠實)의 동양 전통적 의미를 살펴보자면 성(誠)이란 진실하여 전연 흠이 없는 완전한 상태를 말한다. 성은 진실무망(眞實无妄)하여 완전한 경지이므로 천(天)의 도(道)이고, 성되려고 노력하는 것은 바로 천도로서의 완전함을 지향하는 인도(人道)로서의 성이라 한다. 성의 자원적 뜻은 언(言)과 성(成)의 합자로서, 문자 그대로 '말한 바를 반드시 이루도록 혹은 그렇게 일관

하는 마음'을 말한다. 실(實)은 '속이 차게 열매가 여물다'는 함의를 지니고 있다. 그러므로 성실은 진리나 법, 도를 잘 이룸으로써 도가 꽉 찬 것으로, 인도의 측면에서는 말한 바를 지키면서 실천하는 언행일치의 의미를 내포한다.[7] 성실을 뜻하는 영어의 'integrity'는 전체, 분할되지 않음을 뜻하는 라틴어 'integratas'에서 유래한 것이다. 그러므로 성실은 자신의 신념을 분할되지 않은 상태로 유지함을 의미한다.

이런 성실의 의미에 근거할 때, 전문인으로 성실성은 고객과의 계약사항이나 맡겨진 업무에 대한 완전한 실행과 이행의 의미를 함축한다고 볼 수 있다. 이를 위해서 전문인은 일에 대한 비전, 헌신의 태도를 갖추어야 한다.

- 비전 : 비전을 가짐은 일을 예측하는 능력, 장애물을 피해가는 능력을 말하며, 이를 바탕으로 일에 대한 주도권(intiative)을 갖고 자율적이며 업무에 있어 권위 있게 일을 처리할 수 있는 능력을 의미한다.
- 헌신 : 전문인은 자신의 일을 완성할 때까지 성실히 수행하는 헌신적 자세가 필요하다.

㈐ 업무에 대한 책임

책임은 한 개인의 역할, 직무, 행동, 행위의 결과 등에 맡겨진 의무라고 볼 수 있다. 책임감이 있는 사람들은 대체로 해명의 책임, 탁월한 수행, 노력, 자기 제어의 성격적 요소를 함양하고 있다. 해명의 책임을 지는

7- 김태훈, 『덕교육론』, 서대문구 : 양서원, 1999, pp. 78-79.

사람들은 행위의 결과를 고려하게 되며, 어떤 것을 행하지 않았을 때 발생할 수 있는 복잡성을 알고 장애를 제거하기 위해 이에 대해 설명하고 이해시키고자 노력한다. 또한 안전하고 효과적으로 과제를 수행하는 지식, 능력, 자발성의 탁월성을 지니며, 장애에 항복하기보다는 지속적으로 개선하고 극복하면서 시작한 것을 마친다. 이런 일반적 책임의 개념과 더불어 전문 직업인으로서의 책임도 세분될 수 있다.

서비스 제공자인 전문인으로서의 책임은 서비스에 대한 책임, 제품에 대한 책임, 결과에 대한 책임을 지닌다. 전문인이 의뢰인에게 서비스를 제공하기 위해서는 서비스의 제공 시기, 서비스의 질, 서비스가 수반하는 결과에 대한 특별한 책임을 갖게 된다. 제품에 대한 책임으로는 해당 제품을 온전한 상태로 인도하는 것과 제품의 안전한 사용을 안내해야 할 책임과 더불어 제품의 사용결과로 발생하는 손해에 대해 계약에 근거하여 책임을 져야 한다. 즉 제공한 서비스나 제품에 대한 책임을 전문인은 감수해야 한다.

2. 엔지니어 직업윤리

(1) 엔지니어의 개념

자연의 이해 등과 같은 기본적인 연구에 관련된 과학(science)을 연구하는 이들을 과학자(The scientist)라고 한다면, 엔지니어(The Engineer)는 기본적인 과학원리에 관심을 갖지만 과학자와 달리 이들은 원리의 발견보다는 적용을 지향한다고 할 수 있다. 엔지니어 주요한 활동은 설계, 즉 특정한 요구에 응답할 수 있는 장치나 과정을 합성하기 위하여 과학지식을 사용하는 것이다. 과학자와 엔지니어의 차이점을 카르맨(T.V. Karman)은 "과학자는 현상을 탐구하고 엔지니어는 존재하지 않았던 것을 창조한다"라는 말로 잘 표현하고 있다. engineer라는 단어는 불어 genie에서 유래한 것으로 현명한(clever), 혁신적인(innovative), 천재(genius)라는 의미를 함축한다. 19C 이후 전문기술자로서 엔지니어는 과학적 지식에 근거한 전문기술 보유자, 특수 전문분야의 과학적 지식을 바탕으로 기술행위를 하는 자를 지시하게 된다.

이밖에도 과학자와 엔지니어의 아이디어를 구현하는 것은 엔지니어링 기술전문가(The Engineering Technologist)의 도움을 받는다. 이들은 과학과 엔지니어링 원리의 개발보다는 확립된 원리의 적용을 다룬다. 이들은 엔지니어와 기능공 사이에 위치하게 되는데, 이들의 업무는 주로 엔지니어링 프로젝트의 조직과 관리, 엔지니어링 설비의 계획, 건설, 운용에 참여한다. 엔지니어링 팀의 다른 구성원으로는 엔지니어링 기술자(The Engineering Technician)가 있다. 이들은 특정한 적용에 대한 상세한 지식을 필요로 하며, 엔지니어나 엔지니어링 기술전문가의 업무보다 정형화되어 있지만 좀더 고도의 기술적 속성을 지닌다. 이들은 엔지니어에 의해 설계된 원형장치의 실질적인 제조에 참여하며, 제도를 준비하는 것, 전기회로의 조립, 비용평가, 서비스와 유지활동 등에 참여한다. 엔지니어링 팀의 또 다른 구성원으로는 기능공(The Craftman)이 있다. 기능공은 엔지니어에 의해 명세된 부품을 생산하기 위한 손기술을 보유하고 있다. 이들의 훈련은 대개 직업을 통해 이루어진다. 용접공, 전기공, 기계공, 목

수 등이 기능공의 세분화된 직업 예이다.[8)]

미국의 엔지니어링과 기술에 대한 공증위원회(Accreditation Board for Engineering and Technology)는 엔지니어를 "교육과 경험을 습득한 그들의 전공지식과 수학, 과학 및 엔지니어링 과학, 엔지니어링 해석과 설계의 원리 및 방법의 사용에 의해서 엔지니어링을 실행할 수 있는 자격을 갖고 있는 사람이다"[9)]라고 정의하고 있다.

(2) 전문직으로서의 엔지니어

엔지니어는 공식적인 교육과 경험을 통하여 요구되는 기술을 습득하여야 한다. 또한 여타의 전문적 직업에서처럼 사회의 이익을 위하여 전문화된 지식과 기술을 적용하는 책임이 부여되며, 공공복리를 고려할 수 있는 사회적 책임을 떠맡아야 한다.

앞에서 살펴본 것처럼 전문직은 필수적이고 유익한 사회의 요구를 충족시켜야 하며, 규격화에 얽매이지 않으며, 지식과 기술의 높은 지적 기반에서 수행되는 활동을 포함하며, 지식과 사회봉사를 위한 직업적 이상의 증진을 목표로 하며, 법적 지위를 갖고 공식화된 허가기준을 필요로 한다.[10)]

엔지니어 역시 이와 같은 전문직 요건을 갖추고 있다. 엔지니어들은

8_ 정태진 외 공편,『공학도를 위한 엔니니어링 입문』, 普文堂, 1993, p. 15.

9_ 위의 책, p. 13.

10_ 위의 책, p. 39.

직업적 활동에서 자율의 특권이 있는 한편 사회와 공중에 대한 책임이 무엇보다 우선적으로 요구되며, 이를 위해 각 분야별로 엔니지어 활동에 지침이 되는 윤리규약을 고안하여 채택하고 있는 추세이다. 또한 엔지니어를 육성하기 위한 엄격한 정규교육과 연마를 위한 활동이 수행되고 있다. 엔지니어 육성과정은 정규과정으로 프로그램화되어 있다. 즉 엔지니어링 교육의 토대는 기본과학과 물리학, 화학, 수학, 컴퓨팅 등이 있으며, 나아가 인문과학, 사회과학, 예술, 윤리 등으로 구성된다. 후자의 경우 미래의 엔지니어들이 사회와 자연환경에 대한 엔지니어링의 잠재적 영향을 이해하는 데 도움을 준다.

엔지니어링 기술 프로그램은 전문화된 응용에서 산업적 요구를 충족시키기 위하여 일련의 학위 프로그램으로 설정되어 있다. 미국의 경우 엔지니어 프로그램을 고찰하고 공인하는 책임으로 ABET(Accredi tation Board for Engineering and Technology)가 있다. ABET는 공인된 프로그램의 최소한의 기준을 결정 · 검토하며, 현존하는 교육과정의 개선과 지침을 제공한다. 이런 일련의 교육과정에 이어 관심 있는 분야에서의 광범위한 직업훈련을 거쳐 엔지니어의 자격을 갖추게 된다. 일정한 자격을 갖춘 이후 엔지니어들은 능력을 증명하는 등록절차를 거쳐야 한다. 등록을 통해 대중들은 엔지니어의 직업실무를 위한 자격을 확증한다. 엔지니어는 직업적 책임과 성실의 의무를 준수해야 하며, 직업활동에 도움을 주고받을 수 있는 직업단체 또는 사회에 참여하게 된다.

(3) 엔지니어 직업윤리

엔지니어는 고객, 고용주, 일반 대중들에 비하여 관련된 업무에 전문화된 지식을 가지고 있다. 이런 전문지식을 통하여 사회에 기여할 수 있는 반면 사회에 해로운 영향을 끼칠 수도 있는 잠재적 가능성을 지니고 있다. 이런 미묘한 관계를 다루기 위하여 엔지니어 윤리규약을 고안 · 채택하고 있으며, 엔지니어 직업윤리의 중요성이 부각되고 있다.

1) 책임성

NSPE 윤리헌장의 제4조항은 "엔지니어는 고용주 또는 고객에 대하여 충실한 대리인 또는 수탁자로서 행동한다"고 규정되어 있다. 그러나 이보다 앞선 제1조항은 "공공의 안전, 건강과 복지를 최우선으로 고려하여야 한다"라고 명시되어 있다. 이것은 엔지니어가 고용인으로서의 책무에 못지않게 사회적 책임을 지고 있음을 보여준다. 일반적으로 책임의 개념은 법적 책임과 도덕적 책임의 문제로 분류해 볼 수 있다. 법의 일부 영역에서는 과실이나 비난의 귀속이 없는 엄격한 책임이 있으나 배상이나 수리와 같은 법적 책임도 있다. 무엇보다도 공학적 실천에서 엔지니어들은 고의적이건, 부주의에 의한 것이든, 무모하게 일으킨 것이든 발생한 모든 해악에 대하여 책임이 있다. 좀더 엄격하게 말하자면 엔지니어는 그들 자신이나 감독관, 회사가 법적 책임을 가질 수 있는 사회에 해악을 줄 수 있는 것에 대하여 그 가능성을 줄이는 방식으로 대중과 고용주에게 봉사해야할 책임은 가진다.

엔지니어의 공학전문가로서의 책임의 개념은 최소주의자(minimalist)

관점, 합리적 배려(reasonable care), 선행(good works)의 세 가지 관점에서 살펴볼 수 있다.[11)]

① 최소주의자적 관점

책임에 대한 최소주의자적 관점은 엔지니어들이 전문직업의 규범 수행절차를 준수할 의무와 고용조건에 의한 기본 임무를 이행해야 할 의무가 있다고 주장한다. 이러한 책임의 불이행으로 말미암은 손해에 대해서는 책임을 져야 한다. 최소주의자들은 책임을 일종의 배타적 용어로 정의한다. 이들의 생각은 "그것은 나의 일이지 너의 일이 아니다" 또는 "그것은 너의 일이지 나의 일이 아니다"와 같은 형태로 표현할 수 있는데, 이것은 책임을 개인적 잘못이나 죄책과 연관되는 것으로 이해함을 의미한다. 그러므로 공학적 사고가 난 경우 이들은 대체로 사고의 원인을 규명하고자 하며, 어떤 사람이 명백한 책임을 져야 하는가를 찾게 된다. 이런 논리는 뒤집어 말하면, 만일 어떤 사건의 원인에 대해 책임이 있는 행위자를 추적할 수 없다면 어느 누구에게도 외관상 법적 · 도덕적 책임을 적용할 수 없게 된다. 그러므로 만일 복잡한 공학적 설계과정에서 원인이 규명되지 않은 사고가 난 경우 그 누구에게도 책임을 물을 수 없을 수도 있을 것이다.

② 합리적 배려

합리적 배려는 해를 입을 수 있는 위험에 처해 있고 그 해를 막으려고 노력하는 사람의 관계에 보다 직접적으로 관련된다. 법적인 상해나 과실

11- Charles E. Harris, Jr. Michael S. Pritchard, Michael J. Rabins, 『과학과 공학윤리』, 김유신 외 공역, 학술정보, 2004, p. 120 인용 및 참조.

을 말해주는 불법행위에 관한 법규는 책임져야 할 당사자에 의해 상해를 입었거나 부당한 취급을 받았다고 주장하는 사람들의 고소로부터 시작된다. 이 경우 엔지니어는 소송에 관련되어 있다는 사실 자체로 의미함축을 갖게 되며, 법정의 판결이 어떠하든 도덕적 관점에서 볼 때, 고의적이건 미필적 고의건 타인에게 피해를 입힌 것은 합리적 배려을 결여한 행위이다.

③ 선행

선행은 '의무의 요구 이상'의 의미를 지닌다. 다음 공학적 선행의 사례를 살펴본다.

> 한 안전로프 설계 엔지니어가 고층건물의 창문 닦는 사람을 위한 안전로프의 특성에 대해 연구중이다. 비록 현재의 설계가 법적 요구를 만족하기는 하지만 더 개선될 여지를 살펴보기 위하여 근무시간 이후의 엄청난 시간을 투자하였다. 이러한 행위에 대하여 그는 다음과 같이 말한다. "할 수 있는 한 최선을 다해야죠. 그래도 대개는 불충분하거든요."

우리는 이 사례를 통해서도 전문직 책임은 전문가 윤리헌장에 명시되어 있는 기본적인 의무이행 이상의 덕을 포함할 수 있음을 알 수 있다. 메이(Wiliam F. May)는 전문가 윤리는 덕과 인격과 같은 문제에 주의를 기울여야 함을 주장한다. 그는 대중의 안전과 복지에 관심을 가진 자와 적극적으로 안전과 복지를 개선하기 위한 방법을 찾는 자는 덕을 가지고 있는 것이 좋다고 본다. 왜냐하면 지식의 폭발적 증가는 달리 보면 무지의 폭발적 증가인 것으로, 전문성에 의존하는 사회는 그만큼 전문가의 품성에 의존해 있다고 보기 때문이다. 만약 기본적인 의무 이상의 것을 수행하려면 자비심, 인내, 공공심, 동정심, 친절, 관대함 등의 많은 인격

적 특성의 함양을 필요로 할 것이다.[12)]

2) 성실성

대부분의 엔지니어 윤리강령은 엔지니어의 성실성과 정직 및 청렴에 관한 규정을 명시하고 있다. NSPE의 "2항. 자신이 능력 있는 영역에서만 일을 한다. 3항. 공적인 진술서는 객관적이고 진실되게 발행한다. 4항. 고용주 또는 고객에 대하여 충실한 대리인 또는 수탁자로서 행동한다. 5항. 사기행위를 하지 않는다" 등은 좋은 예시가 될 수 있다.

그러나 엔지니어들은 공학적 현장에서 다양한 방식으로 성실성의 의무를 위반할 수 있다. 개인적 활동에서 엔지니어는 고객의 허락 없이 기밀정보를 누설하고 싶은 유혹에 빠질 수도 있다. 대부분 엔지니어가 피고용인이라고 가정하면, 정보의 부적절한 공개를 포함하는 일반적인 문제는 소유권 있는 정보의 침해이다. 이전 고용주의 설계와 소유권 있는 정보를 이용하는 것은 부정직한 행동이고 소송을 야기할 수 도 있다. 또한 이전 고용주를 위해 일하면서 개발하였던 아이디어를 이용하는 것도 문제가 될 수 있다. 특히 거래비밀, 특허, 면허협정과 관련되는 경우에는 심각한 문제가 될 수 있다.[13)]

NSPE헌장은 "엔지니어들은 그릇된 방식으로 다른 고용주로부터 엔지니어를 유혹하려고 시도해서는 안 된다"라고 명시하고 있다. 특히 기업기밀(trade secret)은 경쟁기업을 능가하기 위해 기업에서 이용되는 공식, 유형, 장치, 정보편집물이다. 코카콜라 제조법은 기업기밀의 한 예이

12– 앞의 책, p. 128 참조.

13– 앞의 책, p. 141.

다. 기업기밀은 공개되어서는 곤란하며 보호되어져야 한다.

3) 자율성 : 이의제기로서 불복종과 고발

엔지니어들은 공학현장에서 직무를 수행함에 있어서 어느 정도는 독자적이고 객관적인 판단을 할 수 있다. 이를 전문가적 자율성이라고 부른다. 그러나 엔지니어는 공학적 업무의 특성상 독자적으로 활동하기보다는 조직의 일원으로 활동하고 있다. 즉 엔지니어는 대규모의 자본력과 인적 구성원으로 구성된 영리적 단체인 기업의 조직원으로 활동하는 경우가 많다. 이 경우 엔지니어는 전문가적이고 독자적인 판단으로 업무를 수행하기보다는 고용주의 운영방침이나 지시에 따라야 하는 경우가 있다. 더욱이 큰 조직의 계층적 구조와 세분화된 분업은 엔지니어들의 작업과 그들의 작업이 대중에 미치는 영향에 대해 무감각해지게 만드는 측면이 있다.

경영자의 입장은 대체로 도덕적 원리보다는 경영의 효율성이나 편의성을 우선할 수 있으므로 엔지니어의 윤리적 쟁점들과 충돌하기 쉽다. 물론 엔지니어들은 대체로 자신의 기업체가 흑자로 운영되어 안정적 고용처가 되기를 바랄 것이며, 대체로 고용주에게 성실하게 일하고자 할 것이다. 윤리헌장에서도 엔지니어들이 그들의 고용주나 고객에게 충성할 의무가 있다고 명시하고 있다. 그런데 엔지니어는 고용주에 대한 충성의 의무 못지않게 공공의 건강, 안전, 복지를 최우선으로 지킬 의무가 있다. 이 의무는 엔지니어들에게 높은 수준의 품질과 안전을 유지하도록 요구한다.

엔지니어의 공학적 의사결정과 경영자의 경영학적 결정 사이에서는 언제나 이해충돌이 발생할 여지가 있다. 이러한 이해충돌을 해결하는 과정에서 엔지니어가 할 수 있는 의견제시의 행동적 조치로는 불복종과 고발행위가 있을 수 있다.

① 불복종

책임감 있는 엔지니어는 조직과 고용주에 대한 충실성을 지녀야 한다. 그러나 이와 같은 충실성은 맹목적이어서는 곤란하며, 분별력이 있는 비판적 충실이어야 한다. 엔지니어들이 그들의 조직에 대한 충성의 의무가 있지만 이것이 공공의 안전과 건강을 도모해야 하는 전문가의 윤리에 우선하여 위반을 정당화하는 것은 아니다. 그러므로 엔지니어는 경영자가 자신의 결정이 전문 엔지니어 윤리에 위배되는지 알지 못하는 경우도 있으므로, 먼저 고용인의 부당한 결정에 대해 대안을 제시하여 비윤리적 경영이 가져올 수 있는 부정적 파장을 줄여나가도록 조언할 필요가 있다. 그리고 윤리적인 문제가 있는 행위의 요구에 이의를 제기하며 참여를 거부하는 것이 엔지니어가 해야 할 일이다.

엔지니어의 비판적 충성은 경영자가 합당한 공학적 결정을 거부하거나 양심에 어긋나는 행위를 지시할 경우 거부할 수 있음을 의미한다. 조직적 불복종은 직장 내에서 할 수 있는 최종수단이 되어야 하고, 부정적인 결과를 최소화하는 방법으로 이루어져야 한다. 엔지니어들이 하는 조직적 불복종은 적극적 방법과 소극적 방법이 있다. 적극적 방법은 회사의 이익에 반대되는 행동에 참여하는 것으로, 예를 들어 오염물질을 배출하는 업체에 대해서는 오염물질 제거장치를 설비하도록 환경운동을 하는 것이다. 소극적 방법은 비윤리적으로 결정된 일에 이의를 제기하면서 참여를 거부하는 것이다.[14)]

② 고발(whistleblowing)

불복종으로 충분하지 않은 상황에서 최후의 수단으로 고려될 수 있는 행위는 공개적인 이의제기의 형태인 고발이다. 고발은 극단적인 방법이므로 먼저 사용 가능한 모든 수단과 절차를 거치는 것이 바람직하다.

고발은 내부고발과 외부고발로 나누어진다. 내부고발은 종업원이 고위직에게 문제를 보고하기 위해 직접 상관의 책임자에게 정보를 알리거나 최고책임자에게 직접 알리는 경우이다. 어쨌든 내부고발은 조직 내에서만 이루어진다. 반면에 외부고발은 종업원이 기업 외부의 신문이나 법률당국에 고발하는 경우이다.[15] 외부고발은 내부고발에 비하여 그 파장이 더욱 커질 수 있다.

고발이 성공하기 위해서는 다음과 같은 절차를 거치는 것이 필요하다.

(1) 엔지니어는 자신의 주장의 합당성을 보장하기 위하여 모든 노력을 기울여야 한다. 필요하다면 문서화된 증거도 있어야 한다. 문서는 이의제기에 합당하여야 한다. (2) 이의제기의 정당성을 확보하기 위해서는 다른 사람의 의견도 들어야 한다. 필요하다면 관련 전문직 단체의 윤리위원회나 외부의 기업윤리 상담 전문가의 조언, 전문적인 기술평가 등을 요청할 수 있을 것이다. (3) 지원을 받은 엔지니어는 믿을 수 있는 회사 동료들의 찬성을 비공개적으로 모은다. (4) 직속상관에게 예의를 갖추어 이의를 제기한다. 이때 비윤리적 문제를 해결하기 위한 긍정적이고 구체

14– 배원병 외, pp. 178–179 인용 및 참조.

15– 김 진 외, 『공학윤리』, 철학과 현실사, 2003, p. 160.

적인 제안을 한다. (5) 직속상관이 냉담하면 더 높은 상관들에게 자료를 제출하고 지원을 요청한다. 이때 전문가적 책임감에 입각하여 비윤리적 문제의 해결이 회사의 경영과 이익에도 도움이 됨을 설득한다. (6) 모든 노력이 실패하면 최후 수단으로 공공의 언론이나 정부기관의 담당기관에 내용을 알려야 한다. 이때 공공의 안전이나 복지에 영향을 끼치는 문제라면 이런 사회문제를 해결하고자 노력하는 시민사회단체의 전문가들과 사전에 협의하면서 도움을 구할 수 있을 것이다.[16] 아래 에드거튼의 경우는 이러한 고발의 적절한 사례[17]가 될 수 있을 것이다.

16- 배원병 외, 앞의 책, pp. 180–181 참조.

17- C. E. Harris et. al., *Engineering Ethics*, 3rd., Thomson Wadsworth, p. 181, 2005. 배원병 외, 앞의 책, pp. 158–159 재인용.

〈에드거튼의 고발〉

1970년대 중반 뉴욕 경찰국에서는 온라인으로 경찰차를 급파할 수 있는 스프린트(SPRINT) 시스템을 운영하고 있었다. 이 시스템은 도움을 요청하는 전화를 받으면 담당자가 도움을 요청한 사람의 주소에서 가장 가까운 거리에 있는 순찰차를 찾아 출동하게 하므로 긴급요청에 응하는 시간을 단축하여 응급상황 처리에 도움을 주었다.

그후 뉴욕 시 검찰청에서는 범죄 전과기록을 조회할 수 있는 프로미스(PROMIS) 시스템을 구축하여 스프린트와 같은 호스트 컴퓨터에 공동으로 사용하는 계획을 추진하였다. 프로미스 시스템은 증인 이름과 주소, 피고인 심문날짜, 보호관찰 상황 등과 같은 정보를 관련 검사나 형사에게 제공하고자 하였다.

이 프로미스 시스템을 개발하기 위하여 뉴욕 시 범죄대책협의회에서 컴퓨터 전문가를 시스템 개발책임자로 선임하였다. 개발책임자는 실무개발자로 경험이 많은 시스템 분석가 에드거튼(Edgerton)으로 선임되었다. 에드거튼은 이 시스템 개발 계획을 검토한 이후 곧 이 시스템이 경찰국 스프린트의 응답시간을 지연시킬 가능성이 있다는 것을 알고 개발책임자에게 이 사실을 보고하였으나 개발책임자는 그런 문제에 관하여 신경 쓰지 말고 시스템 개발에만 전념하도록 요구하였다.

그러나 에드거튼은 IEEE(전기전자공학회)에 독자적으로 조언을 구하여 콜롬비아 대학교의 전기공학과 교수로부터 검토할 가치가 있다는 의견을 얻었다. 그녀는 과부하 문제에 대한 연구를 요청하는 의견서를 프로젝트 책임자에게 제출하였으나 즉석에서 거절당하였다. 그후 에드거튼은 그 의견서 사본을 시스템 개발을 추진하는 범죄대책협회의 위원들에게 직접 제출하였다.

생각해 볼 문제들

1. 현재 원자력은 중요한 에너지 공급원이 되고 있다. 핵실험의 위험성과 안전사용을 위한 실험 등의 조건에 있어서 공학도로서 어떤 태도를 취해야 하는가?
2. '에드거튼의 고발' 사례에서 그의 고발행위로 말미암아 그가 입게 될 불이익이 있다면 어떤 것이 있을까? 그가 정당한 고발행위로 말미암아 입을 수 있는 부당한 불이익을 해결할 수 있으려면 어떤 사회적 조건이 요구되는가?

더 읽어야 할 책들

1. 김정식, 『공학기술윤리학』, 서울 : 인터비젼, 2004.
2. 송재범, 『디지털 시대의 직업윤리』, 고양 : 인간사랑, 2001.
3. 정태진 외 공편, 『공학도를 위한 엔니니어링 입문』, 普文堂, 1993.

참고문헌

김수삼 외, 『미래를 위한 공학, 실패에서 배운다』, 김영사, 2003.
김진 외, 『공학윤리』, 철학과 현실사, 2003.
김정식, 『공학기술윤리학』, 서울 : 인터비젼, 2004.
김태훈, 『덕교육론』, 서대문구 : 양서원, 1999.
배원병 외, 『공학윤리』, 서울 : 북스힐, 2006.
송재범, 『디지털 시대의 직업윤리』, 고양 : 인간사랑, 2001.
이관춘, 『직업은 직업이고 윤리는 윤리인가』, 서울 : 학지사, 2005.
이대식 외, 『공학윤리』, 서울 : 인터비젼, 2003.
장승구, 『삶과 윤리』, 서울 : 이회, 1997.
정태진 외 공편, 『공학도를 위한 엔니니어링 입문』, 普文堂, 1993.
최문기, 「과학기술윤리의 현황과 연구 윤리 과제」, 『국민윤리연구』 제63호, 한국국민윤리학회, 2006.
Charles E. Harris, Jr. Michael S. Pritchard, Michael J. Rabins, 김유신 외 공역, 『과학과 공학윤리』, 학술정보, 2004.

Chapter 10

부패척결과 내부공익신고

김대용

1. 부패의 개념과 그 척결의 필요성

우리가 흔히 말하는 부정부패에는 두 가지 의미가 들어 있는데, 부정이라는 용어는 비정상적인 방법으로 직무수행에 있어 개인적 이익을 추구하는 것이고, 부패라는 용어는 부정의 행위가 행정에 미치는 악영향, 즉 행정기능의 비효율과 공익의 침해, 손실 등을 말한다(김용철 · 정재동, 2006 : 255). 그러나 부패를 엄밀하게 정의하는 것은 쉽지 않다. 즉 국가나 사회 또는 문화에 따라 다양한 개념들이 제시되고 있기 때문이다. 우리나라의 부패방지법에서는 부패를 다음과 같은 세 항목을 포함하는 광범위한 의미로 제시하고 있다. 첫째 공직자가 직무와 관련하여 그 지위 또는 권한을 남용하거나 법령을 위반하여 자기 또는 제3자의 이익을 도모하는 행위, 둘째 공공기관의 예산 사용, 공공기관 재산의 취득 · 관리 ·

처분 또는 공공기관을 당사자로 하는 계약의 체결 및 그 이행에 있어서 법령에 위반하여 공공기관에 대하여 재산상 손해를 가하는 행위, 셋째 이상에 규정된 행위나 그 은폐를 강요 · 권고 · 제의 · 유인하는 행위이다(부패방지법 제2조 제3항).

이러한 부패의 개념은 주로 공직자와 공공기관과 관련되어 있다. 그러나 부패행위는 공직자와 공공기관에만 국한되는 것은 아니며, 개인들과도 관련되어 있다. 공직부패와 민간부패는 상호 촉진작용을 한다. 즉 공직자와 공공기관에 부패가 만연되어 있으면 부패행위는 민간인에게 쉽게 확산될 수 있다. 부패행위에 연루될 수 있는 상황에서 개인이 어떤 선택을 하느냐는 사회의 부패수준에 영향을 받기 때문이다. 즉 많은 사람들은 공직부패가 만연되었다고 생각하면 부패행위에 가담할 가능성이 커지는 반면, 반대의 경우에는 부패행위에 연루되지 않으려고 할 것이다. 따라서 부패는 개인적 또는 우발적 부패보다 체계적이고 조직적인 구조적 부패가 더욱 문제시된다.

부패의 속성은 4가지로 정리할 수 있다. 첫째, 부패는 공급자와 수요자의 합의에 의한 불법 · 부당 행위로서 매춘, 상습 도박, 마약유통, 밀수 등과 마찬가지로 적발될 가능성이 낮다. 둘째, 부패의 피해는 불특정 다수에게 분산되므로 직접적인 피해자가 명확하지 않은 경우가 많다. 즉 살인, 절도, 폭력, 사기 등의 불법행위와 달리 피해를 직접 그리고 즉시 인식하기 어렵다. 따라서 부패 당사자는 죄의식이 약하며, 직접적인 피해를 당하지 않은 피해자들은 부패에 대해 관대한 태도를 취하기 쉽다. 셋째, 부패는 불완전 경쟁에서 배태된 지대추구(rent-seeking) 행위이므로 부패행위는 대체로 독점적인 지위에서 발생할 가능성이 많으며, 부패 가능성과 정도는 독점력에 따라 증가한다. 부패 공급자의 독점력은 시장에 대한 정부규제가 강력할수록 증가한다. 넷째, 부패는 자기 강화적인 관성에 의해 확산효과를 지닌다. 즉 과거의 부패가 현재의 부패를 유발하고, 자신의 부패가 사회의 부패수준을 높여서 거꾸로 자신의 부패를 재유발하며, 미래의 부패에 대한 기대가 현재의 형태를 결정하게 되는 것이다(박재완, 1997 : 102-104).

1990년대 이후 동서독이 통합되고 소련과 동구권 국가들의 붕괴 등에 따른 냉전종식으로 힘의 경쟁이 이데올로기 중심에서 경제 중심으로 이동하고 글로벌 경제가 확산되면서 세계무역기구(WTO), 경제협력개발기구(OECD), 국제연합(UN), 아시아태평양경제협력체(APEC) 등 국제기구들은 부패를 척결되어야 할 대상으로 규정하고 부패 라운드를 추진하고 있다. 부패 라운드가 빠른 속도로 추진되고 있는 배경에는 선진국 기업들이 글로벌 경제의 확산으로 무역거래가 급증하고 있음에도 불구하고 많은 개발도상국가나 공산주의에서 자본주의로 이행한 체제전환(Transition Economy) 국가에서 쉽게 찾아볼 수 있는 부패관행에 의해 경제행위가 방해받고 경제적 손해를 입게 되었다는 판단이 놓여 있었으며, 기업들의 경제적 손실을 줄이기 위해서는 부패를 국제적으로 감시하고 규제하여야 했다(정원규 외, 2006).

이런 점에서 부패 라운드는 선진국의 개발도상국가에 대한 무역공세의 일환이며, 개발도상국들에게는 무역장벽으로 작용할 수 있다는 부당한 측면이 없는 것은 아니지만 부패척결은 그 자체로 윤리적인 정당성을 갖고 있으며, 경제적 효율성을 높일 수 있는 방안이기 때문에 세계 각국은 부패척결을 주요한 과제로 추진하고 있다. 부패척결이 윤리적 정당성을 갖고 있다는 것은 부패가 사회악을 낳는 중요한 원인이라는 점에 있다. 우리 일상생활에서 쉽게 발견되는 부패는 우리의 생명과 재산을 위협하는 요인으로 작용하고 있다. 1994년에 있었던 성수대교 붕괴로 학교에 등교하던 여중생을 포함한 32명이 사망하였으며, 1995년에는 삼풍백화점 붕괴로 506명이 사망 및 실종되고 940명이 부상당하였다. 1999년에는 경기도 씨랜드 수련원에서 23명의 유치원생이 화재로 사망하였다. 이러한 대형참사는 모두 부패가 만들어낸 것이다. 이러한 대형사고 외에도 AIDS 감염자의 혈액으로 만든 수혈제가 주사제로 유통되어 AIDS에 감염된 사람들도 있다. 대한적십자사 혈액관리본부에 의하면 1987년 이후 수혈로 인해 AIDS에 걸린 사람이 16명이나 된다고 한다(문화일보, 2005년 9월 30일).

또한 부패는 다양한 경로를 통해 경제적 효율성을 해치는 근본적인 원인으로 작용한다. 개발도상국가에 한정되어 논의된 것이기는 했지만 한때 부정부패가 경제발전을 촉진한다는 주장도 있었다. 즉 제2차 세계대전 이후 20-30년간 개발도상국가의 경제상황을 고려한다면 부패가 어느 정도의 경제성장을 촉진할 수 있었다는 것이다. 이러한 주장은 아직도 우리 사회에 적지 않은 설득력을 갖고 있으며, 부분적으로 이를 실증하는 연구들도 있었다. 그러나 정확히 분석하면 이러한 주장은 부패와 성장에 대한 매우 편협된 이해에서 비롯된 것임을 알 수 있다.

최근 부패를 실증적으로 조사한 대부분의 연구물들은 부정부패가 한 국가의 경제성장을 저해하고 있다는 결과를 제시하고 있다(윤태범, 1998 : 241-243). 부패가 경제적 효율성을 해치는 이유를 몇 가지 제시하면 다음과 같다. 첫째, 부패는 낭비적 · 소모적인 지대추구 행위를 유발하여 자원배분을 왜곡한다. 부패 수요자는 기술개발, 원가절감, 품질관리 등에 힘을 쏟기보다는 진입장벽을 구축하여 경쟁을 제한하고, 파행적 수주 및 규제 공직자의 포획에 전념하게 되어 경제적 낭비가 발생한다. 둘째,

부패가 구조적으로 정착되면 지대를 추구하지 않는 기업들은 설 자리를 잃게 되고, 부패와 거리가 먼 기업들의 시장 진입을 차단하게 되는 결과를 낳게 된다. 셋째, 관료들의 부패는 조세 등 정부수입을 감소시키게 되고, 이를 보전하기 위한 세율의 인상 또는 세목의 신설을 불가피하게 만들어 성실 납세자의 실효 세율을 높여서 자원배분을 더욱 왜곡한다. 또한 부패한 관료들은 공익보다 사익을 극대화하기 위해 본연의 업무는 소홀히 하면서 민원처리 지연, 까다로운 절차와 과도한 서류제출 등 불필요한 규제를 강화함으로써 경제적 효율성을 저해한다. 넷째, 부패는 상호 보완관계에 있는 시장질서 위반행위를 부추겨 시장의 정상적인 작동과 질서확립을 저해한다. 다섯째, 부패는 시장유지를 위한 거래비용을 증가시킨다. 즉 부패예방과 적발을 위한 감시비용과 적발된 부패행위의 처벌에 드는 집행비용이 늘어난다. 여섯째, 부패, 특히 고위직 부패는 사회계층 간의 갈등과 대립, 분열을 조장함으로써 국민통합을 저해한다(박재완, 1997 : 107-110 ; 국가청렴위원회, 2006 : 11).

부패는 한 국가 안의 내부적 문제로만 그치는 것이 아니라 국제적으로도 영향을 준다. 즉 부패는 국가신인도를 떨어뜨리는 요인으로 작용한다. 국가신인도가 낮아지면 해외자본의 유치가 어려워질 뿐만 아니라 1997년의 외환위기 때 경험하였듯이 이미 들어와 있는 해외자본도 바깥으로 빠져나가 한 국가경제 전체가 회복하기 어려울 정도의 타격을 받게 될 수도 있다(김창룡, 2006 : 20-21).

이러한 이유들 때문에 부패가 만연된 국가는 발전하기 어렵다. 1990년대 초 동구권 국가들의 몰락에서 볼 수 있듯이 부패로 인해 국가의 쇠락이나 정부의 전복으로 귀결된 역사적 사례는 수없이 많다. 반면 국가적으로 청렴한 국가들은 〈표 10-1〉 주요 국가 2006년 부패인식지수와

〈표 10-1〉 주요 국가 2006년 부패인식지수와 국민소득 현황

(국민소득은 2005년 US달러)

국가명	CPI		GNI	
	순위	지수	순위	국민소득
핀란드	1	9.6	13	37,460
아이슬란드	1	9.6	6	46,320
뉴질랜드	1	9.6	31	25,960
덴마크	4	9.5	5	47,390
싱가포르	5	9.4	29	27,490
스웨덴	6	9.2	9	41,060
스위스	7	9.1	3	54,930
노르웨이	8	8.8	2	59,590
호주	9	8.7	21	32,220
네덜란드	9	8.7	16	36,620
오스트리아	11	8.6	15	36,980
룩셈부르크	11	8.6	1	65,630
영국	11	8.6	12	37,600
캐나다	14	8.5	20	32,600
홍콩	15	8.3	28	27,670
독일	16	8	19	34,580
일본	17	7.6	11	38,980
프랑스	18	7.4	18	34,810
아일랜드	18	7.4	10	40,150
벨기에	20	7.3	17	35,700
미국	20	7.3	7	43,740
스페인	23	6.8	33	25,360
포르투갈	26	6.6	48	16,170
헝가리	41	5.2	60	10,030
한국	42	5.1	49	15,830
이탈리아	45	4.9	26	30,010

체코	46	4.8	57	10,710
슬로바키아	49	4.7	68	7,950
그리스	54	4.4	38	19,670
터키	60	3.8	86	4,710
폴란드	61	3.7	72	7,110
멕시코	70	3.3	71	7,310

자료 : 김창룡(2006 : 242). 주요 국가는 경제협력개발기구에 CPI 순위가 20위 이내인 싱가포르와 홍콩을 추가한 것임.

국민소득 현황에서 볼 수 있듯이 대체로 국민소득이 높다. 2006년을 기준으로 부패인식지수(CPI : Corruption Perceptions Index) 점수[1)]가 7.0 이상인 국가의 일인당 국내총생산(GNI)은 2005년 기준으로 평균 39,880달러였듯이 국가의 부패수준과 국민소득 또는 경제발전 사이에는 강한 상관관계가 나타나고 있다. 이것은 부패를 척결하는 것이 국가의 중차대한 과제라는 것을 잘 보여주고 있다.

1_ 부패인식지수(CPI : Corruption Perceptions Index)는 국제투명성기구(TI : Transparency International)가 매년 발표하고 있다. 부패인식지수는 정치를 포함한 공공부문에 부패가 어느 정도 존재하는지를 0점부터 10점까지 점수로 매긴 것으로, 세계은행 · 세계경제포럼(WEF) · 스위스경영개발원(IMD) 등 9개 기관에서 조사한 자료를 토대로 세계 각국의 순위와 점수를 발표한다. 부패의 정도가 심하다고 인지될수록 점수는 낮아진다.

2. 한국의 부패수준

한국의 역대 대통령들은 모두 부패의 척결을 강조하였다. 그것은 그들의 취임사에서 확인할 수 있다. "새 나라를 건설하는 데는 새로운 헌법과 새로운 정부가 다 필요하지만 새 백성이 아니고서는 결코 될 수 없는 것입니다. 부패한 백성으로 신성한 국가를 이루지 못하나니 … "라고 말하였던 초대 대통령 이승만부터 "경제의 지속적인 성장을 위해서도, 사회의 건강을 위해서도 부정부패를 없애야 합니다. 이를 위한 구조적 · 제도적 대안을 모색하겠습니다. 특히 사회 지도층의 뼈를 깎는 성찰을 요망합니다"라고 말하였던 제16대 노무현 대통령까지 역대 대통령 중 그 취임사에서 부패척결을 강조하지 않은 대통령은 없었다(김창룡, 2006 : 33).

역대 대통령들이 취임사 등을 통해 부패의 척결을 강조하였다는 사실은 한국에 부패가 만연되어 있다는 인식에서 비롯된 것이며, 대다수 국민들도 한국에 부패가 만연되어 있다고 생각하고 있다. 2005년 국가청렴위원회에서 조사한 바에 따르면 국민의 60.8%는 공직사회가 부패한 것으로 인식하고 있으며, 같은 해 전국 중고생을 대상으로 한 부패인식 설문조사에서도 응답자의 78% 이상이 우리사회가 부패했다고 응답하였다(국가청렴위원회, 2006 : 16). 국제투명성기구를 비롯해 스위스 경영개발원(IMD : Institute for Management Development), 그리고 세계경영포럼(WEF : World Economic Forum) 등에서 발표하는 국가별 부패수준에 관한 자료에서도 한국의 부패수준은 선진국과 적지 않은 차이를 보이고 있다.

여기에서는 국제투명성기구가 매년 발표하는 부패인식지수를 중심으로 한국의 부패수준을 살펴보자. 〈표 10-2〉 부패인식지수 연도별 변동 추이에서 알 수 있듯이 한국은 첫 조사가 시행된 1995년 4.20점을 받은 이후 2003년에도 4.30점을 받는 등 별 차이가 없다가 2005년 5.0점, 2006년 5.1점을 받는 등 참여정부 출범 이후 비교적 점수가 높아지고 있다. 그러나 〈표 10-1〉에서 확인할 수 있는 것과 같이 한국의 국가 청렴도는 OECD 회원국들과 비교할 때 많은 차이가 있으며, 한국의 경제력이나 국가 위상을 고려할 때도 낮은 편이다. 2006년 부패인식지수로 볼 때 아시아 국가 중에서 한국보다 청렴한 국가는 싱가포르 9.4점(국가 순위 5위), 홍콩 8.3점(15위), 일본 7.6점(17위), 대만 5.9점(34위) 등이 있다(http://www.kicac.go.kr/).

〈표 10-2〉 국제투명성기구의 부패인식지수 연도별 변동 추이

연도	점수	국가 순위	조사대상국 수
1995	4.29	27위	41개국
1996	5.02	27위	54개국
1997	4.29	34위	52개국
1998	4.20	43위	85개국
1999	3.80	50위	99개국
2000	4.00	48위	101개국
2001	4.20	42위	91개국
2002	4.50	40위	102개국
2003	4.30	50위	133개국
2004	4.50	47위	146개국
2005	5.00	40위	159개국
2006	5.10	42위	163개국

사료 : 국가청렴위원회(http://www.kicac.go.kr/)

부패는 국가마다, 시기마다 그 성격이 다양하지만 '총체적 부패'로 규정되기도 했던 우리 사회에서 보이는 부패의 특수성은 크게 다섯 가지로 정리될 수 있다(윤태범, 1998 : 244–249). 첫 번째 특징은 사익지향적 사회라는 점이다. 우리 사회는 사익이 공익보다 우선시되는 사회로서 무엇이 공익인가에 대한 사회적 합의가 상당히 부족하다. 그것은 지역중심적 · 혈연중심적 · 가족중심적 관계와 그 가치 체계를 중시한다는 점에 잘 나타나고 있다. 두 번째 특징은 정(政)–경(經)–관(官)이 유착된 사회라는 점이다. IMF의 재정지원 이후 조금씩 변화되고 있기는 하지만 정–경–관이 유착된 모습을 여전히 쉽게 찾아볼 수 있다. 이와 같은 구조는 부패를 야기하는 가장 근원적인 원인이다. 세 번째 특징은 부패에 무감한 사회로서 부패에 대한 저항의식이 매우 낮다는 점이다. 부패행위자들은 대체로 부패행위에 대해 자발적으로 인정하려고 하지 않으며, 법원의 판결이 내려져야 강제적으로 인정을 한다. 일반 국민들에게도 만연되어 있는 부패에 대한 낮은 인식은 정적(情的) · 인간적 그리고 감정적인 특성을 중시하는 우리 문화적 특성과 관련되어 있다. 네 번째 특징은 한국은 매우 부정적인 부패 네트워크를 형성하고 있다는 점이다. 1960년대 이후 단기적으로 급속한 경제성장을 추진하는 과정에서 강화되었던 물적 네트워크는 문민정부 이후 금융실명제 등을 비롯한 제반 통제제도의 강화로 상당히 완화된 반면 친 · 인척, 학연, 지연 등에 의해 형성된 전통적인 인적 네트워크가 다시 부활하고 있다. 이러한 인적 네트워크는 물적 네트워크보다 훨씬 폐쇄적이고 제한적이다. 다섯 번째 특징은 체제적인 부패라는 점이다. 체제적 부패란 사회구조적 결합의 틈 속에서 조직적인 차원으로 개입하고, 또 민간부문에서도 조직적인 차원에서 개입하는 것으로서 연고주의 혹은 족벌주의적인 특성을 지니고 있어 외부에 노출이 잘 되지 않으며, 사정기관에서 조사하더라도 흐지부지되는 경우가 많다. 이러한 성격의 부패가 자주 발생하면 정부차원의 정책적인 처방은 한계를 가질 수밖에 없다.

이와 같이 우리 사회에 부패가 여전히 만연되어 있다는 사실은 역대 정부가 부패척결을 위해 시행하였던 정책들과 제도적 장치들이 실효를 거두지 못하였다는 것을 반증하는 것이다. 그것은 취임사를 통해 "사회정의의 실현을 가로막고 갈등을 심화시키는 어떠한 형태의 특권이나 부정부패도 단호히 배격하겠다"고 말하였던 노태우 전 대통령이 1988년 2월부터 1993년 2월까지 35개 기업으로부터 2,838여억 원을 받은 혐의로 형사재판을 받았으며, 29개 기업들이 뇌물을 제공한 혐의로 소환조사를 받았고, 이 중 24명의 재계총수가 뇌물죄로 기소되었던 것에서 잘 나타난다(박헌종 · 이종건, 2002 : 139).

3. 홍콩의 성공적인 반부패정책

2006년 국제투명성기구의 부패인식지수 발표에서 8.3점을 받아 국가청렴도에서 세계 15위를 차지하였던 홍콩은 아시아에서 반부패정책을 가장 성공적으로 추진한 사회로 평가받고 있다. 홍콩이 청렴한 사회라는 것은 국제투명성기구뿐만 아니라 홍콩 시민들도 인정하고 있다. 비정부기구에서 매년 실시하는 '정부부문 내에 어느 정도나 부패가 만연되어 있다고 생각하십니까?'라는 질문에 대해 1994년에 '아주 흔함'이라는 응답 8.5%에서 2001년에는 1.4%로 크게 떨어졌으며, '거의 없음'이라는 응답도 30.1%에서 67.4%로 크게 증가하였다는 것에서 나타나듯이 홍콩 시민들은 더 이상 부패를 사회적 문제로 보지 않는다(김상식, 2004 : 44). 홍콩도 1970년대 초까지는 부패가 만연된 사회였었기 때문에 홍콩이 어떻게 부패를 척결할 수 있었는가를 살펴보는 것은 부패를 척결해야 할 사회적 과제를 안고 있는 한국에게 큰 시사점을 줄 수 있다.

1970년대 초까지만 해도 홍콩에서는 부패가 심각한 사회적 문제였다. 특히 도박, 마약분야를 담당하는 경찰의 부패가 심각하여 사회를 유지하는 법과 질서가 위협받는 상황에까지 이르게 되었다. 1973년 발생하였던 경찰 최고책임자 가드버(P. Godber)의 독직사건은 그 대표적인 사례이다. 그는 조사를 받고 있던 중 영국으로 도피하였으며, 이 사건에 분노한 홍콩 시민들은 6개월 동안 대규모 시위를 벌였다. 이 사건으로 상당한 정치적 부담을 갖게 된 홍콩 정부는 반부패정책을 총체적으로 재점검하게 되었다. 1973년과 1974년에 걸쳐 뇌물금지법을 개정하고, 1974년 2월 새로 제정된 염정공서법(Independent Commission Against Corruption Ordinance)에 따라 염정공서(廉政公署, Independent Commission Against Corruption)를 설립하였다. 세계 최초의 부패수사 전담 독립기구인 염정공서의 첫 번째 임무는 가드버를 법정에 세우는 것이었으며, 1975년 그는 결국 홍콩으로 인도되어 4년의 실형을 선고받았다(이민호, 2002 : 73).

염정공서가 생기기 이전 홍콩에 부패사건을 다루는 기관이 없었던 것은 아니었다. 1956년 홍콩 경찰 내에 반부패부(Anti-Corruption Branch)가 만들어졌고, 반부패상임위원회(Standing Committee on Corruption)도 발족하였다. 1971년에는 반부패부가 반부패국(Anti-Corruption Office)으로 승격되었다. 그러나 당시 가장 부패한 관료집단으로 알려지고 있었던 경찰조직 내에 속한 반부패 전담기관으로는 부패를 척결하는 데에는 한계가 있을 수밖에 없었다(최진욱, 2005 : 327). 염정공서는 설립 이후 공무원 조직을 부패척결 대상의 제1순위로 삼았고, 그 중에서도 가장 부패한 집단인 경찰조직을 조사의 주된 표적으로 삼았다. 이 때문에 염정공서와 경찰조직은 갈등 · 대립하게 되었으며, 1977년 10월에는 2,000명이 넘는 경찰들이 반(反)염정공서 시위를 벌이기도 하였다(최진욱, 2005 : 328).

염정공서는 행정 최고책임자인 총독, 홍콩이 중국에 반환된 이후에는 행정장관에게 직속되어 있다(최진욱, 2005 : 329). 행정 최고책임자에게 직속되어 독립성을 보장받고 있는 염정공서는 직원들이 생계형 부패에 노출되지 않도록 높은 보수와 훌륭한 복리후생제도를 갖추고 있다. 1990년대 후반 대졸 초임기준으로 기업체는 월 15,000홍콩달러(당시 1홍콩달러는 170원 안팎), 일반 공무원은 19,000홍콩달러 정도였으나 염정공서 직원은 월 28,000홍콩달러 정도를 받았다. 높은 보수뿐만 아니라 주거보조비 등 각종 지원혜택을 주고 있는 반면, 수행하는 직무가 자신과 이해관계가 있을 경우 소속 처장에게 반드시 보고하도록 되어 있으며, 부하나 직무상 이해관계가 있는 사람으로부터 돈을 빌리는 일은 절대 금지되고 있다(이민호, 2002 : 74). 2003년 염정공서의 총 인원은 1,249명으로 홍콩 전체 공무원 166,500명의 7.5%, 홍콩 정부 전체 예산 2,432억 홍콩달러 중 0.29%를 사용하고 있는 것에서 나타나듯이 홍콩 정부는 염정공서를 전폭적으로 지원하고 있다. 이것은 1974년에 비해 인원은 약 4배, 예산은 약 45배 증가한 것이다. 이것은 2003년 우리나라 부패방지위원회(2005년 7월 국가청렴위원회로 그 명칭 변경)의 인력이 139명으로 지방공무원을 제외한 중앙공무원 전체의 0.02%, 예산은 0.009%인 163억이었던 것과 비교된다(최진욱, 2005 : 342-343).

염정공서는 집행처(Operations Department), 방지탐오처(防止貪汚處, Corruption Prevention Department), 사구관계처(社區關係處, Community Relations Department)의 세 부서로 구성되어 있다. 집행처는 수사 및 조사, 방지탐오처는 부패방지 그리고 사구관계처는 국민 홍보 및 교육을 담당하고 있는 것에서 나타나듯이 염정공서는 조사, 예방, 교육이라는 세 가지 측면의 부패척결 전략을 갖고 있다. 즉 집행처는 부패에 관한 접수 · 조사 · 수사를 담당하고, 방지탐오처는 정부부처와 공직사회의 업무절차와 관행을 조사하여 부패발생 기회를 줄이고 민간부문의 요청에 따라 부패예방을 위한 자문을 제공하며, 사구관계처는 부패의 폐해에 대한 국민교육과 부패척결 활동을 지원한다. 이 부서는 다양한 홍보매체 및 교육시설을 이용하여 부패척결을 위한 사회의 인식과 지지를 높이고 국민에게 정직, 공평성과 같은 긍정적 가치를 장려하는 활동을 하고 있다. 특히 초 · 중 · 고등학교에서 도덕성과 윤리의식을 높이는 교육과정을 편성하고 있으며, 고정적인 TV 홍보물을 통하여 국민의 부패에 대한 인식전환과 고발정신을 함양하고 있다(이민호, 2002 : 73-74).

홍콩 염정공서의 가장 큰 특징은 세계 최초의 부패수사 전담 독립기구라는 데에서 알 수 있듯이 부패혐의자에 대한 수사권과 조사권이다. 부패수사를 담당하는 집행처에 근무하는 직원의 수는 염정공서 총 인원의 70%가 넘는다. 염정공서는 그 조사대상이 되는 부패행위의 개념을 10가지로 매우 포괄적이며 적극적으로 규정하고 있다. (1) 공무원 또는 공공기관 종사자의 수뢰, (2) 공무원 혹은 공공기관 종사자에 대한 증뢰, (3) 직무관련자로부터의 이익 수수, (4) 직무관련자에 대해 이익 제공, (5) 대리인(회사의 직원 혹은 개인이나 회사의 대리인)의 수뢰, (6) 대리인에 대한 증뢰, (7) 입찰부정, (8) 경매부정, (9) 전 · 현직 공무원의 보수수준을 상회하는 출처가 명확하지 않은 소비나 자산의 보유, (10) 증 · 수뢰죄의 미수범 및 불능범의 처벌 등이다.

공공기관 종사자란 국회의원과 지방자치단체장 및 지방의회의원을 포함하는 모든 선출직 공무원과 정부의 임명을 받는 모든 위원회 및 산하기관, 단체의 장 및 해당 기관단체 종사자를 모두 일컫는데, 여기에는 병원, 학교, 방송국 등도 포함된다(김상식, 2004 : 36-37). 염정공서는 다양한 경로를 통해 시민들로부터 부패와 관련된 제보를 받으며, 상황에 따라서는 제보 없이도 자체 판단에 따라 조사에 착수할 수 있다. 염정공서는 사전영장이 없어도 부패혐의자를 체포하고, 부패행위에 대한 증거가 없어도 가택수사를 할 수 있는 권한이 있다(최진욱, 2005 : 329-330). 또한 염정공서는 경찰에게는 부여되지 않은 특별조사권을 부여받고 있다. 즉 부패혐의자의 은행 등 금융계좌 및 회계 관련 자료를 조사하고 복사할 수 있으며, 부패혐의자로 하여금 지난 3년간 소유했던 재산과 본인 및 가족의 모든 지출과 해외송금 및 재산반출 내역 등을 서면으로 제출하도록 요구할 수 있으며, 필요한 경우 제3자로 하여금 부패혐의자의 재산내역 및 그 입수시기와 누구로부터 입수했는지 등을 서면으로 제출하도록 할 수 있으며, 치안판사의 승인을 받아 부패혐의자의 여권을 압수할 수 있는 권한 등을 부여받고 있다. 이외에도 염정공서의 간부가 필요하다고 판단할 때에는 부패혐의자를 염정공서 시설 내에 48시간 동안 구금할 수 있으며, 구금한 지 48시간 이내에 치안판사에게 데려가 승인을 받으면 48시간을 초과하여 구금할 수 있는 강력한 권한도 있다(김상식, 2004 : 38-39).

1997년 홍콩이 중국 정부에 반환된 이후 중국인과의 사업거래 확대로 인해 부패의 기회가 증가함에 따라 염정공서의 활동이 한계에 직면할 것이라는 우려가 최근에 제기되고 있지만(김택, 2001 : 34), 불과 30년 남짓한 기간 동안 홍콩이 부패사회에서 청렴사회로 변화되기까지 염정공서의 기여가 매우 컸다는 것은 부패를 연구하는 학자들 사이에서 상식으로 받아들여지고 있다(최진욱, 2005 : 324).

세계에서 가장 청렴한 국가의 하나로 평가되는 싱가포르도 홍콩의 염정공서와 유사한 기구를 갖고 있다. 싱가포르의 탐오조사국(貪汚調査局, Corruption Practices Investigation Bureau)도 염정공서와 마찬가지로 강력한 수사권을 포함하여 부패와 싸우기 위해 필요한 강력한 권한을 부여받고 있다. 이 기구가 가진 부패혐의 조사권의 근거는 1960년에 제정된 부패방지법과 1999년에 제정된 '부패, 마약밀매 및 기타 중요범죄 수익몰수법' 및 돈세탁방지법 등 3대 반부패법에 있다. 특히 탐오조사국의 조직법인 동시에 작용법이며, 부패행위 처벌법인 부패방지법에서는 지위고하와 공직과 민간부문을 불문하고 부패혐의에 관해서는 모든 대상에 대하여 조사할 수 있도록 규정하고 있으며 부패범죄의 개념 역시 홍콩과 유사하게 구체적이고도 포괄적으로 정의하고 있다(김상식, 2004 : 37-38). 싱가포르의 부패방지 시스템은 홍콩과 거의 유사하지만 공직위원회(Public Service Commissions)라는 또 다른 부패방지 조직을 갖고 있다는 차이점이 있다. 1960년에 설립된 이 기구는 부패혐의를 받고 있는 공직자가 사법절차에 의해 무죄로 방면되었다고 하더라도 해당 공직자에 대해서 사법심사의 대상이 되지 않는 엄중한 징계조치를 할 수 있고, 이 징계조치는 심지어 공직에서 추방까지 시킬 수 있는 막강한 내용까지도 포함하고 있다(김상식, 2004 : 48). 이렇듯이 홍콩과 싱가포르는 염정공서와 탐오조사국이라는 특별한 부패방지기구를 설립하고 수사권을 비롯한 강력한 힘을 부여함으로써 부패를 방지할 수 있는 시스템을 갖추었고, 이러한 시스템 구축이 비교적 단시간 내에 국가를 청렴하게 만들 수 있었던 원동력으로 작용하였던 것이다.

4. 내부공익신고

우리나라의 역대 대통령들은 모두 부패척결을 중요한 사회적 과제로 제시하였고, 또 부패방지를 위한 제도나 정책들을 추진하여 온 것은 사실이다. 그러나 국가청렴위원회의 조사에서 보이듯이 대다수 국민들은 우리 사회에 부패가 만연되었다고 판단하고 있다. 역대 정부들이 추진해 왔던 부패방지정책의 효율성이 낮았던 것에 대한 학계의 진단과 평가는 다양하지만 이들의 진단과 평가에는 공통점이 있다. 그 공통점이란 부패의 사회적 확산, 부패방지정책을 체제의 정통성 부족을 보완하기 위한 정치적 수단으로 활용하거나 왜곡, 반부패정책의 대상과 목적이 불분명, 정상적 조직보다는 비선조직 등 비정상적 조직을 반부패 활동의 주축으로 활용, 전반적으로 부패방지를 위한 제도 마련에 소극적으로 대처하고 있다는 것 등이다(조선일 · 배정아, 2006 : 277).

반부패제도가 사회 전반에 수용되고 개인의 행위를 제약하는 규범으로 받아들여질 때 부패는 효과적으로 예방 · 억제될 수 있다는 점에서 효과적이고 공정한 반부패 전담기구를 설치하는 문제는 대단히 중요한 의미를 갖는다. 우리나라에서도 부패 라운드에 대응하는 한편 사회 전반에 걸친 부패문제를 전담하는 총체적 반부패 통제기구를 설립함으로써 제도와 시스템을 통한 효과적 부패척결의 필요성이 대두되었다. 이에 따라 2001년 6월 부패방지법이 가결되고, 2002년 1월부터 시행되고 있으며, 이를 근간으로 부패방지위원회가 신설되었다. 부패방지위원회는 2005년 6월 부패방지법 개정 법률이 국회에서 의결되어 2005년 7월부터 국가청렴위원회로 명칭이 바뀌었다.

그러나 국가청렴위원회는 홍콩의 염정공서와 같은 강력한 수사권을 갖고 있지 않다. 다만 부패행위에 대한 신고 접수, 확인 조사 후 위원회의 의결을 통해 각종 조사기관 이첩 또는 검찰에 고발할 수 있으며, 이첩 또는 고발결과에 대한 재조사 요구와 재정신청 등을 할 수 있을 뿐이다(국가청렴위원회, 2006 : 67-68). 국가청렴위원회가 수사권을 갖고 있지 않다는 문제와 여러 차례 발생하였던 법조계의 대형비리 때문에 2003년 고위공직자비리수사처를 신설하여 뇌물을 받은 고위공직자를 즉각적으로 수사할 수 있는 시스템을 갖추어야 한다는 논의가 있었지만 정치권 · 법조계 등의 이견으로 좌절되고 말았다. 검찰 등 수사기관 안에서 발생할 수 있는 부패행위를 제대로 수사할 수 없다는 점에서 여전히 고위공직자비리수사처를 신설해야 한다는 요구가 높다(연합뉴스, 2007년 5월 29일). 또한 부패방지법에 규정되어 있는 부패의 개념도 홍콩의 염정공서와는 달리 지나치게 추상적이고, 모호하며, 그 범위가 협소하다는 등의 문제점이 지적되고 있다(김상식, 2004 : 36).

효율적인 반부패제도는 개인의 차원을 넘어 조직의 동기까지 변화시킬 수 있지만 수사권을 가진 독립적이고 강력한 사정기관을 갖지 못한 우리로서는 내부공익신고[2)]를 적극적으로 활용해야 할 필요가 있다. 국가청렴위원회는 내부공익신고를 조직구성원이 근무 도중 자신의 조직 내에서 발견되는 불법, 낭비 혹은 비윤리적 행위를 조직 외부의 관계자

(기관)에게 알려 이를 시정하려는 행위로 규정하고 있다(국가청렴위원회, 2006 : 142). 내부공익신고를 활성화하는 것은 부패척결 전담기구가 강력한 수사권을 가져야 하는 것 못지않게 부패를 방지할 수 있는 강력한 제도적 장치로 활용될 수 있다. 이러한 이유 때문에 미국의 내부고발자 보호법 제2조는 "정부의 불법, 낭비, 부패를 폭로한 공무원을 보호하는 일은 더욱 효과적인 행정으로 나아가는 근본적인 조치이다"라고 명시하고 있다(윤태범, 1998 : 269). 특히 우리 사회와 같이 구조적 부패가 만연된 사회에서는 부패행위를 적발하는 것이 쉽지 않기 때문에 구조적이고 은밀한 부패문제를 해결할 수 있는 내부공익신고를 활성화할 수 있는 방안을 마련해야 한다.

세계 각국에서 내부자 고발법의 도입 및 확산은 1990년대 이후 가장 두드러진 특징의 하나이다. 초기의 내부공익신고는 권력에 대한 시민의 알권리 보장, 양심적 개인에 대한 보호차원에서 출발하였으나 최근에는 신고자에 대한 적극적 보호와 금전적 보상방식 등의 도입을 확대하는 방향으로 변화하고 있다. 세계 각국의 내부자 고발법은 고발자 보호와 고발정보를 이용하여 공익적 가치를 실현하고자 하는 방향으로 추진되고 있으며, 고발자의 권리를 보호하고 재정적 인센티브를 제공하는 경향이 나타나고 있다. 이것은 내부공익신고제도가 초기 권리 보호라는 방어, 소극적 접근에서 벗어나 금전적 보상의 인센티브를 부여하는 방향

2- 내부공익신고는 영어의 whistleblowing이라는 용어를 번역한 것으로서 내부고발, 양심선언, 공익정보제공 등으로 다양하게 불리어지고 있다. 참여연대 공익제보지원단은 내부고발의 부정적 뉘앙스를 제거하기 위해 1996년부터 공익정보제공이라는 용어를 사용해 왔으나 최근 국가청렴위원회에서는 내부공익신고로 통일하여 명명하고 있다(이상수 · 박흥식, 2003 : 188).

으로 변화하고 있음을 의미한다. 또한 내부고발자의 공익정보를 활용하여 부패척결과 정부예산 낭비와 관련된 과실 또는 부정 · 불법행위에 대한 통제를 통해 사회 공공선의 증진이란 정책목적 달성과 더불어 그 적용범위도 공공의 보건 또는 안전, 환경, 건강, 고용 등 관련 분야의 법률들을 중심으로 확대 · 발전하고 있는 추세이다(이상수 · 박흥식, 2003 : 188-190 ; 김용철 · 정재동, 2006 : 275).

2001년에 제정된 부패방지법도 이러한 추세를 반영하여 법적 보호의 사각지대에 놓여 있었던 내부공익신고자들에 대한 보호를 최초로 규정하였다는 점에서 큰 의의를 갖고 있다. 이 법은 제3장에서 신고자의 신분보장, 신변보호, 협조자 보호, 임의적 형 감면, 포상 및 보상 등 내부공익신고자의 보호와 관련해 상세한 규정을 두고 있고, 이외에도 제6장에서 업무상 비밀 이용 · 비밀 누설을 처벌하고, 신고자에게 신분상 불이익처분 또는 근무조건상 차별을 한 경우 과태료를 부과하는 등 간접적인 내부공익신고자 보호규정을 두고 있다. 그러나 이 규정은 몇 가지 문제점을 갖고 있다. 첫째 내부공익신고자에 대한 신변보호 조치의 범위가 국가청렴위원회에의 신고 시점으로 설정되어 있어서 신고 이후 수사단계나 재판단계에서 신고자의 신변보호가 효과적으로 이루어지지 못할 우려가 있다는 점, 둘째 내부공익신고로 인하여 신고자 자신의 범죄행위가 노출되고 이로 인해 신고자가 형사처벌을 받게 되는 경우 내부공익신고의 동기유발을 위해 형 감면이 필요하나 현행법상의 형 감면규정은 임의적인 것에 불과하다는 점, 셋째 부패방지법은 신고자가 공직자이고 신고행위가 공직자에게 부여된 법적 기밀유지 의무와 상충될 경우 그러한 자의 보호 여부에 대해서 규정하고 있지 않다는 점, 넷째 내부공익신고자의 신분보장에 관한 법규정이 강제력을 지니지 못하여 실질적인 보호가 이루어지기 어렵다는 점, 다섯째 부패행위 신고를 이유로 보복을 받았다는 사실의 입증 책임에 대한 명문 규정이 없어 신고자가 그러한 불이익을 입증해야 하지만 이것이 현실적으로 어렵다는 점 등이다(이진국 · 황태정, 2005 : 164-171).

한편, 부패방지법에 의하면 신고대상의 부패행위는 크게 (1) 공직자의 직무관련 부패행위, (2) 공적 재산의 침해행위, (3) 부패행위 및 그 은폐를 강요 · 권고 · 제의 · 유인하는 행위로 구분되며, 순수한 사기업 등 민간부문의 부패 · 비리행위는 신고대상이 아니다(국가청렴위원회, 2006 : 144). 그러나 내부공익신고는 공공부문뿐만 아니라 민간부문에도 권장 · 확대되어야 할 필요가 있다. 부패행위는 기업 등 민간부문에서도 많이 일어나고 있으며, 민간부문의 부패도 그 해당 기업뿐만 아니라 사회 전체의 공익을 해칠 수 있기 때문이다.

100년이 넘는 역사를 가진 세계 최대의 펄프 · 제지업체인 인터내셔널 페이퍼는 내부공익신고를 이용해 기업윤리를 확립한 기업으로 잘 알려져 있다. 이 기업에서 내부공익신고는 윤리경영 실천의 핵심 수단으로 활용되고 있다. 이 기업의 제보전화(Help Line)는 전 세계 어디에서든 1분 이내에 본사의 콜센터와 연결되며, 동시 통역이 지원되도록 운영되고 있다. 전화나 메일로 접수된 제보가 법무팀 또는 인사팀의 조사적정성 평가와 윤리사무국의 판단을 거쳐 통보되는 데에는 통상 20일밖에 걸리지 않으며, 철저한 보안을 통해 제보자가 인사상의 불이익을 받지 않도록 보장해 주었을 뿐만 아니라 비리 적발이 아닌 예방을 위한 상담 프로그램으로 운영하고 있다는 특징을 갖고 있다. 또한 제보전화를 통해서 제보된 사례들은 임직원의 교육 프로그램으로도 활용되고 있다. 이 기업의 내부고발제도는 1998년 전체 전화 948건 중 익명 전화 52%, 실명 전화 48%였으나 2001년에는 전체 전화 1,432건 중 익명 전화는 34%인 반면 실명 전화는 66%로 증대한 것에서 보이듯이 효과적으로 운용되고 있다(최인철, 2002 : 15).

우리 사회에서 내부공익신고는 아직 활성화되고 있는 것으로 보이지는 않는다. 국가청렴위원회가 2006년 청렴교육을 위해 발간한 교재에 제시된 부패행위 신고자 보호사례와 부패행위 신고 보상금 지급사례를 보면 고위공직자와 관련된 사례는 거의 발견되고 있지 않다(국가청렴위원회, 2006 : 159-165). 조직의 비리를 신고하는 일이 쉽지는 않고, 또한 이를 부정적으로 보는 경향이 적지 않지만 우리 사회의 고질화된 부패척결을 위한 매우 효율적인 방법이라는 점을 고려할 때, 내부공익신고를 활성화할 수 있는 구체적인 방안을 마련하는 일은 매우 시급하다고 할 수 있다.

생각해 볼 문제들

1. 세계적으로 강조되고 있는 부패 라운드가 초국적 기업들의 경제적 이익을 우선적으로 고려하기 때문에 개발도상국가 기업들의 경쟁력을 약화시킨다는 비판이 있다. 부패 라운드가 윤리적 정당성이 있는지, 윤리적 정당성이 있다면 이러한 비판을 어떻게 생각해야 하는가?
2. 부패를 척결하기 위해서는 민관협력체계를 구축하는 것이 필요하다. 이러한 체계를 구축할 수 있는 방안에 대해 생각해 보시오.
3. 개발도상국가에 대한 어떤 경제적 지원이나 개발보다도 부패척결이 급선무이며, 국제사회는 개발도상국가의 부패척결을 위해 적극적으로 노력해야 한다고 주장하는 사람들이 있다. 이러한 주장의 타당성에 대해 생각해 보시오.

더 읽어야 할 책들

1. 김정수, 『다리미를 든 대통령-부패 없는 사회를 위하여-』, 서울 : 민들레, 2006.
2. 배세영, 『부패의 경제학-사례를 중심으로-』, 서울 : 도서출판 대경, 2005.
3. 피터 아이겐, 이학로 옮김, 『부패에 반대한다-전 지구적 부패에 맞서 싸워온 사람들의 기록-』, 서울 : 문학과 지성사, 2004.

참고문헌

국가청렴위원회,『2006년 청렴교육 전문가 과정 교육교재』, 2006.
김상식, "부패방지기구의 조사제도와 부패 간 상호작용에 관한 국제 비교 연구 : 한국, 홍콩, 싱가포르를 중심으로,"『한국부패학회보』 제9집, 2004.
김용철 · 정재동, "부패에 관한 시민의식과 통제전략의 모색,"『한국거버넌스학회보』 제13권 제3호, 2006.
김창룡,『청렴한국 아름다운 미래』, 한길사, 2006.
김태룡, "역대 정부의 부패방지정책의 평가와 과제," 한국행정학회 2003년 세미나 발표자료집, 2003.
김 택, "반부패 제도의 국제적 동향 및 비교연구-홍콩, 싱가포르, 말레이시아를 중심으로,"『한국부패학회보』 제5집, 2001.
박재완, "부패와 반부패정책의 경제적 함의,"『공공경제』 제2권 제1호, 1997.
박헌준, 이종건, "한국 기업의 윤리경영 1991-2001 : 변화와 실태,"『기업윤리연구 4』, 2002.
부패방지위원회,『부패방지 표준 교육교재』, 2005.
윤태범, "위기의 관료사회, 구조적 부패와 개혁방안,"『당대비평』 통권 제4호, 1998.
이민호, "홍콩의 성공적인 반부패정책과 사회윤리 강화,"『기업윤리연구 4』, 2002.
이상수 · 박흥식, "내부공익신고자보호법의 국제적 비교를 통한 법제도 개선 연구,"『한국정책학회보』 제12권 2호, 2003.
이종영,『기업윤리 : 이론과 실제(제4판)』, 삼영사, 2003.
이진국 · 황태정, "내부공익신고자 보호제도의 형사법적 검토,"『형사정책』 제17권 제1호, 2005.
정원규 · 최성호 · 윤훈용 · 임석준, "기업의 사회적 책임(CSR) 평가체계 추론을 위한 이론적 고찰,"『21세기정치학회보』 제16집 1호, 2006.

조선일 · 배정아, "반부패 정책의 실효성 확보에 관한 연구," 『한국거버넌스학회보』 제13권 제1호, 2006.

조은경, "OECD 국가에 있어서의 부패방지정책의 평가와 우리나라에의 시사점," 한국행정학회 2003년 세미나 발표자료집, 2003.

최진욱, "제도와 부패 : 홍콩 염정공서(ICAC)의 반부패활동에 대한 평가," 『한국행정학보』 제39권 제4호, 2005.

Chapter 11

공학윤리의 의의

권혁길

1. 과학과 공학

과학(science)이라는 말은 '무엇인가를 안다'는 뜻의 라틴어 'scientia'에서 유래했다고 한다. 따라서 과학이라는 말은 넓은 의미에서 학문이라고 부를 수 있다. 한편 독일어에서는 일반적인 학문을 의미하는 'Wissen'과 구분하여 과학을 'Wissenschaft'라고 부르고 있어서 과학을 철학, 종교, 예술 등과는 구분하여 자연과학이라는 의미로 사용한다. 우리가 여기에서 논의하려는 과학은 좁은 의미로서 자연과학을 뜻한다.[1] 미국과학진흥회에서 발행하는 『사이언스(*Science*)』에서는 과학을 지식을 얻는

1- 한양대학교 안산캠퍼스 공학대학 엮음, 『미래를 경영하는 공학인』, 서울 : 한양대학교 출판부, 2005, p. 18.

과정이면서 동시에 이 과정에서 얻어지는 지식의 유기적인 종합이라고 지적한다. 즉, 과학은 체계적이고 합리적인 방법을 통하여 자연이나 자연현상을 대상으로 원리나 법칙을 탐구하는 과정이나 혹은 그 과정에서 얻어지는 지식을 의미한다.

한편, 공학(engineering)이란 단어의 어원은 2천여 년 전 로마군이 성벽을 파괴하기 위하여 사용했다는 'ingenium'에서 유래했다고 하며, 공학자(engineer)는 부교(浮橋)나 공격탑과 같은 군사적인 용구나 시설을 설계하거나 또는 사용하던 병사를 의미하는 'ingeniators'에서 유래했다고 한다. 이러한 유래에서 보듯이 공학은 군사적인 분야에서 탄생하였고, 산업혁명을 거치면서 오늘날의 토목공학, 기계공학, 화학공학, 전기공학 등으로 발전해 왔다고 볼 수 있다.[2] 물론, 공학의 분야는 너무나 광범위하고 그 기능이 방대하기 때문에 공학을 명확하게 정의하기는 어렵지만, 공학은 과학적 지식과 기술적 수단을 이용하여 가장 경제적인 방법으로 인간의 욕구를 충족시키는 체계적인 학문이라고 정의할 수 있다.

이러한 공학이 갖추어야 할 몇 가지 덕목이 있다. 우선, 첫째로 공학은 실현 가능성과 함께 필요성을 충족시켜야 한다. 실현이 불가능하다면 공학으로서의 가치는 의미를 상실하고 만다. 또한 이것이 실현이 가능하더라도 인간에게 꼭 필요한 일이 아니라면 매력을 잃게 된다. 즉, 인간에게 필요한 것이어야 더욱 설득력을 지니게 된다. 둘째로, 공학은 경제성을 갖추어야 한다. 경제성을 갖추지 못한다면 개발할 필요도 의지도 없게 된다. 일례로 우리나라의 영토에서는 여러 종류의 소량의 광물질을

2- *Ibid.*, pp 22-23.

어느 곳에서나 발견할 수 있다. 그러나 경제성이 전혀 없는 소량의 광물을 개발하자는 사람은 없질 않는가? 셋째로, 공학은 윤리성을 획득해야 한다. 그 목적에서부터 과정과 결과에 이르기까지 윤리적으로 문제가 없어야 한다. 목적이 비윤리적이라면 그 공학적 연구는 추진되어서는 안 되며, 그 과정 또한 비윤리적이어서는 결과 또한 좋은 결과일 수 없는 것이다.

미국공학한림원(NAE : National Academy of Engineering)은 공학과 공학자를 다음과 같이 정의하고 있다.[3)]

> 공학은 다양한 방법으로 정의할 수 있지만 그 중에서 대표적인 두 가지로 설명할 수 있다. 우선 공학이란 과학의 적용이라고 할 수 있다. 공학자들은 추상적인 관념을 구체적인 결과물로 만들어낸다. 다음으로 공학이란 통제 가능한 계획이라고 정의할 수 있다. 공학자에게 생산품은 뜻밖의 결과물이 아니라 어떤 생산품을 만들고 싶어하는가를 정확히 알고 그것을 실행하는 과정에서 생기는 의도적인 결과물이기 때문이다. 또한 공학자는 새로운 제품을 만들어내는 생산활동에 종사하는 사람들이며 새로운 분야에 도전하는 사람들이다.

공학과 공학자에 대한 명쾌한 설명이라고 생각된다. 특히 공학자의 역할을 새로운 제품을 만들기 위해 꾸준한 노력을 하는 과정에서 생산품이 산출된다는 지적을 하고 있어서 더욱 설득력을 지닌다.

한편 공학과 과학의 관계는 밀접한 연관을 맺으면서도 각기 다른 영역이며, 그 우위를 말할 수는 없는 것이다. 여기에서는 과학과 공학에 종

3– *Ibid.*, p. 25.

사하는 사람들의 특징을 살펴봄으로써 양자의 차이를 생각해 보자. 첫째로, 과학자는 현상을 연구하고 이유나 원인에 대한 대답을 찾으려고 애쓴다. 그러나 공학자들은 문제를 해결하는 방법을 찾거나 현재의 해결책보다 더 나은 방안을 찾기 위해 노력한다, 둘째로, 과학자는 자신의 연구가 윤리적인 문제로부터 상대적으로 자유롭지만 공학자는 윤리적인 문제로부터 결코 자유로울 수 없다. 과학자는 자연계 대상에 대한 탐구를 목적으로 하지만 공학자는 현실사회에의 적용을 목표로 하기 때문이다. 따라서 공학자는 윤리적 문제와 함께 사회적 · 법적 책임을 져야 하는 상황에 놓일 수 있다. 이러한 차이는 결국 과학자와 공학자가 지향하는 목표가 다르기 때문이다.[4)]

2. 공학과 인류의 삶의 변화

21세기에 들어서서 공학의 눈부신 발전은 인류의 삶에 큰 변화를 초래하고 있다. 21세기 공학의 발전은 너무나 급격해서 인류의 삶의 양식의 변화는 그 끝을 가늠하기 어려울 정도이다. 이러한 공학의 발전에는 물론 과학의 눈부신 발전이 있었기 때문이라고 할 수 있다. 공학은 과학과는 구분이 되는 것임에는 틀림이 없다. 과학이 이론적인 접근이라면

4- *Ibid.*, pp. 26–27.

공학은 보다 실천적인 내용을 함축하고 있으며, 실용성이 전제된 공학이 아니라면 큰 의미를 부여할 수 없다고 생각된다. 이러한 공학이 이뤄온 20세기의 성과에 대한 성찰은 21세기를 살고 있는 오늘날 우리들의 미래를 가늠할 수 있는 근원(basic)이 된다고 할 수 있겠다.

미국공학한림원(NAE : National Academy of Engineering)과 미국공학연합회(AAES : American Association of Engineering Societies), 그리고 주간공학지(NEW : National Engineering Week) 등의 세 주체가 인류를 변화시킨 20세기 공학의 가장 커다란 성과물을 선정한 적이 있었다.[5] 27개의 공학 전문가협회들이 서로 협력하여 선정위원회를 구성하였고, 이 위원회에서 20세기의 가장 커다란 공학적 성과 20가지를 선정했다. 이것들을 검토해 보면 현재의 우리의 삶에 공학이 얼마나 큰 영향을 미쳤는지를 다시 한 번 확인할 수 있다. 그들이 선정한 20가지를 간략히 소개하면 다음과 같다.[6]

- 전기 : 20세기의 광범위한 전기 발전 시설은 인간의 삶의 질을 완전히 바꾸어 놓았다. 가로등에서부터 슈퍼 컴퓨터에 이르기까지 전기는 우리의 삶을 지난 세기와는 완전히 다른 모습을 연출할 수 있게 했다.
- 자동차 : 자동차는 사람과 물건의 주요한 교통수단이며 동시에 경제적 성장과 안정을 이룩하는 데 결정적인 역할을 하고 있다. 이러한 자동차의 발명은 인간이 지구의 주인임을 다시 한 번 더 확인하

5- *Ibid.*, pp. 30–40.
6- *Ibid.*, pp. 31–40.

는 계기가 되었다.

- **비행기** : 항공기의 운항은 우리 인류에게 지구촌이라는 새로운 용어를 사용하는 것을 가능하게 했다. 항공기는 우리에게 지구를 한 바퀴 돌아오는 데 하루면 가능하게 하는 경이로운 세상을 만들게 했다. 제트 여객기는 대륙과 대륙을 한나절이면 오고 갈 수 있게 만들었고, 사람과 물품을 빠르게 운송함으로써 인적 · 물적 그리고 문화적 교류가 가능하게 했다.
- **수도시설** : 수도시설의 보급은 20세기 인간의 삶의 질을 크게 변화시켰다. 수도시설은 인간이 수인성 질병으로부터 벗어나게 했으며, 가정이나 산업분야에 이르기까지 깨끗한 물을 공급받게 했다.
- **전자공학** : 전자공학은 인류의 삶을 본질적으로 크게 변화시켰다. TV, 컴퓨터를 비롯하여 전자회로의 발전은 인간의 삶을 보다 효율적이게 하는 근본이 되었다.
- **라디오와 TV** : 라디오와 TV는 20세기 사회의 변화를 이끈 원동력이 되었다. 세계 곳곳의 역사적 사건들을 실시간으로 볼 수 있게 했으며, 공학자들은 무선전송에서 위성 시스템에 이르기까지 획기적인 기술의 개발에 전력하고 있다.
- **농업기계** : 트랙터나 콤바인, 경운기 등의 수백 가지 농기계들은 농업의 효율성과 생산성을 증가시키는 주역이 되었다. 20세기 초 미국에서는 4명의 농부가 10명을 먹여 살렸지만, 20세기 말에는 단 한명의 농부가 100명 이상의 사람들을 먹여 살릴 수 있게 되었다.
- **컴퓨터** : 컴퓨터는 인류에게 삶과 비즈니스에서 획기적인 변화를 가져오게 했다. 누구나 쉽게 광대한 지식에 접근할 수 있게 했으며, 복잡한 일들을 쉽게 처리할 수 있는 능력을 갖추게 했다. 물론 컴퓨

터 오락 등의 부정적인 면을 산출하기도 했지만 이에 대한 개선의 여지는 충분하다고 하겠다.

- **전화** : 전화는 개인, 가족, 국가 간의 신속한 접촉을 가능하게 하였으며, 공학자들은 전화교환대에서 위성통신까지, 그리고 인터넷까지 가능하게 하여 우리의 삶을 더욱 활기 있게 만들고 있다.
- **에어컨과 냉장시설** : 에어컨과 냉장시설은 20세기 인류의 삶을 엄청나게 변화시켰다. 신선한 음식을 운반 · 저장할 수 있게 하였고, 인간의 삶의 질을 한층 고양시켰다.
- **고속도로** : 고속도로의 건설은 20세기의 가장 주목할 만한 업적 중의 하나이다. 지역과 지역을 연결하는 고속도로는 재화와 서비스의 소통을 원활하게 하였으며, 경제성장과 아울러 상업을 활성화시켰다.
- **우주선** : 우주선의 등장은 인류의 우주탐험을 가능하게 했다. 우주선의 등장으로 인류는 감동했고, 이를 바탕으로 지식의 저변은 크게 확대되었다. 우주 프로그램의 진보는 의료설비를 비롯한 수많은 재화와 서비스의 이용을 가능하게 했고, 날씨예보나 무선통신도 함께 발전하게 했다.
- **인터넷** : 인터넷은 인류의 삶을 완전히 바꾸어 놓았다. 특히 비즈니스와 교육 관련 업무, 개인적인 의사소통의 방법, 세계 곳곳의 뉴스와 방대한 정보의 수집을 쉽게 했다. 결국은 인류로 하여금 지구촌의 삶이 가능하게 했다.
- **이메이징 기술** : 미세한 원자에서 먼 거리의 은하수에 이르기까지 20세기의 이메이징 기술은 인류의 시야를 한층 확장시켰다. 인간의 몸을 탐사하는 일, 레이더를 이용한 날씨의 추적과 같은 것은 공

학이 진보한 결과이다. 이메이징 기술은 컴퓨터와 함께 우리 육체의 안과 밖을 들여다 볼 수 있게 했다.

- **가전제품** : 가전제품은 20세기 가정의 삶의 모습을 완전히 변화시켰다. 가전제품은 주부들에게 여가를 제공하였으며, 경제발전에도 큰 역할을 했다.
- **의료기술** : 20세기의 의료기술의 발전은 괄목할 만했다. 최신의 의료장비와 인공적으로 만든 장기들은 인류의 삶에 새로운 전기가 되게 했고, 인류의 수명을 연장시키는 데 크게 기여했다.
- **석유와 석유화학기술** : 석유는 자동차나 가정, 산업분야에 에너지를 공급하면서 20세기의 인류의 삶에 획기적인 변화를 가져왔다. 아울러 석유화학기술은 석유가 수많은 제품의 생산원료로 사용되게 했다. 한편, 석유의 탐사와 그것을 처리하는 과정에서 이뤄낸 공학의 진보는 인류의 삶에 엄청난 영향을 끼쳐왔다.
- **레이저와 섬유공학** : 레이저에서 발산되는 빛의 파장은 공업용 도구나 수술장비, 위성을 비롯한 다른 많은 제품에 응용된다. 이러한 기술은 혁명적인 업적이라고 할 수 있다. 단 한 개의 광섬유 케이블만으로도 수십억 개의 데이터 파일, 비디오 이미지를 전송할 수 있다.
- **원자력기술** : 원자력기술을 이용한 핵폭탄은 인류의 전쟁에 새로운 전기를 마련하게 했다. 원자력기술은 전기의 새로운 공급원으로서 진료와 이메이징 기술의 발전에도 크게 기여했다. 원자력 기술은 윤리적인 논쟁을 불러왔지만 그것이 가져온 영향은 20세기 공학의 위대한 업적임에는 틀림없다.
- **고성능 물질** : 20세기는 물질에 있어서도 획기적인 발전을 가져왔다. 인류는 철이나 강철을 재료로 하던 시대에서 발전하여 강력하

고도 가벼운 중합체 폴리머와 세라믹 등 합성물질들을 개발해냈다. 이러한 새로운 물질들은 고강도의 특성을 지니고 있어서 항공기나 의료장비, 컴퓨터 등에 사용되어 우리의 삶에 큰 변화를 가져왔다.

이상에서 볼 수 있는 것처럼 인류가 20세기에 만들어낸 공학적 산출물들은 우리의 삶에 유례가 없는 획기적인 변화를 가져왔다. 21세기를 맞이하여 인류의 공학 발전을 위한 노력은 지속되고 있다. 토목공학, 전기공학, 기계공학, 화학공학 등의 전통적인 공학들은 물론이려니와 건축공학, 교통공학, 전자공학, 재료공학, 컴퓨터공학, 산업공학 등에 이르기까지 공학의 영역은 날이 갈수록 세분화 · 전문화되고 있는 것이 사실이다. 각각의 공학분야에서의 발전은 상상을 초월할 정도로 급속하게 진행되고 있다. 한편, 공학의 발전은 인류의 삶에 그 반대급부로서 큰 재앙을 몰고 오기도 했다. 인간의 지나친 욕심에 의한 비정상적인 공학적 과정들은 많은 무책임한 사건 · 사고들을 야기하여 수많은 목숨을 앗아가기도 하였고, 핵무기나 환경파괴와 같이 인류 전체의 생존을 위협하는 결과를 가져오기도 하였다.

3. 공학과 윤리

과학과 공학은 현대 사회의 거의 모든 영역에 큰 영향을 주며 인간의 삶에 중요한 역할을 수행하고 있다. 따라서 과학자와 공학자들은 그들의 연구와 실천이 인간의 행복에 어떻게 기여하고 있는가를 이해하고, 또한 연구와 실천과정에서 파생될 수 있는 여러 가지 도덕 · 윤리적인 문제에 대해서도 깊이 인식하고 있어야 한다. 그들에게는 자신들의 사회적인 책임과 의무에 관한 깊은 인식이 그 어느 때보다도 절실히 요구된다.

배원병 · 김종식 · 윤소현 · 임오강 교수는 우리나라의 엔지니어들이 공대에서 자기 전공과목만을 배우고, 졸업한 후에도 전공에 파묻혀 일하기 때문에 자기가 하는 일이 사회에 어떠한 영향을 미치며 엔지니어로서의 사회적 책임은 무엇인가에 대해 고민하고 사회적 책임에 대하여 기본 소양을 쌓는 일에 소홀히 하고 있음을 지적한다.[7] 그들은 엔지니어가 될 공대생들이 과학기술 정보와 사회문제를 직접적으로 다루는 공학윤리를 대학에서 체계적으로 배워 자기가 하는 일이 사회적으로 어떠한 영향을 미치는지를 알고 엔지니어로서 가져야 할 사회적 책임을 인식해야 한다고 지적한다. 더 나아가 그들은 공학윤리의 목표를 미래의 엔지니어들에게 도덕적 자율성을 함양시키는 데 있다고 주장한다. 여기에서 도덕적 자율성이란 도덕적 쟁점에 관하여 비판적으로 생각하는 능력과 공학적 실천과정에서 직업 엔지니어가 직접적으로 겪는 상황에 이를 적용하는 능력을 의미한다.

공학의 윤리적 문제에서는 과학연구와 공학의 수행 그리고 기술의 이용과 관련된 윤리학적 기본 원리들을 고찰하고, 이와 관련하여 과학연구가와 공학자들이 연구 및 기업환경에서 겪게 되는 도덕적 · 윤리적 문제들이 무엇인지를 검토한다. 이를 위해 구체적인 여러 가지 사례들을

7- 배원병 · 김종식 · 윤순현 · 임오강 공저, 『공학윤리』, 서울 : 북스힐, 2006, pp. 16-17.

탐구하며, 이의 해결에 필요한 윤리학의 여러 개념적 도구들을 원용한다. 이러한 공학윤리를 통해 엔지니어들은 자신들의 공학적 행위가 그들 자신뿐만 아니라 일반인에게 미치는 영향을 이해하고, 공학적 실천상황에서 발생하는 윤리적 문제들을 자율적이고 합리적으로 해결할 수 있는 능력을 길러야 한다. 또한 엔지니어들은 연구자로서 그리고 실천자로서의 인격함양과 장인정신의 구축을 통해 인간적 자부심을 획득해야 한다.

김진국 · 정보주 교수는 『공학인을 위한 윤리』에서 공학윤리의 원리를 네 가지로 지적하고 있다.[8] 그것은 첫째로, 공공성의 원리로서 사회적인 책임을 강조하고 있다. 즉, 공학의 사회적인 책임을 강조한 것으로서 공공선, 공동선을 성취해야 함을 강조한다. 둘째로는 인간존중의 원리로서 공학이 인간존중과 생명존중이라는 중요한 원리에 충실해야 함을 강조한다. 셋째로는 환경보전의 원리로서 생태환경의 보존 없이는 우리 인류의 미래가 위협받게 된다는 내용들을 강조한다. 넷째로는 안전의 원리로서 공학에서 어느 원리보다도 더욱 강조되는 것이다. 안전한 설계에서부터 시작하여 안전한 시공 및 공학현장에서의 안전의식 등은 그 어느 것과도 바꿀 수 없는 중요한 원칙이다. 결국 공학윤리라는 것은 인간의 안녕과 복리에 관련되는 것이며, 자기 이익과 같은 다른 어떤 기준보다 우선하는 것이고, 공공의 선에 기여하는 윤리적 기준으로서 기능하는 것이다.

엔지니어는 종종 공학적 사례와 관련하여 도덕적 딜레마에 빠질 경우가 있다. 엔지니어가 공중에 대한 자신의 의미를 신중하게 고려한다면

8– 김진국 · 정보주 공저, 『공학인을 위한 윤리』, 서울 : 미래컴, 2007, pp. 41–51.

고용주의 관심을 헤아리기보다는 자율적으로 공중에게 이익이 되는 쪽으로 결정을 내려야 한다. 그러나 이렇게 결정을 내리는 데는 여러 가지 장애물이 있다. 그 장애물은 이기심(다른 사람의 희생을 감수하고서라도 자신의 이익을 취하려는 것), 두려움(실수를 인정하는 데 대한, 직장을 잃는 것에 대한, 나쁜 결과나 어떤 처벌에 대한 두려움 등), 자기 기만(자기가 남들에게 하듯이 남들이 자기에게 그렇게 할 때 자신은 그것을 받아들이지 않으려는 것, 자기 합리화), 무지(중요한 정보에 대한 무지), 자기 중심적 성향(자기를 중심으로 한 매우 한정적인 관점에서 사태를 해석하려는 경향), 미시적인 시각(자신과 관련되거나 자신이 알고 있는 정보만을 중심으로 판단하기 때문에 보편적인 생각을 하지 못하는 경향), 권위의 무비판적 수용(피고용자로서 충성의 의무에 집착), 집단 사고(엔지니어는 팀단위 운영이 많음. 팀은 하나라는 생각과 팀 구성원이 가진 공통된 사고양식에서 벗어나지 못하는 것) 등이 있다. 이런 장애물들로 말미암아 주어진 상황에 대해 충분히 분석하여 그에 적절한 윤리적 추론과 결정을 내린다는 것은 생각보다 매우 어려운 일이다. 그러나 주어진 문제에 대해 정확하게 분석하고 결정을 내리는 것은 무엇보다도 중요한 것이다.

4. 응용윤리학으로서의 공학윤리

일반적으로 윤리학을 순수윤리학과 응용윤리학으로 구분할 때에 환경윤리, 공학윤리, 정보윤리, 경제윤리 등은 응용윤리라고 부를 수 있다.

공학윤리란 엔지니어가 공중(public)과 그들의 고객들(clients), 고용주들 그리고 동업자들(the profession, 같은 전문엔지니어들)에 대한 자신의 의무(obligations)를 확인하기 위해서 기준을 조사하고 설정하는 응용윤리학의 한 분야라고 할 수 있다.[9]

이와 같은 공학윤리의 필요성은 우리가 공학의 현장에서 늘 발견하게 된다. 예를 들어 건축 현장이나 토목공사 현장에서 그 건축물은 완성된 후에는 결국 많은 공중들이 사용하게 된다. 아파트나 건물의 사용자는 우리 모두에 해당되거니와 토목공사의 결과로 나타나는 교량이나 하천 등의 경우도 우리 모두의 일상생활과 직결되는 것들이다. 또한 제조공장에서 만들어지는 모든 제조물들은 우리의 삶에 직·간접적으로 연관이 되어 있다. 그러한 제조물들을 사용하는 사람들은 바로 우리들 자신인 것이다. 이때 이러한 제조물들이 잘못 만들어져 있다면 그 후유증은 결국 우리 자신들에게 돌아오게 된다.

지난날 우리는 공학인들을 비롯한 관련자의 비양심적인 태도로 말미암아 수많은 비참한 사건·사고를 경험했다. 한강다리의 하나인 성수대교의 붕괴라든지, 서울 마포구 와우산의 와우 아파트의 붕괴라든지 대구 지하철 사고, 미 우주선의 폭발이나 최근의 한국 공군의 주력 전투기인 F16의 추락사고 등에서 볼 수 있듯이 우리는 이 모든 것들이 바로 인재(人災)였다는 사실에 놀라지 않을 수 없다. 즉, 자기의 의무에 소홀한 공학인들의 실수로 귀한 생명들이 훼손되는 사태가 발생하였다. 공학도가 공학윤리를 배워야 하는 이유가 바로 여기에 있다. 따라서 다음과 같은

9– http://kr.search.yahoo.com/search Engineering Ethics "From Wikipedia, the free encyclopedia".

몇 가지 실제 사례를 통해 우리는 지난날의 엔지니어의 실수가 가져온 참상을 귀감으로 삼아야 할 것이다.

(1) 와우 아파트 붕괴사건(臥牛 아파트 崩壞事件)

1970년 4월 서울특별시 마포구(麻浦區) 창전동(倉前洞) 와우지구 시민아파트 건물이 무너진 사건이다. 1970년 당시 제3공화국은 경제개발계획을 의욕적으로 추진하였고, 이에 따라 전국적으로 경제발전의 모습들이 곳곳에서 발견되는 등 한국은 한강의 기적을 이루고 있었다. 이 시기에는 서울시 전역에서 일명 근대화 공사가 활발하게 벌어지고 있었다. 와우 아파트는 서울시가 판자촌 정리를 위해 서울시내 32개 지역에 세운 시민아파트 가운데 하나였다.[10]

당시 5층 건물로 세워졌던 와우 아파트 15동이 무너져내린 것은 1970년 4월 8일 오전 6시 40분쯤이었다. 이 어처구니없는 참사로 33명이 숨지고 39명이 중경상을 입었다. 1969년 12월 준공된 아파트 15동 건물은 지은 지 4개월 만에 붕괴되었는데, 조사결과 아파트 받침기둥이 건물무게를 지탱하지 못하여 사고가 발생하였다. 아파트가 붕괴되면서 그 자리는 아비규환의 현장으로 뒤바뀌었다. 인재에 의한 사고였던 것이다. 아파트 부실공사와 관련하여 김현옥(金玄玉) 서울시장이 물러나기도 했으며, 도시빈민의 주거문제가 사회문제로 대두되었다.

10_ 와우 아파트 붕괴사건(야후검색, 야후 블러그)

와우 아파트의 붕괴원인은 지질조사도 없이 산비탈에 아파트를 지은 데다가 사용한 자재 대부분이 기준에 미달되었기 때문이었다. 단국대 조명래 교수는 당시에 시민아파트 전체의 안전도를 조사해 본 결과 405동 중에 347동이 안전도에 문제가 있는 것으로 판명이 났다고 했다. 사실 와우 아파트는 완공 직후부터 벽에 금이 가고 건물이 흔들리는 등 붕괴 조짐을 보였다. 하지만 주민들이 여러 차례 경찰과 구청에 신고했지만 아무런 조치도 없었다. 갓 지은 아파트에 그런 일이 있을 수 없다는 게 이유였다.

와우 아파트 15동이 붕괴된 뒤 이미 지어진 시민아파트 가운데 101개동은 1971년부터 1977년에 걸쳐 철거됐다. 그러나 나머지 300여 개 동은 안전대책 없이 그대로 방치됐다. 결국 정부가 1970년대에 지어진 시민아파트의 안전진단에 나선 건 1990년대 중반에 성수대교와 삼풍백화점이 무너진 뒤였다.

(2) **삼풍백화점 붕괴사고**(三豊百貨店 崩壞事故)

삼풍백화점 붕괴사고는 1995년 6월 29일 오후 6시 05분 서울특별시 서초구 서초동에 있던 삼풍백화점이 붕괴된 사건으로, 건물이 무너지면서 1천여 명 이상의 종업원과 고객들이 다치거나 사망했다. 그후 119 구조대, 경찰, 시, 정부, 국회까지 나서 범국민적인 구호 및 사후 처리가 이어졌다. 사망자는 502명, 부상자는 937명, 실종 6명, 피해액은 약 2,700여 억 원으로 집계됐다. 피해자들 중 최명석은 11일, 유지환은 13일, 박승현은 16일간 갇혀 있다가 극적으로 구조되기도 하였다.[11)]

사고의 주요 원인은 무리한 설계변경이었다. 삼풍백화점 건물은 하중을 고려한 정확한 계산이 필요한 구조물이었지만 수익을 위하여 회장의 독단으로 설계가 변경되었다. 결국 붕괴를 우려한 원 설계업체가 건설을 포기하고 계열사에서 시공하였다. 사고 전 붕괴의 조짐이 있었고 하루 전 대책 회의가 있었으나 주말 영업을 위하여 방치하였다.

실제로 건축상황의 문제점을 보면 지붕 마감 하중(345kg/m^2)이 시공하중(90kg/m^2)보다 255kg/m^{2}나 초과되었고, 2층에서 5층까지 슬라브 연결 깊이가 얕게(30cm) 연결되었다. 4층 에스컬레이트부 기둥이 80cm인 것이 60cm로 축소되었고, 5층 슬라브 및 일부 슬라브 단면도 펀칭 전단 및 휨에 대한 내력이 부족하였다. 상단 철근이 정상보다 4–6cm 정도 내려앉았고, 철근 배근 간격이 맞지 않았으며, 전반적으로 철근이 부족하였다. 또한 현실적으로 삼풍백화점의 유지 · 관리에도 문제가 많이 발견되었다. 불법 용도변경이 있었고 내부 기기의 과다 시설로 인해 하중이 증가되었다. 쓰레기 투입구 설치로 바닥 철근이 절단되었으며, 5층 바닥 대리석 마감을 위해 바닥 콘크리트의 피복이 제거되었다. 또한 배기 닥트 설치를 위해 내력벽을 절단하였으며, 냉각탑의 설치에 따라 바닥판이 구조적으로 손상되었다.

이 사건은 결국 큰 인명피해를 불러일으켰고, 삼풍백화점 붕괴사건 관련 피고인들은 1996년 8월 23일 대법원 판결에 의해 그 형이 확정되었다. 삼풍백화점 회장 이 준은 업무상과실치사상죄가 적용되어 징역 7년 6개월이 확정되었다. 삼풍백화점 측으로부터 뇌물을 받고 설계변경

---

11 - 위키백과–우리 모두의 백과사전(http://kr.search.yahoo.com/search ; 삼풍백화점 붕괴사건)

등을 승인해 준 전 서초구청장 이충우, 황철민에게는 뇌물수수죄가 적용되어 각각 징역 10월에 추징금 3백만 원과 징역 10월에 추징금 2백만 원이 확정되었다. 정상기 전 서울시 상정계장, 김수익 우성건설 형틀반장, 김재근 전 서초구청 주택과장 등 피고인 10명도 징역 2년에 집행유예 3년과 추징금 3백만 원에서 선고유예 및 추징금 1백만 원의 형량이 확정되었다. 2심에서 징역 7년형을 받은 이한상 전 삼풍백화점 사장 등 12명은 상고를 포기하여 형이 확정됐다. 삼풍백화점 붕괴사고와 관련하여 특정경제범죄가중처벌 등에 관한 법률위반(업무상횡령) · 업무상과실치사 · 업무상과실치상 · 수뢰 후 부정처사 · 뇌물수수 · 부정처사 후 수뢰 · 특정범죄가중처벌 등에 관한 법률위반(뇌물) · 뇌물공여 · 허위공문서작성 · 허위작성공문서행사 등의 혐의로 기소된 피고인은 총 25명이다.

위와 같은 사례뿐만 아니라 성수대교 붕괴사건이나 대구지하철 화재사건 등 유사한 사건들이 전국적으로 발생하였다. 결국 이러한 사건들은 모두 공공성과 안전성, 인간의 존엄성 등의 공학윤리의 중요한 원리를 도외시한 결과들이었다.

한편, 공학윤리를 예방윤리라고 부르는 학자들도 있다.[12] 그들은 공학윤리를 예방의학과 유사한 개념이라고 지적한다. 심각한 질병에 걸리기 전에 미리 돌봄으로써 질병에 걸리는 것을 예방하듯이 공학자들에게도 미리 공학윤리적 문제들을 예상함으로써 위기의 발생을 막을 수 있다는 설명이다. 따라서 전문인으로서의 공학자들은 미리 윤리적 감수성

12– Charles E. Harris, Jr. Michael S. Pritchard & Michael J. Rabins, *Engineering Ethics*, 김유신 역, 『공학윤리』, 서울 : 북스힐, 2006, pp. 21–22.

과 공학적인 실천의 여러 상황들에 대해 준비함으로써 실제 상황에 직면했을 때에 윤리적으로 무엇이 옳은가를 결정할 수 있을 것이다.

이러한 점에서 예방윤리로서의 공학윤리는 두 가지 차원에서 설명되기도 한다. 첫째, 공학자들은 전문가로서 자신들의 행동의 가능한 결과들에 대해 윤리적 차원의 결과도 예상할 수 있어야 한다. 둘째, 공학자들은 공학 현장에서의 결과들에 대해 효과적으로 생각할 수 있어야 하고 윤리적으로 무엇이 옳은가를 결정할 수 있어야 한다. 이것은 공학윤리의 교육이 왜 공대생들에게 필요한가를 간명하게 설명해 주는 내용이라고 할 수 있다.

5. 전문인으로서의 엔지니어 규범[13)]

미국의 전문엔지니어학회(NSPE : National Society of Professional Engineers)의 엔지니어를 위한 윤리법전 서문에서는 공학(Engineering)은 우리의 삶에서 중요하며, 엔지니어는 학습된 전문직임을 지적하고 있다. 전문인으로서 엔지니어는 정직성과 성실성(integrity)이 기대된다. 공학은 모든 사람들의 삶의 질과 직접적으로 연관되고, 그들의 생사가 걸린 중요한 것이기 때문에 더욱 정직성과 성실함이 요구된다. 따라서 엔지니어의 공

13– http://www.nspe.org/ethics/home.asp (NSPE, *National Society of Professional Engineers*)

중(公衆)에 대한 서비스는 모든 사람들에게 정직성과 공평함(impartiality), 공정함(fairness)과 평등함(equity) 그리고 공중의 건강과 안전 및 복지(welfare)라는 차원에서 헌신적이어야 한다. 엔지니어의 업무는 전문적인 행동의 기준에 맞게 수행되어야 하는데, 이와 같은 것은 윤리적인 행위의 최고의 원리에 부합하도록 요구된다.

미국의 전문엔지니어학회에서 제시하는 기본 규범(Fundamental canons)은 엔지니어에게 전문적인 차원에서 자신의 업무에 충실할 것을 요구하고 있다. 구체적인 내용들을 예시하자면 다음과 같다.

(1) 공중(public)의 안전과 건강, 그리고 복지에 대해 최고의 수준을 유지해야 한다(Hold paramount the safety, health, and welfare of the public).

(2) 단지 그들의 능력의 범위 안에서 서비스를 수행해야 한다(Perform services only in areas of their competence).

(3) 객관적이고 진실한 방식으로만 공적인 진술을 해야 한다(Issue public statements only in an objective and truthful manner).

(4) 고용주나 고객에게 신뢰할 만한 대리인과 수탁자로서 행동해야 한다(Act for each employer or client as faithful agents or trustees).

(5) 기만적인 행동은 피해야 한다(Avoid deceptive acts).

(6) 전문직업의 명예와 평판, 그리고 유용성을 높이기 위해 명예롭고, 책임감 있고, 윤리적이며, 그리고 법을 준수하며 행동해야 한다(Conduct themselves honorably, responsibly, ethically, and lawfully so as to enhance the honor, reputation, and usefulness of the profession).

또한 앞의 내용들에 대한 구체적인 실천 규칙들로는 ;

(1) 엔지니어들은 공중(public)의 안전과 건강, 그리고 복지에 대해 최고의 수준을 유지해야 한다. 이에 대한 구체적인 실천 내용으로는 ;

a. 만일 엔지니어들의 판단이 생명이나 재산상의 위험의 상황 하에서 위압적으로 이뤄진 것이라면 엔지니어들은 그들의 고용주나 고객, 그리고 다른 권위자들(책임자들)에게 시정할 것을 요구해야 한다.

b. 엔지니어들은 공학적 기록들(engineering documents)이 적용기준(applicable standards)에 적합한 것임을 입증해야 한다.

c. 엔지니어들은 법이나 기본 규범에 의해 권한을 부여받거나 요구된 경우를 제외하고는 고객이나 고용주의 동의 없이 사실들이나 데이터, 정보 등을 공개해서는 안 된다.

d. 엔지니어들은 사기성이 있거나 부정직하다고 판단되는 개인이나 기업들이 자신의 이름이나 동료들의 이름을 사용하는 것을 허용해서는 안 된다.

e. 엔지니어들은 개인이나 회사의 공학적으로 탈법적인 행동을 돕거나 부추겨서는 안 된다.

f. 엔지니어들은 이 규범의 확실한 위반행위를 알게 된 때에는 그 즉시로 적절한 전문단체에 보고하고 신뢰할 만한 권위당국자들에게 신고해야 한다. 그리고 이러한 일을 종결하기 위해 필요한 정보나 도움의 요청에 대해서는 협조해야 한다.

(2) 엔지니어들은 단지 그들의 능력의 범위 안에서 서비스를 수행해야 한다. 이에 대한 보다 구체적인 내용들로는 ;

a. 엔지니어들은 교육이나 경험을 통해 관련된 특수 기술분야에서 질적으로 검증되었을 때 그들의 과제를 수행할 수 있다.

b. 엔지니어들은 자신들의 전공방향과 다르거나 자신들의 수행 능력이 부족하다고 느끼는 계획이나 서류에는 서명을 해서는 안 된다.

c. 엔지니어들은 자기의 전공부문에 관련된 과제나 프로젝트들에 대해서 협동하고 전적인 책임을 질 수 있다.

(3) 엔지니어들은 객관적이고 진실한 방식으로만 공적인 진술을 해야 한다. 이에 대한 구체적 내용은 ;

a. 엔지니어들은 전문적인 보고서나 진술, 실험 등에서 객관적이고 진실해야 한다. 보고서나 진술 혹은 실험은 적절한 정보를 포함해야 한다.

b. 엔지니어들은 보고서나 진술, 실험 등에서 사실에 근거한 기술적인 의견을 공개적으로 표현해도 좋다.

c. 엔지니어들은 특정 이익단체가 분명한 코멘트를 요구하는 일이 없을 때에는 특정 단체나 집단들의 이익과 관련된 진술이나 비평 혹은 논쟁들에 나서지 않아도 된다.

(4) 엔지니어들은 고용주나 고객에게 신뢰할 만한 대리인과 수탁자로서 행동해야 한다. 이에 대한 구체적인 내용으로는 ;

a. 엔지니어들은 그들의 판단이나 서비스의 질에 영향을 줄 만한 모든 지식이나 잠재적인 갈등들에 관해서 밝혀야 한다.

b. 엔지니어들은 동일한 프로젝트나 서비스와 관련하여 모든 이익관계자들에 의해서 충분히 공개되고 승인을 받지 않고서는 하나 이상의 당사자들로부터의 보상이나 재정적 도움을 받아서는

안 된다.

c. 엔지니어들은 자신이 맡고 있는 일들과 관련된 외부의 대리인들(agents)로부터 직접 혹은 간접적으로 재정적인 혹은 다른 가치 있는 배려(consideration)를 요구하거나 수락해서는 안 된다.

d. 관련 학회 회원이나 고문, 혹은 정부나 준정부, 혹은 어떤 부서(department)의 고용인의 위치에 있는 엔지니어들은 공적인 서비스에 관하여 사적 혹은 공적인 어떤 청원이나 결정에 참여해서는 안 된다(사사로운 개인이나 조직의 이익이 공적인 서비스를 결정하는 데 영향력을 발휘해서는 안 된다).

e. 엔지니어들은 자기가 조직의 장(principal) 혹은 간부(officer)로 있는 정부의 조직에 청원을 하거나 계약을 해서는 안 된다.

(5) 엔지니어들은 기만적인 행동을 피해야한다. 이와 관련된 구체적인 내용은 ;

a. 엔지니어들은 자신의 면허나 준면허에 대한 잘못된 이해로 말미암아 발생될 수 있는 왜곡된 일을 해서는 안 된다. 그들은 어떤 과제에 대한 그들의 책임에 대해서 위장이나 과장을 해서는 안 된다. 팜플렛(brochure)이나 혹은 프레젠테이션은 고용주나 고용인, 관련자, 합작한 벤처가(joint venturers) 혹은 지난날의 성과들에 이르기까지 관련된 속성들을 위장해서는 안 된다.

b. 엔지니어들은 공적인 계약에 직·간접적으로 영향을 미치는 것을 요구하거나 수수하는 일 등을 해서는 안 된다. 그들은 일과 관련하여 선물이나 가치 있는 것들을 제공해서는 안 된다. 엔지니어들은 진실성에 근거하지 않은 위임이나 부당이득(percentage), 중개수수료 등을 지불해서는 안 된다.

(6) 직업과 관련된 전문적인 의무들 ;

a. 엔지니어들은 업무 관련자들과의 관계에서 최고 수준의 정직과 성실성을 보여주어야 한다.

- 엔지니어들은 자신들의 잘못은 알려야 하고 사실을 왜곡하거나 변경해서는 안 된다.
- 엔지니어들은 프로젝트가 성공할 수 없을 때에는 고객이나 고용주에게 알려야 한다.
- 엔지니어들은 현재 자기가 맡고 있는 일에 피해를 끼치면서 외부의 일을 해서는 안 된다. 그는 외부에 고용되기 전에 고용주에게 먼저 알려야 한다.
- 엔지니어들은 다른 엔지니어를 의도적으로 잘못된 길로 유도해서는 안 된다.
- 엔지니어들은 전문가의 존엄과 성실을 실추하면서 명예롭지 못하게 자신의 이익을 추구해서는 안 된다.

b. 엔지니어들은 언제나 공중의 이익에 충실히 봉사해야 한다.

c. 엔지니어들은 공중을 속이는 어떠한 지도나 실천을 해서는 안 된다.

d. 엔지니어들은 기업과 관련된 혹은 현재나 과거의 고객이나 고용주 혹은 그들이 봉사하는 공중과 관련된 사적인 정보를 공개해서는 안 된다.

e. 엔지니어들은 자신과 관련된 상충하는 이익들 때문에 그들의 전문적인 의무가 영향을 받아서는 안 된다.

f. 엔지니어들은 취직을 하거나 승진 혹은 보다 전문적인 자리를 얻기 위해 부적절하거나 의심스러운 방법을 획책하거나 다른 엔

지니어들을 부정직하게 비판해서는 안 된다.

g. 엔지니어들은 악의나 거짓으로, 직접적이나 간접적으로 혹은 전문적인 평가나 비평 등을 통해서 다른 엔지니어들에게 상처를 주려고 시도해서는 안 된다.

h. 엔지니어들은 나태로 인해 그들의 서비스에 차질이 있었다면 그로 말미암아 발생하는 일에 대해서는 개인적인 책임을 인정해야 한다.

i. 엔지니어들은 공학적 업무에서 공적을 쌓은 사람, 예를 들어 특허와 같은 것을 지닌 사람에게는 그 소유권을 인정해야 하며, 다른 사람들의 소유권을 인정해야 한다(엔지니어들은 디자인이나 발명, 저작물, 혹은 다른 성취물들에 대해서 개인적으로 그 책임과 이름을 밝혀야 한다. 또한 늘 전문적인 발전을 위해서 연구하고 실천하며, 학회나 세미나에도 늘 참석하면서 연구에 매진해야 한다).[14)]

이상의 내용들은 NSPE(National Society of Professional Engineers)의 공학윤리의 규약(code)들을 약술한 것이다. 우리는 여기에서 엔지니어들이 실제의 공학 현장에서 지켜야 할 중요한 구체적 행동규약들이 자세히 열거되어 있음을 알게 된다. 이와 같은 규약들이 공학 현장에서 잘 지켜진다면 인류사회는 훨씬 안전하고 신뢰가 넘치는 사회가 될 수 있을 것으로 생각된다. 지난날의 큰 사건 · 사고들은 결국 위에 열거한 내용들을 지나쳐 버린 결과로 발생된 것임을 부인할 수 없다.

14– http://www.nspe.org/ethics/eh 1–code.asp NSPE. (*National Society of Professional Engineers*)

6. 공학윤리의 과제

공학도에게는 위에서 언급한 공학 현장에서 요구되는 여러 가지 윤리 규약들을 잘 숙지하는 일과 이러한 내용을 마음에 두고 실천하리라는 다짐이 필요하다. 공학도에게는 현장감을 익히도록 하기 위해 현장 실습의 기회가 있으므로 그때의 사건 · 사고 방지나 당면하게 될 여러 가지 사태에 대응하기 위해서라도 위의 사항을 충분히 익혀두는 것이 필요하다.

한편, 이대식 · 김영필 · 김영진은 공학윤리의 실질적인 문제로서 크게 다섯 가지를 지적하고 있다.[15] 그들은 우선 첫째로 안전과 위험을 들고 있다. 공학인들에게 가장 중요한 의무중의 하나가 바로 안전을 지키는 일이라고 지적한다. 공학인들에게 사회적으로 요구되는 가장 큰 의무도 결국은 안전이라는 것이다. 설계가 해당 법에 저촉되지 말아야 하고, 공학적 관행의 안전 기준에 적합해야 한다는 지적이다.

둘째, 안전을 위한 설계가 필요하다는 것이다. 그들은 안전한 설계를 위해서는 문제를 정확히 인식해야 하며, 다양한 대안들을 고려하고, 해결책을 분석하고, 그 해결책들을 검증해야 하며 가장 좋은 해결책을 선택해야 한다고 지적한다. 또한 공학적인 사고(事故)의 유형을 (1) 절차상의 사고, (2) 공학적 기술상의 사고, (3) 시스템상의 사고로 구분하고 이러한 사고들을 줄이는 방안은 바로 안전한 설계에 있다고 강조한다.

15_ 이대식 · 김영필 · 김영진 공저, 『공학윤리』, 서울 : 인터비젼, 2003, pp. 26-32.

셋째, 직업적 책임의 문제로서 공학인은 전문직에 종사하는 직업인으로서 관련된 정보를 유출해서는 안 된다는 점을 강조한다. 오늘날 한국의 경우에도 매스컴에 자주 오르내리는 나쁜 뉴스 중에는 고급 기술들이 해외로 유출되고 있다는 소식이 있다. 이와 같이 해외로 정보가 유출되는 경우는 물론 국내적으로도 자기가 종사하던 전문직 분야의 정보를 함부로 유출하는 일이 있어서는 안 될 것이다.

넷째, 직업적 권리의 문제이다. 그들은 공학인은 책임 못지않게 권리도 갖는다고 지적한다. 공학인은 가장 일반적인 권리로서 직업적인 양심의 권리가 있다. 공학인은 자신의 의무로부터 벗어나서 직업적 판단을 내릴 권리를 지니고 있다.

다섯째, 고발의 경우이다. 공학인은 시민의 건강과 안전을 보호해야 할 의무가 있다. 그러나 고용주나 고객의 이익과 상충하는 비윤리적이고 비합법적인 문제에 부딪치게 되면 갈등할 수밖에 없다. 그러나 이때에 공학인은 조직 내에서 일어나는 잘못된 행동들을 시정하도록 노력해야 하며, 그것이 힘들 때에는 잘못된 행동들을 폭로하고 고발할 수 있다. 현실적으로 쉽지 않은 문제지만 공중의 안전을 위한다는 대전제 하에서 용기가 필요하다고 본다.

일반적으로 올바른 윤리 · 도덕교육은 인지적 · 정의적 · 행동적 접근이 통합적으로 이루어질 때 가능하다고 한다. 즉 무엇이 올바른 행위인지를 알고 그것을 실천하려는 의지와 감정을 지닌 상태에서 실제의 올바른 행위가 이루어졌을 때 비로소 올바른 윤리 · 도덕교육이 이루어졌다고 할 수 있다. 공학윤리의 경우에도 마찬가지이다. 즉 공학윤리의 내용에 대한 이해와 올바른 판단이 이뤄지기까지의 연습 등이 필요하고, 마음으로부터 이러한 공학윤리들을 실천함으로써 공중의 안전과 행복을 지키겠다는 다짐과 아울러 실제의 공학 현장이라는 구체적인 상황 속에서 공학윤리를 실천할 수 있는 단계에까지 이르러야 한다고 생각된다. 결론적으로, 학교 현장에서는 공학윤리가 잘 교육되어야 하며, 실제로 공학 현장에서는 공학윤리가 잘 실천되는 사례의 발굴이 이뤄져서 공학도들에게 공학윤리의 실천적인 지도가 가능하도록 되어야 할 것이다.

생각해 볼 문제들

1. 공학윤리의 필요성은 무엇인가?
2. 공학이 인류의 삶에 끼친 영향은 무엇인가?
3. 전문인으로서의 공학인의 책임과 의무는 무엇인가?
4. 공학윤리가 실천적인 결과를 얻기 위해서는 구체적으로 어떠한 접근이 필요한가?

더 읽어야 할 책들

1. 한양대학교 안산캠퍼스 공학대학 엮음, 『미래를 경영하는 공학인』, 서울 : 한양대학교 출판부, 2005.
2. 김진국 · 정보주 공저, 『공학인을 위한 윤리』, 서울 : 미래컴, 2007.
3. Charles E. Harris, Jr. Michael S. Pritchard, Michael J. Rabins, *Engineering Ethics*, 김유신 역, 『공학윤리』, 서울 : 북스힐, 2006.
4. http://www.nspe.org/ethics/eh 1-code.asp NSPE (*National Society of Professional Engineers*)

참고문헌

김진국 · 정보주 공저, 『공학인을 위한 윤리』, 서울 : 미래컴, 2007.

배원병 · 김종식 · 윤순현 · 임오강 공저, 『공학윤리』, 서울 : 북스힐, 2006.

위키백과-우리 모두의 백과사전(http://kr.search.yahoo.com/search ; 삼풍백화점 붕괴사건).

이대식 · 김영필 · 김영진 공저, 『공학윤리』, 서울 : 인터비젼, 2003.

한양대학교 안산캠퍼스 공학대학 엮음, 『미래를 경영하는 공학인』, 서울 : 한양대학교 출판부, 2005.

Charles E. Harris, Jr. Michael S. Pritchard, & Michael J. Rabins, *Engineering Ethics*, 김유신 역, 『공학윤리』 서울 : 북스힐, 2006.

http://www.nspe.org/ethics/eh 1-code.asp NSPE (*National Society of Professional Engineers*).

Chapter 12

공학윤리 문제의 해결과정과 방법

조일수

공학윤리 문제는 '공학적 실천상황', 즉 공학자가 자신의 공학적 지식을 활용하여 공학적 과제를 해결하는 과정에서 발생하는 윤리적 문제를 의미한다. 달리 말하여 공학윤리 문제는 공학자가 특정한 재화나 서비스를 설계 · 시공 · 생산하는 과정과 소비자가 그 재화나 서비스를 사용하는 과정 및 사용결과에서 발생하리라 예상되는 윤리적 문제를 말한다. 공학자는 공학적 실천상황에서 발생될 수 있는 이러한 문제들을 사전에 예상하고 그 문제에 대한 해결방안을 강구해야 한다.

그런데 공학윤리 문제에 대한 답은 하나가 존재하는 것이 아니라 일반적으로 여러 가지 해결책이 존재할 수 있다. 이것은 공학적 과제를 해결하는 과정에서 그 해결책이 여러 가지가 존재할 수 있는 것과 유사하다. 예를 들어, 무심천의 남쪽 도로와 북쪽 도로의 연결이 원활하지 못하여 발생하는 교통지체 문제 해결이라는 과제를 생각해 보자. 이 과제를 해결하는 데에는 여러 가지 방법이 있을 수 있다. 무심천 아래에 하저도로를 건설할 수도 있으며, 무심천 위에 교량을 건설할 수도 있다. 교량을 건설하기로 의사결정을 하였다고 하더라도 어떤 공법을 사용하며 교량의 크기는 어느 정도로 할 것인지, 또 어떤 용도에 초점을 둔 교량을 건설할 것인가 등에 따라 여러 가지 대안이 제시될 수 있다. 유능한 공학자라면 이러한 많은 대안들 가운데에서 최선의 해결책을 강구할 수 있어야 한다. 이와 마찬가지로 공학윤리 문제를 해결하는 과정에서도 여러 가지 해결책이 존재할 수 있다. 유능한 공학자라면 공학윤리 문제를 해결하는 데에 있어서도 최선의 대안을 선택할 수 있어야 한다. 본장에서는 공학윤리 문제를 해결하는 과정에서 고려해야 하는 요소들과 공학윤리 문제 해결방법과 절차, 그리고 공학윤리 문제를 해결하는 구체적 기법들을 사례와 함께 검토해 보도록 하자.

1. 윤리적 의사결정시 공학자의 고려요소

공학자는 재화나 서비스를 설계 · 시공 · 생산하는 과정에서 특정한 의사결정을 내려야 하는 경우가 많다. 예를 들어 공학자는 제품의 성능, 디자인, 가격, 생산방법 등의 정책결정에 직 · 간접적으로 참여해야 한다. 이러한 의사결정을 내리는 과정에서 공학자는 기술적 가능성, 제품의 상품성이나 경제성, 안전성, 생산의 효율성 등을 비롯한 여러 가지 사항들을 고려한다. 또한 공학자는 윤리적 측면도 또한 간과할 수 없다. 윤리적 측면은 대부분의 경우 다른 사람들의 안전이나 복지, 권리나 의무 혹은 사회정의의 문제 등과 연관된다.

공학자가 의사결정을 내리면서 윤리적 측면을 검토할 때 몇 가지 고려해야 하는 사항이 있다.[1] 그 첫째는 자신이 설계 · 시공 · 생산에 참여한 재화나 서비스의 생산과정과 사용결과가 공중에게 어떤 영향을 끼칠 것인가라는 점이다. 즉 공학자는 자신이 설계 · 시공 · 생산한 재화나 서비스가 공중의 복지에 어떤 영향을 줄 것인지에 대해 검토해 보아야 한다. 이 문제는 간단한 것처럼 보이지만 사실 간단한 것은 아니다. 왜냐하면, 공중이 누구냐 또는 공공의 복지가 무엇이냐라는 문제에 답하기가 쉽지 않기 때문이다. 예를 들어, 공학자가 설계 · 시공 · 생산에 참여한 재화나 서비스의 사용자만이 공중인가 아니면 일반 시민까지 포함하는가? 고가의 사치품을 설계 · 생산하는 경우를 생각해 보자. 이 경우에 그 제품의 사용자가 얼마만큼 만족해하는가를 검토하면 되는가, 아니면 고가로 말미암아 그 제품을 사용하지 못하는 사람들의 심리적 불만족까지 고려해야 하는가? 이처럼 공학자가 자신이 생산한 재화나 서비스가 공중의 복지에 어떤 영향을 줄 것인지를 검토하기가 쉽지 않다. 그럼에도 불구하고 공학자는 이 점을 반드시 검토해 보아야 할 것이다.

공학자가 윤리적 의사결정을 내릴 때 두 번째로 고려해야 하는 요소는 자신의 의사결정이 고용인(경영자)이나 의뢰인에 대한 의무를 다하고 있는가라는 점이다. 예를 들어 공학자는 자신이 속한 조직의 영업거

1- 김영필은 공학윤리의 주요 주제를 4가지로 분류하고 있다. 그것은 공중에 대한 의무, 고용인이나 의뢰인에 대한 의무, 다른 엔지니어에 대한 의무, 직업에 대한 의무이다. 본절의 내용은 이러한 4가지 주제를 공학자가 의사결정을 내릴 때 고려해야 하는 윤리적 측면의 요소로 변형하였다. 김 진 외 9인, 『공학윤리』, 서울 : 철학과 현실사, 2003, pp. 133-134.

래 비밀을 준수하고 있는지, 연구 및 생산기밀을 유지하고 있는지, 혹은 다른 조직 구성원 간의 이해충돌을 적절하게 조절하고 있는지, 조직의 자원을 효율적으로 사용하고 있는지, 혹은 고용인이나 의뢰인에게 공학적 전문지식이나 정보를 충분히 제공하고 있는지 등을 검토해야 한다.

세 번째로 공학자는 다른 동료 공학자에 대한 의무를 다하고 있는지 생각해 보아야 한다. 예를 들어, 다른 공학자들과 정당하게 경쟁하고 있는지, 다른 동료 공학자에게 직업적으로 발전할 수 있는 동등한 기회가 부여되지 있는지, 다른 동료 공학자에 대한 신의를 지키고 있는지 등을 검토해야 한다.

마지막으로 공학자는 자신의 직업에 대한 의무를 생각해 보아야 한다. 즉 공학자는 자신이 내리는 의사결정이 자신의 직업적 전문지식에 따른 결정인지, 혹은 자신이 직업에 합당한 능력과 위신을 가지고 있는지 등을 검토해 보아야 한다.

2. 공학윤리 문제상황 이해

공학윤리 문제를 해결하는 절차는 크게 두 단계로 나누어진다. 우선 첫째 단계는 문제 자체의 상황을 분명하게 이해하는 단계로서, 사실적 쟁점, 개념적 쟁점, 도덕적 쟁점 등을 검토하는 단계이다.[2)] 두 번째 단계는 문제상황에 대한 해결책을 도출하는 단계로서, 여러 가지 윤리이론이나 기법을 적용해서 해결책을 모색하는 단계이다. 이 절에서는 우선 첫 번째 단계인 공학윤리 문제상황 자체를 명확하게 이해하는 것에 대해 생각해 보자.

공학윤리 문제상황 이해단계는 공학적 실천상황에서 발생한 윤리 문제상황을 명확하게 이해하거나 앞으로의 발생이 예상되는 문제상황을 명확하게 설정하는 단계이다. 이 단계는 관련되는 사실들을 명확하게 규정하는 사실적 쟁점 확인단계, 문제상황과 관련되는 개념이나 용어를 명확하게 정의하는 개념적 쟁점 확인단계, 그리고 도덕적 불확실성이나 불일치점을 명확하게 규정하는 도덕적 쟁점 확인단계로 구성된다.

우선 사실적 쟁점 확인단계는 문제상황과 관련된 사실과 정보들을 검토하여 관련자들의 견해를 일치시키거나 사실적 불확실성을 최소화하려는 노력과 관련된다. 우리는 일상의 삶에서 특정한 사실들을 명백한 것으로 간주하고 이에 의거해 의사결정을 내리는 경우가 많다. 그런데 예를 들어, 만약 오늘이 나의 생일이라면 이 사실은 틀림없는 진실일까? (내가 만약 20살이라면) 정말 내가 20년 전 바로 오늘 태어났을까? 실제로는 20년 전 오늘 내가 반드시 태어난 것은 아닐지라도 그렇게 간주하고 나의 생일을 기리고 있는 것은 아닐까? 생일과 같은 경우는 일부의 사실적 불확실성이 있더라도 일 년 중 특정일을 생일로 간주하고 그것을 축하하는 것은 그 자체로 의미가 있는 일이며, 커다란 문제가 발생할 소지는 많지 않다.

2_ 공학윤리 문제상황 자체 이해와 관련된 기본적인 아이디어는 배원병 · 김종식 · 윤순현 · 임오강, 『공학윤리』, 서울 : 북스힐, 2006, pp. 39-53에서 얻었음. 그들은 공학윤리 문제 설정 과정을 세 단계, 즉 사실적 쟁점들 점검, 개념적 쟁점들 점검, 도덕적 쟁점들 설정으로 제시하고 있음.

그러나 공학적 실천상황에서는 사실들에 대한 불확실성이나 불일치로 말미암아 커다란 문제가 발생하거나 의사결정을 제대로 내리지 못하는 경우는 많다. 예를 들어, 산에 터널을 건설하는 것이 환경에 어떤 영향을 줄 것인지가 비교적 명확하다면 천성산이나 사패산에 터널을 건설하는 문제와 관련된 논쟁이 비교적 쉽게 해결될 수도 있었을 것이다. 또한 지하에 방사성 폐기물을 매립하는 것이 주변 환경과 인간의 삶에 어떤 영향을 주는 것이 명확했더라면 방사성 폐기물 처리장 건설과 관련된 분쟁을 해결하는 데에 그렇게 오랜 시간과 노력이 소요되지 않았을 것이다. 또한 다음 장에서 자세하게 검토하겠지만, 1986년 미국의 우주왕복선 챌린저 호의 폭발사고는 로켓 부스터를 연결하는 오링이 온도의 변화에 어떤 영향을 받는지에 대한 사실을 충분히 검토하지 않아 발생하였다.

이처럼 기본적 사실에 대한 명확한 혹은 공통된 이해가 부족하여 공학윤리 문제의 해결이 어려운 경우나 잘못된 의사결정을 내리는 경우가 많다. 그러나 특정한 공법의 안전성 문제에 대한 이견이나 핸드폰, TV 등에서 발생하는 전자파의 유해성 문제 등과 같이 과학적으로 명확하게 규명하기 힘든 사실들도 있어 우리의 의사결정이나 윤리적 판단에 혼선을 가져오는 경우도 많다. 그렇다고 하더라도 우리가 공학적 실천과정에 발생하는 윤리문제를 해결하기 위한 첫 걸음은 문제상황과 관련된 사실과 정보들을 최대한 수집하고 이에 대한 견해의 불일치나 사실적 불확실성을 최소화하는 작업이 되어야 할 것이다.

공학윤리 문제상황을 명확하게 이해하기 위한 두 번째 단계는 개념적 쟁점 확인단계로서, 관련된 핵심 용어들에 대한 개념을 명확히 정의하는 것이다. 이 단계에서는 특정한 상황에서 사용되는 용어들이 관련자들간에 동일한 의미를 갖고, 특정한 상황 맥락에 부합하도록 정의되는 것을 의미한다. 예를 들어, 뚜껑이 있는 일회용 컵 속에 커피 믹스 가루가 들어 있어서 뚜껑을 열어 온수를 부어 마시는 커피 제품을 설계하려는 공학자의 소비자에 대한 '책임'을 생각해 보자. 우리나라에서는 2002년 7월부터 제조물책임법(PL)이 시행되면서 제조물의 결함으로 인해 손해를 본 소비자는 제조 사업자한테 손해배상을 받을 수 있다. 따라서 커피 제품을 설계하려는 공학자는 자신이 설계한 제품이 가지는 소비자에 대한 책임범위를 판단해야 한다. 즉 만약 커피 제품이 소비자에게 피해를 주었다면 어떤 상황에서 커피 제품 생산자에게 책임이 있는가? 예를 들어, 소비자가 커피를 마시려다 뜨거운 기운이 손에 전해져 컵을 놓치게 되고, 그리하여 신체의 일정한 부위에 화상을 입었다면 이것은 커피 제품 생산자의 책임이라 할 수 있는가? 만약 이것을 커피 제품 생산자의 책임이라고 판단한다면 그는 제품의 뜨거운 특성에 맞춰 안전한 컵을 공급할 책임이 있다고 할 수 있다. 즉 커피 제품 생산자는 컵을 두껍게 만들거나, 보조 손잡이를 부착하거나, 컵을 끼울 수 있는 두꺼운 종이를 함께 제공하는 등의 안전 서비스를 제공해야 할 의무가 있는 것이다. 이처럼 커피 제품 생산자는 자신이 지게되는 책임의 범위가 어디까지인가를 명확하게 규정해야만 한다.

공학윤리에서는 자주 사용되는 용어들이 있다. 예를 들자면 공중, 안전, 책임, 복지, 이해 충돌, 뇌물, 기업기밀 등등의 용어이다. 이러한 용어들은 그 용어를 사용하는 사람에 따라서 그리고 상황에 따라서 다른 의미로 이해될 가능성이 많다. 예를 들어, 공중은 누구인가? 공중의 안전이나 복지라는 말이 의미하는 바는 무엇인가? 생산과정과 생산물에서 발생하는 책임의 범위는 어디까지인가? 특정한 상황에서 이해 충돌은 누구와 누구의 무엇이 충돌하는 것인가? 뇌물과 선물의 구분은 무엇인가? 기업기밀에 속하는 정보는 무엇인가? 등등 많은 질문들이 제기될 수 있으며, 이러한 질문에 대한 답은 사람에 따라서 그리고 상황에 따라서 달리 규정되는 경우가 많다. 그러므로 공학자는 공학윤리 문제를 해결하기 위해서는 특정 상황과 관련되는 개념규정을 명확하게 정의해두는 것이 필요하다.

공학윤리 문제상황을 명확하게 이해하기 위한 세 번째 단계는 도덕적 쟁점 확인단계로서, 문제상황에서 발생하는 도덕적 불확실성 혹은 도덕적 불일치점을 확인하고 어떤 가치와 어떤 가치가 충돌하는지 혹은 어떤 권리 · 의무들이 서로 충돌하는지 등을 확인하는 단계이다. 공학윤리 문제를 해결하는 과정에서는 관련되는 사실이 분명하게 확인되고 관련된 개념들이 명확하게 규정되더라도 어떤 의사결정을 내려야 할지 불명확한 경우도 많다. 이러한 경우는 문제상황이 가지고 있는 도덕적 불확실성이나 불일치점에서 기인하는 경우가 대부분이다.

예를 들어 강력하면서도 이용자에게 필요한 정보만을 제공하는 맞춤형 정보 검색 프로그램을 개발하려는 컴퓨터 소프트웨어 공학자들을 생각해 보자. 그들은 지금까지 퍼스널라이즈(개인화) 서비스를 제공하면서 이용자의 허락을 전제로 웹 서핑 기록을 축적하고 있다. 그들은 특정 항목을 검색하면 이용자가 좋아할 것으로 예상되는 관련 상품과 서비스를 함께 제공하는 강력한 프로그램 개발을 목표로 하고 있다. 그들은 지금까지 축적한 이용자들의 웹 서핑 기록과 자신들이 가지고 있는 소프트웨어 기술을 결합하면 개개 이용자들이 필요로 하는 맞춤형 정보를 제공할 수 있다는 사실을 확인했다. 또한 그들은 지금까지 축적한 데이터들은 이용자들의 동의를 전제로 축적했으며, 개별적인 데이터들은 개인

정보의 유출과는 특별한 관계가 없다는 사실을 확인했다.

한편, 소프트웨어 공학자들은 프로그램 이용자의 복지를 정보 검색의 편의성으로 규정하고, 이용자에게 맞춤형 정보를 제공하는 것이 그들의 복지를 향상시키는 것이라고 판단했다. 그럼에도 불구하고 그들은 강력하면서도 편리한 정보검색 프로그램의 개발 여부를 결정하지 못하고 있다. 현재 그들이 고민하고 있는 점은 이용자들의 프라이버시 침해문제 때문이다. 즉 그들이 개발하려는 프로그램은 이용자들에게 정보 검색의 편리성이나 자신의 정보에 대한 알 권리를 충족시켜 주는 반면에, 이용자들의 프라이버시를 침해할 가능성이 있기 때문이다. 즉 그들이 개발하려는 프로그램은 이용자에게 편리한 서비스를 제공하지만, 개별 검색결과를 모아 한 개인의 성향을 파악하는 데에 악용될 소지나 축적된 데이터들을 가공하면 개인정보 유출의 우려가 있기 때문이다. 이 경우에는 이용자들이 편리하게 정보를 검색할 권리와 프라이버시 침해의 우려가 충돌하고 있는 경우라 할 수 있다.

이처럼 공학윤리 문제는 관련된 개별적 사실들이 확인되고 상황에 따라 관련된 개념들이 명확하게 규정되었다고 하더라도 쉽게 의사결정을 내릴 수 없는 경우가 있다. 이것은 문제의 상황 속에 도덕적 불확실성이나 불일치점이 있기 때문이다. 우리가 앞서 공부한 인간배아 복제의 허용 여부에 대한 논란에서도 그 핵심은 배아가 인간이냐 아니냐라는 점이었다. 이것은 배아나 태아를 언제부터 인간으로 인정할 것인가라는 문제와 관련하여 도덕적 · 규범적 불확실성으로 말미암아 야기되는 문제이다. 또한 인간배아 복제 연구의 허용 여부에 대한 논란에서 연구의 자유와 배아의 생명권이 충돌하는 것을 확인할 수 있었다. 이것은 특정 가치나 권리가 또 다른 특정 가치나 권리와 충돌하는 경우라 할 수 있다.

이처럼 공학윤리 문제상황을 명확하게 이해하기 위해서는 문제상황에서 발생하는 도덕적 불확실성 혹은 도덕적 불일치점을 확인하고 어떤 가치와 어떤 가치가 충돌하는지 혹은 어떤 권리·의무와 또 다른 어떤 권리·의무가 충돌하는지 등을 확인하는 것이 필요하다.

위에서 본 것처럼 공학윤리의 문제상황을 이해하는 데는 먼저 사실적 지식과 개념적 정의를 확인하고 도덕적 쟁점을 규명하는 것이 필요하다. 그러나 문제상황을 이해하는 절차가 반드시 사실, 개념, 도덕적 쟁점 확인이라는 순서로 진행될 필요는 없다. 필요에 따라서는 이 순서를 바꾸어도 무방하며, 상황에 따라서는 한번 검토한 내용을 다음 단계 진행과정에서 다시 되돌아가 검토할 수도 있다. 즉 개념적 규정을 명확히 하거나 도덕적 쟁점을 확인하는 과정에서 다시 사실적 지식의 확인이나 개념적 규정 확인과정으로 되돌아갈 수도 있다. 달리 말하여 사실, 개념, 도덕적 쟁점 확인이라는 절차는 상황에 따라 그 순서가 바뀔 수도 있으며, 또한 필요에 따라 이전 절차로 되돌아가 논의할 수도 있다.

한편, 공학윤리 문제상황을 명확하게 이해하는 과정에서 윤리적 해결책이 모색될 수도 있다. 우리는 일상생활에서 해결하고자 하는 문제를 명확하게 규정하고 나면 그 해답이 쉽게 얻어지는 경우를 목격한다. 예를 들어, 나의 하루 생활에서 운동할 시간이 부족하다는 문제를 해결하려 한다면, 내가 하루 동안에 행하는 일들을 구체적 사실(예 : 버스로 등교 30분 소요)로서 나열하고 운동에 대한 개념을 재규정(예 : 땀이 배어나올 정도로 몸을 움직이는 것)하고 나면 그 해결방안(예 : 도보로 등교 1시간 소요)이 쉽게 도출되기도 한다. 공학윤리 문제에 있어서도 위와 같이 문제상황을 명확하게 이해하고 나면 그 해결책이 쉽게 모색되어지는 경우도 상당히 많다.

3. 공학윤리 문제 해결책 모색

앞의 단계들이 공학윤리 문제상황 자체를 이해하려는 단계였다면, 이 단계는 여러 가지 윤리이론이나 기법을 문제상황에 적용하여 실질적으로 해결책을 모색하는 단계이다. 문제상황을 명확하게 이해했다면 그 해결책이 비교적 쉽게 모색되어지는 경우도 있겠지만, 문제상황에 따라서는 좀더 치밀하게 해결책을 따져보아야 하는 경우도 있다. 이 경우에는 여러 가지 윤리이론이나 기법을 적용하여 해결책을 모색해 보아야 한다. 공학윤리 문제를 해결하는 데에 활용될 수 있는 윤리이론이나 기법은 여러 가지가 있을 수 있으나, 여기서는 대표적인 윤리이론이라 할 수 있는 결과주의적 윤리설과 규칙주의적 윤리설을 적용하는 방법과 실제 문제상황에서 간단하게 활용할 수 있는 선긋기(line drawing) 기법 등을 살펴보도록 한다.

(1) 결과주의적 해결책 모색

결과주의적 윤리설은 그 행위의 결과에 의거하여 올바른 행위를 판단하려는 윤리이론이다. 즉 행위의 옳고 그름은 행동 그 자체에 의해 판단되는 것이 아니라 그 행위가 가져오는 결과에 의해 판단된다. 이때 최선의 행위는 그 행위의 결과가 '최대다수에게 최대행복'을 가져다 주는 행위가 된다. 그러므로 이 윤리설에 의하여 올바른 행위를 선택하려면 그 행위의 결과가 누구에게 얼마만큼의 행복 또는 고통을 가져다 주는가를 계량화하는 것이 필요하다. 이러한 계량화를 위해 많이 사용되는 방법이 비용-이득 분석법(costs-benefits analysis)이다.[3)]

비용-이득 분석법은 문제상황을 해결하는 모든 대안들을 강구해 보고, 각각의 대안을 시행하는 데 들어가는 비용과 이득을 예상하고 이를 정량화한 후, 각각의 대안을 비교해서 가장 많은 이득이 예상되는 방안을 선택하는 방법이다. 비용-이득 분석은 크게 세 단계를 거치면서 진행된다. 첫 번째 단계는 문제상황을 해결하는 데 가능한 모든 방안을 고안하는 것이다. 두 번째 단계는 각 방안의 시행결과를 예상하는 단계이다. 이 단계에서는 그 방안의 시행으로부터 영향을 받을 사람들을 생각해 보고, 그 사람들을 위해 부담해야 할 비용과 이득을 예측한다. 세 번째 단계는 예측된 이득과 비용의 차이가 가장 큰 방안, 즉 이득이 가장 많이 남는 방안을 선택하는 것이다.

비용-이득 분석법을 적용하여 다음의 가상의 사례를 해결해 보자.

〈사례 12-1〉 시멘트 공장의 공해문제[4)]

시멘트 공장이 석회석 광산이 있는 마을 근처에 있다고 가정하자. 그 시멘트에서 나오는 분진으로 인하여 근처 마을 사람들은 창문을 열 수 없고 빨래도 널 수 없을 정도로 공해가 심각하여 생활이 어렵고 주택이나 토지의 가격도 폭락하였다. 그런데 그 시멘트 공장에 마을 사람들 상당수가 고용되어 있다. 이 공해문제를 어떻게 해결해야 하는가?

3- 김 진 외 9인, 『공학윤리』 서울 : 철학과 현실사, 2003, pp. 188-191 ; 배원병 · 김종식 · 윤순현 · 임오강, 『공학윤리』, 서울 : 북스힐, 2006, pp. 71-74 참조.

4- 이 사례 및 이 사례에 대한 비용-이득 분석은 배원병 · 김종식 · 윤순현 · 임오강, 『공학

비용-이득 분석법을 적용하는 첫 번째 단계는 공해문제상황을 해결하는 데 가능한 모든 방안을 강구하는 것이다. 이 사례의 경우에 있어서 우선 생각할 수 있는 것은 분진을 최소화하는 공해방지시설을 설치하고 마을 주민들의 생활불편과 재산상 손해에 대해 보상을 하는 방안이다. 또 다른 방안으로는 시멘트 공장을 마을과 멀리 떨어지고 산이 가로막혀 분진의 피해가 예상되지 않는 곳으로 이전하는 방안도 생각해 볼 수 있다.

비용-이득 분석법을 적용하는 두 번째 단계는 각 방안의 시행결과를 예상하는 단계이다. 이 단계에서는 각각의 방안을 시행함으로써 영향을 받을 사람들을 생각해 보고, 그 사람들을 위해 부담해야 할 비용과 이득을 예상하는 것이다. 위의 공해문제 사례에서 우선 공해방지시설을 설치하고 마을 주민들에게 보상을 하는 방안을 생각해 보자. 먼저 공해에 대한 보상비용을 산정하기 위하여 몇 가지 요소를 고려해야 한다. 주택이나 토지에 대한 보상비용은 공장 근처의 주택이나 토지와 비슷한 조건이지만, 분진과 같은 공해가 없는 다른 마을의 주택과 토지비용을 비교하여 산정한다. 생활불편에 따른 비용은 에어컨을 설치하고 가동하는 비용과 실내의 공기청정기를 사용하는 비용을 추정하고, 매년 주민들의 건강진단에 필요한 비용과 건강에 대한 정신적 부담에 대한 비용도 고려한다. 시멘트 공장이 공해방지시설을 하고 이전하지 않는 경우는 마을에 이득을 주기도 한다. 왜냐하면, 시멘트 공장이 마을 사람들에게 직장을 제공하고 지방자치단체에게는 세금소득원이 되기 때문이다. 또한 시멘

윤리』, 서울 : 북스힐, 2006, pp. 72-73에서 발췌하여 수정.

트 공장에는 공해방지시설에 따른 세금감면 혜택이 주어진다.

또 다른 해결방안인 공장을 이전할 경우를 생각해 보자. 이 경우 고려해야 하는 비용으로는 석회석 광산에서 먼 거리에 있는 시멘트 공장까지 석회석을 운반하는 물류비용과 새로운 공장부지 구입비용 및 이전비용이 있다. 또한 최근 강화된 환경보호법에 따라 공해방지 시설비용이 추가되어야 할 것이다. 그렇지만 공해에 따른 주민 보상비용이 없으므로 그만큼 이득이 된다. 이러한 각각의 방안에 대한 비용-이득 계산과정을 거쳐 마지막으로 각 해결방안에 대해 예상된 이득과 비용의 차이를 비교하여 가장 실질적인 이득이 많은 방안을 선택한다.

이상과 같은 과정을 거쳐 비용-이득 분석을 통한 공학윤리 문제 해결을 도모할 수 있다. 그런데 비용-이득 분석법은 몇 가지 약점이 있다. 우선 이 분석을 적용하려면 모든 경우에 비용과 이득에 대한 경제적 측정이 가능하다고 가정해야 한다. 그러나 일부 경우는 실질적으로 경제적 가치를 측정하기가 매우 곤란하다. 예를 들어, 인명의 손실이나 심각한 상처가 발생하는 경우에 이를 어떻게 경제적으로 환산할 수 있겠는가? 즉 인간생명의 가치를 어떻게 금전적 가치로 환산할 수 있겠는가? 또한 갯벌이나 산, 바다와 같은 생태계가 가지는 가치를 현재의 시점에서 미래에 예상되는 가치까지 포함하여 어떻게 산정할 수 있을 것인가? 또한 비용-이득 분석법은 인간의 지적 능력의 한계로 말미암아 특정한 방안이 시행되었을 경우의 결과를 완벽하게 예측하기가 불가능하다는 약점을 지닌다. 즉 특정 방안의 실제 시행결과는 예상과 다를 수 있다.

또한 비용-이득 분석법은 비용과 이득을 불평등하게 분배하는 경우를 고려하지 못하기 때문에 정의의 원리에 어긋나기도 한다. 예를 들어, 특정 방안의 시행이 인근 영세민들에게는 적은 비용을 유발하고 부유한 사람들에게는 커다란 이득이 발생한다면 이것은 사회정의의 원리에 어긋나는 것이라 할 수 있다. 이러한 비용-이득 분석법의 약점은 일반적으로 알려진 결과주의 윤리설의 한계와 유사한 측면이 있다. 그러나 이러한 문제점들에도 불구하고 비용-이득 분석법은 문제상황과 관련된 사람들의 공감을 얻기 쉽다는 점으로 말미암아 공학윤리 문제를 해결하는 데 중요한 기여를 할 수 있다.

(2) 규칙주의적 해결책 모색

규칙주의적 윤리설에 의하면, 도덕규칙에 부합하는 행위는 올바른 행위가 되고 그렇지 못한 행위는 올바르지 못한 행위가 된다. 이 윤리설에서는 무엇이 도덕규칙이 되느냐라는 것이 쟁점이 된다. 도덕규칙을 의무의 관점에서 규정하면 의무의 윤리가 되고 권리의 관점에서 규정하면 권리의 윤리로 전환될 가능성이 있다.

의무의 윤리는 행위의 결과와는 상관없이 사람이라면 누구나 실행해야 할 의무들이 있으며, 올바른 행위는 도덕적 의무에 복종하는 것이라 주장한다. 예를 들자면 살인하지 말라, 도둑질하지 말라, 거짓말하지 말라는 것은 인간으로서 당연히 지켜야 하는 의무가 되는 것이며, 위와 같은 의무에 의거하여 행동하는 것이 올바른 행위가 된다. 의무의 윤리에서 쟁점이 되는 것은 무엇이 인간의 의무이며 그것이 의무인지 어떻게 알 수 있는가라는 점이다. 이와 관련하여 독일의 철학자인 칸트(I. Kant)는 “네 의지의 준칙이 보편적 입법의 원리가 될 수 있도록 행위하라”와 “인간을 수단이 아닌 목적으로 대우하라”는 명제를 제시하고, 도덕적 의무는 보편성을 지니며, 무조건적인 명령이어야 한다고 주장한다. 그에 의하면, 도덕적 의무는 언제 어디서나 지켜야 할 보편적 의무인 동시에 다른 사람이 나에게 해주기를 원하는 행위일 뿐만 아니라, 내가 다른 사람에게 해주어야 하는 행위라는 것이다.

한편, 권리의 윤리는 행위의 결과와는 관계없이 인간에게 주어진 권리에 따라 행위하는 것이 올바른 행위가 되며, 타인의 권리를 침해하는 것은 올바른 행위가 될 수 없다는 입장이다. 권리의 윤리에서 쟁점이 되는 것은 무엇이 인간의 권리이며 그것이 권리인지 어떻게 알 수 있는가라는 점이다. 이와 관련하여 영국의 사회계약론자인 로크(J. Locke)는 인간생존의 바탕이 되는 기본적인 권리로서 생명, 자유, 재산권을 제시하였다. 한편 일부의 권리론자들은 권리에는 그 강도 혹은 우선 순위가 있을 수 있음을 인정하였다. 예를 들어, 인간에게는 흡연권과 깨끗한 공기를 호흡할 권리가 둘 다 있으나 그 강도에 있어서 깨끗한 공기를 호흡할 권리가 흡연권보다 우선한다는 것이다.

의무와 권리의 윤리에서 가장 근본적인 어려운 점은 앞서 언급한 바가 있지만 어떤 의무와 권리가 우리가 반드시 따라야 하는 의무와 권리가 되는지, 그리고 특정한 의무와 권리가 왜 우리의 의무와 권리가 되는지를 인식하는 것이다. 또한 의무와 권리의 윤리는 의무와 권리 간에, 혹은 의무와 의무 간에, 또는 권리와 권리 간에 충돌이 발생한 경우에 이것을 어떻게 해결할지도 어려운 문제가 된다. 규칙론적 윤리설을 주장하는 학자들에 의하면 인간에게는 직관이라는 능력과 사고를 할 수 있는 이성이 있다. 즉 우리는 어떤 사태를 보면 그 사태에 대한 가치판단을 내릴 수 있는 능력(직관)이 있으며, 직관으로 가치를 판단하기 힘든 상황에서도 이성을 통해 추론해 보면 그 가치를 알 수 있다. 즉 그들은 인간이 가진 직관과 이성에 의해 우리의 도덕적 의무와 권리를 알 수 있다고 주장한다.

직관과 이성을 통해 도덕규칙 혹은 의무와 권리를 추출하는 작업은 전문적인 윤리학자들에게 맡겨두고 우리는 공학윤리 문제를 해결하는 과정에 초점을 맞추어 논의를 진행하자. 공학자들이 준수해야 하는 의무와 권리는 대개의 경우에 일반적인 도덕률, 법률이나 하부 시행규칙, 전문직 윤리헌장 등에 규정되어 있다. 즉 공학자들이 참조해야 할 의무와 권리는 윤리 전문가를 비롯한 관련 전문가들에 의해 사전에 제시되어 있는 경우가 많다. 그러므로 공학자는 일반적인 도덕률이나 법률, 윤리헌장 등에 제시된 의무와 권리에 근거하여 공학윤리 문제를 해결할 수 있다. 물론, 이때 제시되는 공학자의 의무와 권리는 일반적인 형태로 기술되어 있으므로 공학자들은 실제 상황과 맥락에 적합하도록 구체적인 형태로 변형해야 한다. 물론 이러한 과정에서는 공학자의 직관과 이성이 충분히 활용되어야 할 것이다. 그런데 우리가 공학윤리 문제를 규칙주의적 관점을 적용해서 해결하려 할 경우에 가장 곤란을 겪는 것은 의무와 권리들이 서로 충돌할 경우이다. 이 경우에 적용할 수 있는 절차는 다음과 같다.[5)]

(1) 서로 충돌하는 권리와 의무들을 파악한다.

(2) 가능한 해결방안들을 생각한다.

(3) 각 해결방안으로 영향을 받게 될 사람들의 범위를 결정한다.

5– 배원병 · 김종식 · 윤순현 · 임오강, 『공학윤리』, 서울 : 북스힐, 2006, p. 83.

(4) 각 해결방안에 따른 권리의 위반이나 침해를 평가한다.

(5) 전반적으로 권리침해나 위반이 가장 적은 해결방안을 선택한다.

위에 제시된 권리와 의무 분석 절차를 다음 사례에 적용해 보자.

〈사례 12-2〉 상급자의 상습 음주 보고 여부[6)]

A는 큰 석유회사의 하급 엔지니어이다. 그는 지난 3년 동안 B의 감독 하에서 일을 하였다. A는 B가 좋은 관리자인 것을 알고 있지만 그가 상습적인 음주로 인해 종종 업무에 실수를 하는 것을 목격했다. 어느 날 A는 B가 회사의 모든 석유 굴착장치의 안전검사를 책임지는 자리로 승진하게 된 것을 알게 되었다. A는 B의 습관적인 음주가 안전검사 책임자로서의 업무수행에 적합하지 않음을 알고 B에게 안전검사 책임자로서의 직책을 맡지 말 것을 촉구하였다. B는 음주의 양을 줄여야 하는 데는 동의하였지만 자신이 그 직무를 수행하기에 충분하다고 주장하였다. 또한 B는 A에게 아무에게도 자신의 음주습관에 대해 말하지 말라고 요구하였다. A는 B의 상습적인 음주를 회사의 경영자에게 말해야 하는가?

앞에서 제시한 절차에 따라 이 사례를 분석해 보면 다음과 같다.

(1) 이 사례에서 서로 충돌하는 권리와 의무는 석유 굴착 노동자의 안전, 동료에 대한 신의, 경영자에 대한 신의 등이다.

(2) B가 안전검사 책임자의 직책을 사양하지 않거나 금주를 하지 않는다면 A의 선택은 두 가지이다. 즉 경영자에게 B의 상습 음주 습관을 알리거나 알리지 않는 것이다.

6- 사례 및 사례에 대한 분석은 배원병 · 김종식 · 윤순현 · 임오강, 『공학윤리』, 서울 : 북스힐, 2006, pp. 83-84에서 일부 수정하여 발췌.

(3) A의 선택에 따라 영향을 받게 될 사람들은 B, B와 같이 일하게 될 부서 직원, 석유 굴착 노동자, 경영자 등이다.

(4) A가 B의 음주습관을 경영자에게 알린다면 침해되는 권리는 B의 명예와 승진할 기회이다. A가 B의 음주습관을 경영자에게 알리지 않는다면 석유 굴착 노동자들의 생명권과 신체적 안전, 회사의 명예가 침해당할 것이다.

(5) A가 경영자에게 B의 습관적인 음주를 알리지 않으면 석유 굴착자들의 생명권과 신체적 안전이 위협을 받고, 경영자에게 알리면 B의 명예와 승진할 기회가 위협을 받는다. 생명권과 신체적 위협이 명예와 승진할 기회보다 더 소중하므로 A는 경영자에게 B의 습관적인 음주를 알리는 것이 도덕적으로 정당하다.

(3) 선긋기 기법을 활용한 공학윤리 문제 해결책 모색

선긋기(line drawing) 기법은 여러 가지 도덕원리들을 적용한 다양한 해결책들 가운데에서 정량적인 분석을 통해 윤리적 문제 해결을 시도하는 것이다.[7] 우리는 앞서의 논의에서 여러 가지 윤리이론을 적용하여 공학윤리 문제를 해결할 수 있음을 살펴보았다. 사실 여러 대안들 가운데에서 어떤 윤리이론이 적용된 어떤 대안을 선택하느냐라는 것은 쉬운

[7]- 선긋기 기법에 대한 설명은 김 진 외 9인, 『공학윤리』, 서울 : 철학과 현실사, 2003, pp. 169-174 ; 배원병 · 김종식 · 윤순현 · 임오강, 『공학윤리』, 서울 : 북스힐, 2006, pp. 55-61 참조.

결정이 아니다. 특히 고려해야 할 사항이 많은 경우에는 윤리적 판단을 내리기가 더욱 어렵다. 이 경우에 비교적 간단하게 사용할 수 있는 방법이 선긋기 기법이다. 선긋기 기법은 결과주의적 윤리설이나 규칙론적 윤리설에서 고려해야 하는 사항들을 모두 망라하여 활용할 수 있다.

선긋기 방법을 활용하기 위해서는 우선 윤리적 결정을 내리기 위해 고려해야 하는 사항들을 빠짐없이 최대한 많이 나열한다. 이 과정에서는 브레인스토밍(brainstorming) 방법을 활용하는 것도 좋다. 고려사항들은 신중하게 선택되어야 하며, 그 중요도에 따라 가중치를 부여할 수도 있다. 그 다음에는 선을 긋고 왼편에는 NP(negative paradigm)를, 오른편에는 PP(positive paradigm)를 배치한다. NP는 한 가지 고려사항이 가지는 가장 비윤리적 · 부정적인 특징을 의미하고, PP는 가장 긍정적 · 윤리적인 특징을 의미한다. 즉 선을 긋고 왼쪽 편에는 한 가지의 고려사항이 가지는 가장 극단적인 비윤리적 특징을 기록하고, 오른 편에는 고려사항이 가지는 가장 극단적으로 윤리적인 특징을 기록한다. 그 다음으로는 각 고려사항을 신중하게 평가하여 윤리적 가치를 선 위에 표시한다. 이때 고려사항에 대한 가중치를 부여할 수도 있다. 마지막으로 가중치를 포함한 평가분석표를 작성하고 최종적인 의사결정을 한다.

선긋기 방법을 활용하여 공학윤리 문제를 해결하는 과정을 다음의 사례에 대한 분석을 통해 검토해 보자.

선긋기 기법을 적용하여 윤리적 결정을 내리기 위해서는 우선 고려해야 하는 사항들을 빠짐없이 생각해 보아야 한다. 이 사례의 경우에 고려해야 할 사항들은 K가 서명한 협정서의 위반 여부, K의 아이디어 사용에 대한 A사의 허용 여부, A와 B사의 경쟁 여부, 아이디어들이 연구원 K의 단독 아이디어인지 아니면 A사 동료들과의 공동 아이디어인지의 여

〈사례 12-3〉 연구 아이디어 활용 여부[8)]

> 연구원 K는 A회사와 연구비밀을 누설하지 않을 의무(시효 무제한)에 대한 협정서에 서명하였다. 그후 K는 B회사로 직장을 옮겼다. K는 자기가 A회사에 있을 때 구상했던 몇몇 아이디어들을 B회사에서 활용할 수 있음을 알았다. A회사는 K의 아이디어들이 회사 주력 품목 이미지와 부합하지 않는다고 제품화시키지 않았었다. 그리고 B회사는 A회사와 경쟁관계도 아니었다. K는 B회사에서 아이디어들을 활용하는 것이 도덕적으로 허용 가능한 것인지 궁금하였다. 연구원 K는 이 문제를 어떻게 해결해야 할 것인가?

부, A사 근무시간 중에 개발한 아이디어인지 혹은 근무시간 외에 개발한 아이디어인지 여부, A사의 연구실이나 장비를 많이 사용한 아이디어인지 혹은 그렇지 않은지 여부, A사에서 K의 아이디어들을 제품화하지 않은 것은 회사가 아이디어를 채택하지 않은 것이었는지 혹은 K가 아이디어를 회사에 제시하지 않았는지의 여부, K의 아이디어가 제품화되었을 때 A사에 미치는 영향 등등이 될 것이다.

다음으로 이 사례에서 윤리적 결정을 내리기 위해서는 선을 긋고 고려사항들에 대한 NP와 PP를 배치한다. 그리고 신중하게 평가하여 윤리적 가치를 선위에 위치를 표시한다. 〈그림 12-1〉은 K의 사례에서 각 고려사항에 대해 NP와 PP를 배치하고 윤리적 가치를 선 위에 표시한 것이다. 〈그림 12-1〉에서는 완전히 부정적 패러다임이면 0점을, 그리고 완전히 긍정적 패러다임이면 10점을 부여하였다. 이 점수는 상황에 맞게 임

8- 이 사례는 배원병 · 김종식 · 윤순현 · 임오강, 『공학윤리』, 서울 : 북스힐, 2006, p. 38에서 일부 수정 발췌. 사례에 대한 분석은 같은 책, pp. 57-60의 분석 내용을 일부 수정 · 보완하여 제시.

의로 조정할 수 있다. 다음으로는 가중치를 포함한 평가 분석표를 작성하고 최종적인 의사결정을 한다. 〈표 12-1〉은 K의 사례에 대한 평가분석표이다. 이 평가표에서는 편의상 가중치의 합을 10으로 하고 가중치를 부여한 평가점수의 합을 100점으로 하였다. 즉 모든 고려사항에서 완전히 긍정적이면 100점이 되고, 모든 고려사항에서 완전히 부정적이면 0점이 나올 것이다. 〈사례 12-3〉은 총 52점의 점수를 얻었다. 이제 52점의 점수를 해석해서 의사결정을 내리면 된다. 만약 100점에 가까운 점수이거나 0점에 가까운 점수라면 의사결정을 내리는 데 큰 어려움이 없을 것이다. 일반적으로 문제상황에 따라 다르고 주관적이기는 하지만, 평가된 점수합계가 75점 이상이면 긍정적 패러다임으로 해결책을 모색하고, 25점 이하이면 부정적 패러다임으로 해결책을 모색한다.[9] 그리고 그 중간점수이면 차선책으로 쌍방의 이해관계를 절충하는 새로운 방책을 고려하는 것이 타당하다. 〈사례 12-3〉의 경우는 52점의 점수를 얻었기 때문에 어느 한쪽으로의 의사결정이 쉽지 않다. 이 경우에는 새로운 대안을 모색해 보는 것이 필요하다. 예를 들자면, K가 아이디어 사용 허용 여부를 A사에 문의한다거나 B사로 하여금 A사에게 양해를 얻거나 적절한 보상을 하도록 하는 방법을 선택할 수 있다.

9– 배원병 · 김종식 · 윤순현 · 임오강, 『공학윤리』, 서울 : 북스힐, 2006, p. 60.

〈그림 12-1〉 선긋기 기법을 이용한 K의 사례에 대한 윤리적 평가

고려사항들	NP (부정적 특징)	평가											PP (긍정적 특징)
		0	1	2	3	4	5	6	7	8	9	10	
협정서 위반	위반		√										준수
A사의 허용	미 허용	√											허용
A와 B사의 경쟁관계	경쟁관계										√		미경쟁관계
K의 단독 아이디어	협력 아이디어											√	K의 단독 아이디어
근무시간중 개발	근무시간중 개발						√						근무시간외 개발
A사 장비 사용	A사 장비 사용								√				A사 장비 미사용
미제품화 이유	아이디어 미제출											√	회사 방침
제품화시 A사에의 영향	영향 심대										√		영향 없음

〈표 12-1〉 K의 사례에 대한 공학윤리 문제 평가분석표

평가 항목	가중치	평가점수	가중된 평가점수
협정서 위반 여부	2	1	2
A사의 허용 여부	2	0	0
A와 B사의 경쟁관계	1	9	9
단독/협력 아이디어 여부	1	10	10
근무시간중 개발 여부	1	5	5
A사 장비 사용	1	7	7
미제품화 이유	1	10	10
제품화시 A사에의 영향 여부	1	9	9
합 계	10		52

생각해 볼 문제들

1. A건설회사에서 근무하는 성규는 최근 부장으로 승진하면서 청주지역의 대규모 아파트 건설공사 현장 소장으로 임명되었다. 현장 근무가 처음인 성규는 새로운 경험을 쌓는다는 기쁨으로 열심히 일을 하였다. 그런데 현장 소장으로 부임한 지 몇 일 지나지 않아 성규는 현장 경리 직원이 공사비를 10% 부풀려서 회계처리를 하고 있는 것을 발견했다. 성규가 현장 경리 직원을 추궁하자 그 직원은 그것이 지금까지 지속되어 온 관행이었고 아무도 이의를 제기하지 않았다고 말했다. 또한 그는 부풀려진 공사비의 50%는 현장 경리과에 입금되어 관리되며, 공사를 수주하기 위해 지금까지 은밀하게 사용된 각종 접대비를 충당하고, 앞으로 필요로 하게 될 비자금을 마련하는 용도로 활용될 것이라고 한다. 나머지 50%는 현장 소장이 개인 용도로 사용하며, 주로 부하직원의 회식비나 현장을 방문하는 회사 고위 간부 또는 공사 관련인들의 접대비로 사용되었다고 한다. 성규 이전의 현장 소장들은 고된 육체노동을 하는 현장 부하직원들을 격려하기 위해 회식자리를 자주 마련했으며, 또한 원활한 공사 진행을 위해 공사 관련인들과의 관계를 원만하게 잘 유지하였다. 이러한 상황에서 성규는 공사비의 10%가 부풀려지는 것을 묵인해야 하는가? 아니면 공사비를 실제 금액으로 계상하고 아파트 분양원가를 낮추어야 하는가?
2. A자동차 회사에서 승용차 엔진 설계팀장으로 근무하는 우진은 최근 심각한 고민에 빠지게 되었다. 우진이 고민에 빠지게 된 경위는 다음과 같다. 경쟁회사인 B자동차 회사가 최근 신모델의 승용차를 출시하면서 연비를 획기적으로 개선하었다. 그리하여 A자동차 회사의 승용차 시장점유률은 급속도로 하락하였으며, A회사 경영진은 이에 대한 신속한 대응책을 모색하기로 하였다. 우진을 포함한 A회사의 확대 경영진은 회의 결과 신모델을 출시하는 것은 시기적으로나 재정적으로 매우 부적절하므로 기존 승용차의 연비를 대폭 향상시킨 리뉴얼 모델을 출시하기로 하였다. 그리하여 회사 경영진은 승용차 엔진 설계팀에게 연비가 획기적으로 개선된 승용차 엔진을 한 달 내에 개발할 것을 주문하였다. 우진을 비롯한 승용차 엔진 설계팀은 그동안 축적된 연구성과를 바탕으로 해서 밤낮으로 열심히 연구를 하였으나 경쟁 차종의 연비를 넘어서는 획기적인 엔진을 개발하지는 못하였다. 그러던 중 팀원 중의 한 명인 성철

이 자동차 엔진 설계 관련 저널에서 B사 신모델의 승용차보다 연비가 훨씬 우수한 새로운 개념의 엔진 설계기술 아이디어를 찾아냈다. 우진은 그 아이디어를 보완해서 실제 제품화하는 것은 A사의 기술수준으로 볼 때 문제가 없다고 판단했다. 그런데 문제는 이 기술이 안전성에 대한 시험을 충분히 거치지 않았다는 점이다. 이 기술은 새로운 개념의 엔진 설계기술이기 때문에 안전성에 대해서는 연구 · 보고된 바가 없으며, 새로 여러 가지 시험을 하는 것은 1년 이상의 시간이 소요된다. 우진은 엔진 설계팀원들의 의견을 종합해 본 결과 이 엔진은 비교적 안전할 것으로 판단되었다. 한편, A사는 시장상황이 급박할 뿐더러 자금사정도 원활하지 않아 승용차 시장점유률이 지금의 상태를 지속하면 은행대출의 길이 막혀 A사는 1년 이내에 문을 닫아야 할 상황이다. 이러한 상황에서 우진은 안전성이 입증되지 않은 엔진 설계기술을 채용해야 하는가? 아니면 좀더 시간을 두고 이 기술의 안전성을 입증한 후 채용해야 하는가? 아니면 기존 연구를 바탕으로 연구를 계속해서 신속히 새로운 엔진을 개발해야 하는가?

더 읽어야 할 책들

1. 배원병 · 김종식 · 윤순현 · 임오강, 『공학윤리』, 서울 : 북스힐, 2006.
2. 김 진 외 9인, 『공학윤리』 서울 : 철학과 현실사, 2003.
3. E. Lumsdaine, M. Lumsdaine & J. Shelnutt, 명지대 창의공학연구회 역, 『창의적 문제해결과 공학설계』, 서울 : 파워북, 2001.

참고문헌

배원병 · 김종식 · 윤순현 · 임오강, 『공학윤리』, 서울 : 북스힐, 2006.
김 진 외 9인, 『공학윤리』 서울 : 철학과 현실사, 2003.

Chapter 13

공학사례 연구

조일수

우리는 과거의 실패로부터 많은 것을 배울 수 있다. 실패의 경험을 분석해 누구나 학습할 수 있는 지식으로 체계화하고 그것을 긍정적으로 활용하려는 것이 '실패학'이다. 다시는 실패하지 않기 위해 실패를 연구하고 그것을 극복함으로써 성공의 토대로 삼자는 것이다. 또한 우리는 과거의 성공으로부터도 많은 것을 배울 수 있다. 성공의 요인을 분석해 그것을 체계적으로 정리해서 차후 새로운 과제에 도전할 때 그것을 적절하게 활용하자는 것이 '성공학'이다. 이처럼 우리는 과거의 실패나 성공으로부터 오늘의 교훈을 얻을 수 있다. 이 장에서는 과거의 공학적 사례를 검토함으로써 성공과 실패의 요인을 검토해 보려 한다. 특히 공학적 사례의 검토를 통해 공학자가 왜 윤리의식을 지녀야 하는지를 추출해 보려 한다.

본장의 결론부터 말하자면, 여러 사례들을 검토해 볼 때 공학자에게 강한 윤리의식이 요구되는 데는 몇 가지 이유가 있다. 그 첫째는 공학자의 기술문제에 대한 근접성 때문이다. 공학자는 현재 사용중인 기술에 대해 가장 정통하므로 그 기술의 문제점, 즉 잠재적인 위험과 해결책을 가장 잘 알고 있다. 그러므로 그의 견해는 우선적으로 고려되어야 하며, 또한 그는 강한 윤리의식을 지니고 있어야 한다. 왜냐하면, 다른 사람은 그 기술의 잠재적 문제점을 알지 못하기 때문이다. 우리는 이것을 챌린저 호 폭발사건을 통해 살펴보려 한다. 그렇다고 해서 공학적 판단만으로 모든 의사결정이 이루어지지는 않는다. 공학적 혹은 기술적 가능성이나 경제성 등만으로 의사결정이 이루어지는 것은 아니다. 우리는 이 점을 새만금 간척사업 사례를 통해 확인할 수 있다.

공학자에게 강한 윤리의식이 요구되는 둘째 이유는 우리 주변의 많은 사고가 전문가인 공학자의 잘못된 판단으로 발생한 경우가 많기 때문이다. 예를 들어, 대구지하철 화재 사건처럼 공학자의 잘못된 판단은 많은 사람들에게 커다란 피해를 준다. 더 나아가 공학자에게는 과학자보다 더 큰 윤리의식이 요구된다고 할 수 있다. 왜냐하면, 과학자가 잘못된 이론을 제출하였다고 그 과학자에게 실질적인 법적 책임을 묻지 않으며, 또한 그것이 미치는 사회적 파장이 그리 크지 않은 반면에, 공학자가 잘못된 과학기술을 활용하여 제품을 만들고 그것을 유통하였을 경우에는 커다란 사회적 문제를 야기하는 경우가 많기 때문이다. 우리는 이 점을 탈리도마이드라는 약의 사례를 통해 검토해 보려 한다. 마지막으로 대부분의 경우 공학자는 기업과 같은 조직 속에서 활동하기 때문에 더욱 강한 책임의식과 윤리가 요구된다. 공학자는 조직에 책임이 있을 뿐, 조직 내의 자신에게는 책임이 없다고 느끼는 경우가 많다. 더욱이 공학자는 직접적으로 제품 소비자와 대면하지 않기 때문에 그의 책임의식이 더욱 약화될 소지가 있다. 그러므로 공학자에게는 더욱 강한 책임과 윤리의식이 요구된다고 할 수 있다. 우리는 이것을 성수대교 붕괴사례를 통해 간략히 검토해 보려 한다.

본장은 과거의 공학사례를 통해 공학자에게 왜 강한 윤리의식이 필요한가에 초점을 맞추어 논의를 진행한다. 그러나 우리는 공학사례를 분석하면서 그 이상을 배울 수 있다. 예를 들어, 실패의 원인을 분석하고 차후 대책을 수립할 수도 있다. 또한 성공이나 실패의 요인을 파악하여 차후 과제의 해결에 활용할 수도 있다. 본장에서는 이러한 점들을 염두에 두면서 공부하도록 하자.

1. 우주왕복선 챌린저 호 폭발 사고[1)]

1986년 1월 28일 화요일, 미국의 우주왕복선 챌린저 호는 플로리다 주 케네디 우주센터에서 발사된 지 73초 만에 공중폭발하였다. 일기불순과 연료계통의 이상 등으로 4차례나 연기된 끝에 이날 발사된 챌린저 호는 미국의 25번째 우주왕복선이었으며, 챌린저 호로서는 10번째 우주비행이었다. 이날 사고로 젊은 여교사 1명과 우주비행사 6명 등 승무원 전원이 사망하고 10억 2,000만 달러를 들여 제작한 기체가 완전히 파괴되었다. 사고장면은 직접 생중계되어 전 세계 수백만 명의 사람들에게

1- 이 사례는 http://goodking.new21.net (검색일 ; 2007. 05. 30) ; 김경천(2002), "챌린저 호 폭발사건," 대한기계학회, 『기계저널 42권 1호』, pp. 30-31 ; 배원병 · 김종식 · 윤순현 · 임오강, 『공학윤리』, 서울 : 북스힐, 2006, pp. 2-4 ; 김 진 외 9인, 『공학윤리』, 서울 : 철학과 현실사, 2003, pp. 163-165 ; 그리고 김정식, 『공학 기술 윤리학』, 서울 : 인터비젼, 2004, pp. 62-67 등을 참고하여 재구성한 것임.

큰 충격을 주었다.

사고발생 후 미국 정부는 노벨물리학상 수상자인 파인만(R. Feynman)을 포함한 대통령 직속 조사단을 구성하여 진상조사에 착수하였다. 이 조사단의 보고서에 의하면, 폭발사고의 결정적 원인은 챌린저 호의 주 엔진에 장착된 두 개의 고체 로켓 부스터였다. 그 중에서도 로켓 부스터의 부품들 사이에 끼워넣는 연결용 밀봉 고무 조각인 오링(O-ring)의 결함 때문이었다. 부스터는 직경 3.6m 그리고 높이 34.8m로 매우 큰 규모의 원통형 고체연료 탱크이다. 이것은 너무 규모가 커서 조립된 상태로 운반할 수 없었기 때문에 미국 유타 주에 있는 모턴 티오콜(Morton Thiokol)사에서 이를 각각 두 개의 조각으로 분리하여, 즉 모두 네 개의 조각으로 분리 · 제작하여 플로리다 주에 있는 케네디 우주센터 발사장에서 조립하였다. 조립할 때 이음새 부분에서 연료가 새지 않도록 두 개의 오링을 삽입해 넣도록 설계되었다.

원리적으로 볼 때 누수를 막기 위해 고안된 수도꼭지의 패킹과 오링의 작동방법은 동일하다. 오링 또한 고무 패킹처럼 일정 팽창계수를 갖고 있어 고열의 누수를 막는 기능을 갖는다. 오링의 재질은 수도꼭지의 패킹과는 비교할 수 없을 정도의 고열에 견딜 수 있어야 한다. 사고의 원인이 된 오링은 플루오르를 포함한 탄성재질로 만들어졌다. 이 재료는 높은 온도에서는 잘 견디나 온도가 18°C 이하가 되면 유연성을 일부 상실하는 약점이 있었다. 오링이 유연성을 상실하게 되면 이음새에 틈이 생겨 그 사이로 가스가 새면서 화염이 발생하고, 이에 따라 액체수소를 실은 연료탱크가 폭발할 가능성이 있었다.

오링의 결함 가능성은 1977년 첫 번째 시험 이후부터 꾸준히 지적되었다. 특히 1984년 우주왕복선을 발사시키고 난 후 회수된 기체에서 오링의 일부 부식이 확인되었다. 하지만 로켓 부스터 제작사인 티오콜사는 2차 오링이 있기 때문에 아무런 문제가 되지 않을 것이라고 주장했다. 1985년 또 다른 우주왕복선의 발사는 그 전까지의 기록보다 더욱 낮은 온도인 11°C에 발사되었다. 이 비행에 사용된 오링은 그전까지보다 더욱 심한 부식도를 보여주었다. 하지만 티오콜사는 오링의 부식은 그저 온도가 낮았기 때문이며, 낮은 온도는 뜨거운 배기가스를 불어넣어 알맞은 탄성을 유지할 수 있다고 주장하였다. 더 나아가 그때까지의 비행시험에서 심각할 정도의 고장이 발생하지 않았으므로 큰 문제는 아니라고 주장하였다. 그러나 티오콜사의 일부 공학자, 특히 오링을 직접 설계한 보이스졸리(Boisjoly)는 오링을 재설계하거나 아니면 이 문제가 해결될 때까지 챌린저 호의 발사를 연기할 것을 관리자들에게 권고하였으나 그의 의견은 받아들여지지 않았다.

챌린저 호가 발사되던 날 아침 케네디 우주센터의 온도는 영하 1.7°C였다. 당시

공학자들의 회고에 따르면 주엔진 주변에는 고드름이 달렸을 정도였다. 지금까지 11°C 이하에서 시험해 본 적이 없었으며, 온도가 낮으면 오링이 유연성을 상실하기 때문에 영하 1.7°C는 챌린저 호를 발사하기에는 너무 낮은 온도였다. 발사 하루 전날 일기예보를 들은 보이스졸리를 비롯한 티오콜사의 공학자들은 케네디 우주센터에 연락하여 발사 연기를 다시 한 번 권고하였다. 당시 로켓 부스터와 연료탱크의 결합부에 들어가는 오링에 관한 전문가는 네 명이었다. 보이스졸리를 포함한 두 명은 발사 지연을 권고했고, 다른 두 명은 불확실하다는 잠정적 입장을 취했다. 두 번에 걸쳐 케네디 우주센터, 마셜 우주센터, 그리고 티오콜사의 최고경영자들과 공학자들이 원격 전화회의를 통하여 논의하였으나 결국 발사를 계획대로 진행하기로 결정하였다. 그 결정에 따라 챌린저 호는 예정대로 발사되었고, 발사 후 73초 만에 공중폭발하게 되는 비극적 운명을 맞이하게 되었다.

당시 레이건 미국 대통령은 TV를 지켜보다 충격을 받았을 어린이들에게 "챌린저 호 승무원들은 우리보다 앞서 미래로 날아가고 있는 것"이라 위로했고, 각 TV 방송국들은 '미국 역사상 가장 침울한 날'이라고 표현했다. 이후 미국의 우주왕복선 발사계획은 대폭 미루어졌다가 사고 후 2년 9개월만인 1988년 9월에 우주왕복선 비행이 재개되었다.

사실, 티오콜사나 미국 항공우주국(NASA) 등의 최고경영진이 발사를 계획대로 강행하려는 데는 약간의 이유가 있었다. 티오콜사의 입장에서는 NASA와 곧 2차 계약을 맺어야 하는 시점에서 자기 회사에서 설계 · 제작된 부스터에 중대한 결함이 있다는 것을 드러내고 싶지 않았을 것이다. 또한 챌린저 호 발사를 총지휘하는 NASA의 최고경영자들도 챌린저 호 발사일 저녁 미국 의회에서 시정연설을 하기로 되어 있는 레이건 대통령을 실망시키고 싶지 않았을 것이다. 또한 NASA는 1986년까지 15개의 우주왕복선을 발사하고 1990년까지 24개의 우주왕복선을 발사하겠다는 계획을 세웠다. 이것은 안정적인 예산을 확보하려는 노력의 일환이었다. 그로 인해 오링의 대한 위험성을 경고하는 목소리가 무시되었다.

우리는 이 사건에서 공학자들이 제작결함을 상부에 보고하였으나 그 위험이 과소평가되어 참사로 연결되었음을 알 수 있다. 그러나 이들 공학자들 가운데 오링의 문제점에 대해 확고한 신념을 가지고 최고경영자들을 끝까지 설득한 사람은 아무도 없었다. 챌린저 호의 폭발사고는 여러 가지 원인이 있었지만 바로 그 점이 결정적 원인이었다고 할 수 있다. 공학자는 자신이 사용하는 기술과 관련하여 가장 정통해야 한다. 또한 공학자는 정확한 데이터와 경험에 근거해서 명확하게 판단을 내리고 그것을 경영자를 비롯한 다른 사람들과 정확하게 의사소통할 수 있어야 한다. 왜냐하면, 현재 사용중인 기술의 문제점, 즉 그 잠재적인 위험과 해결책을 가장 잘 인지하고 있는 사람이 공학자이기 때문이다. 그러므로 공학자에게는 기술문제에 대한 근접성 때문에 사회적 책임이나 강한 윤리의식이 요구된다고 할 수 있다. 즉 다른 사람은 현재 사용되는 기술에 정통하지 못하기 때문에 그 기술이 가지고 있는 잠재적인 위험성을 인식하기 힘들다. 반면에 공학자는 그 기술에 가장 정통하기 때문에 그 기술의 잠재적인 위험을 파악할 수 있다. 그러므로 공학자는 강한 윤리 의식을 가지고 정확한 데이터와 경험에 근거하여 다른 사람들과 명확하게 의사소통하면서 잠재적 위험을 제거해야 한다.

2. 대구 지하철 화재 사건[2)]

2003년 2월 18일 오전 10시경 대구 지하철 1호선 중앙로역에서 전동차 화재가 발생하였다. 이 화재로 세계 지하철 사고 중에서 2번째로 많은 사망 192명, 부상

2– 이 사례는 대구 지하철 참사 희생자 대책위 공식 홈페이지인 http://cafe.daum.net/subwayburn/(검색일 2007. 06. 05) ; 김 진 외 9인, 『공학윤리』, 서울 : 철학과 현실사, 2003, pp.

148명의 인명 피해와 약 5,000억 정도의 물질적 피해가 있었다. 이 사고는 공공시설에서의 재난은 지역사회를 공황상태로 몰아갈 만큼의 막대한 사회적 비용과 정신적 피해를 입히는 대형사고가 될 수 있음을 다시 한 번 인식시켜 주었다.

대구 지하철 화재 사고는 1079호 열차가 중앙로역에 도착하자 세상을 비관한 한 승객이 자살하겠다고 페트병 속의 신너를 뿌린 뒤 객차 내에 방화를 함으로써 시작되었다. 1079호 열차는 곧 화염에 휩싸였고, 1079호 열차 기관사는 초기 화재 진압에 실패하고 심한 화상을 입자 승객들과 함께 탈출하였다. 한편, 맞은 편에서 중앙로역에 진입하던 1080호 열차는 짙은 연기를 목격하고도 중앙로역에 정차하였다. 1080호 열차는 정차 후 열차 문을 열었으나 연기가 차내로 들어오자 이를 막기 위해 문을 닫고 사령실 지시를 기다렸다. 그후 불이 1080호 열차로 옮겨붙자 기관사는 출발을 시도하였으나 열차가 작동하지 않아 마스터 컨트롤 키를 지닌 채 탈출하였다. 이에 따라 열차 출입문이 자동 폐쇄되고, 불길과 난연재에서 발생한 고온의 유독가스에 의해 대규모 사상자가 발행하였다.

이 사고에서 우리는 많은 소중한 교훈을 얻을 수 있다. 특히 다수가 이용하는 대중 공공시설을 설계하거나 그것을 운영하는 공학자의 잘못된 판단은 다수에게 커다란 재앙을 가져올 수 있음을 여실히 보여주었다. 대구 지하철 화재 사건에서는 우선 열차 및 역사 설계, 그리고 그것의 운영 시스템 설계에서 많은 문제점을 찾아볼 수 있다. 지하철은 대중 이용시설이기 때문에 화재발생을 최소화하는 장치와 기기들로 설계되어야 하고, 화재가 발생하더라도 초기에 이를 제어할 수 있는 장치를 설계·구비해야 한다. 그럼에도 불구하고 대구 지하철 열차에는 초기 화재 진압 시스템이 불비했으며, 열차 내부는 발화시에 유독성 가스가 발생할 수 있는 난연성 물질로 구성되어 있었다. 또한 열차운행 및 역사운영 시

207-211 ; 그리고 김정식, 『공학 기술 윤리학』, 서울 : 인터비젼, 2004, pp. 150-153 등을 참고하여 재구성한 것임.

스템은 화재시에 전력이 자동으로 차단되도록 설계되어 있었다. 그러다 보니 1080호 열차의 운행이 중단되고 출입문이 자동 폐쇄되고, 역사 내의 조명과 환풍기능이 정지하였으며, 사령실과 열차 간의 통신망이 두절되어 더욱 많은 사상자가 발생하였다. 더 나아가 지하철 역의 구조에 있어서도 안전보다는 수익성을 고려하여 상가 밑의 지하 3층에 승강장을 설계하였고, 이에 따라 승객의 지상 대피 및 유독성 가스 배출이 곤란하였다. 이처럼 공학자는 다수가 이용하는 공공시설을 설계 · 시공할 때에는 안전성을 가장 고려해야 함을 명심해야 한다.

한편, 다수가 이용하는 공공시설을 운영하는 공학자에게는 대중의 안전을 최우선시하는 명확한 판단이 요구된다. 대구 지하철 화재 사건에서 1079호 열차 기관사는 방화 사실을 인지한 후 사령실에 보고하지 않고 직접 화재 진압에 몰두하였다. 그는 화재 진압에 실패하여 심한 화상을 입었으며, 가까스로 승객과 함께 탈출하였다. 물론 그는 투철한 직업의식으로 화재를 진압하기 위해 끝까지 최선을 다하였다. 그러나 당시의 상황에서 기관사는 승객의 안전을 위해 더 나은 선택을 할 수는 없었을까? 예를 들어 화재 발견 직후 사령실에 보고한 다음, 승객들에게 대피하도록 안내방송을 하고 화재 진압에 진력하였으면 어떤 결과가 나왔을까?

또한 중앙로역에 정차한 후 불이 옮겨붙어 화재가 발생한 1080호 열차 기관사와 중앙로역의 운전 사령실은 당시의 상황에서 더 나은 선택을 할 수는 없었을까? 그들은 역 내에 화재가 발생했을 때에는 진입 열차는 무정차로 통과시키고 후속 열차는 운행을 중지시키는 안전수칙을 지키지 않았다. 특히 1080호 열차는 정차 후에 운전 사령실의 지시를 기다리는 동안 복사열에 의해 불이 옮겨붙었다. 만약 정차를 하지 않았거나 신속하게 중앙로역을 빠져나왔다면 그 결과는 어떻게 되었을까? 이처럼 위기의 순간에 공학자의 판단은 많은 사람의 목숨과 소중한 재산을 좌우할 수 있다. 그러므로 공공시설을 운영하는 공학자들은 신속하면서도 명확한 판단을 내릴 수 있어야 한다.

3. 앨리슨 래퍼 – '탈리도마이드 베이비'[3)]

2006년 4월 말에 '살아 있는 비너스'로 불리는 영국의 앨리슨 래퍼(Allison Lapper)가 자신의 아들과 함께 우리나라를 방문하였다. 그녀는 구족(口足)화가 겸 사진작가이자 모델로서, 그녀의 예술작품뿐만 아니라 그녀의 삶 자체가 많은 사람들에게 감동과 영감을 주었다.[4)] 래퍼는 1965년 두 팔이 없는 채로, 그리고 무릎 아래의 다리가

3_ 이 사례는 앨리슨 래퍼, 노혜숙 역, 『앨리슨 래퍼이야기』, 서울 : 황금나침반, 2006 ; 그리고 www.alisonlapper.com (검색일 ; 2007. 06. 05)을 참고하여 재구성하였음.

4_ 앨리슨 래퍼는 1965년 두 팔은 아예 없고, 무릎 아래의 다리가 없어 넓적 다리에 발이 붙어 있는 선천성 기형아로 태어났다. 그녀는 태어난 지 6주 만에 친부모로부터 버림을 받고 복지시설에서 자랐다. 또한 그녀는 21세 때 결혼 9개월 만에 남편의 폭력 때문에 이혼했으며, 그 이후 주변의 반대를 무릅쓰고 혼자 아이를 낳아 기르고 있다. 누구라도 좌절할 수밖에 없는 상황이지만, 그녀는 이에 굴복하지 않고 뒤늦게 미술공부를 시작하여 예술가로서의 새로운 삶을 구가하고 있다. 그녀는 온갖 역경을 이겨내며 입으로 붓을 물고 그림을 그리며, 어깨로 유모차를 밀며 아이를 기르는 열정을 보여주었다. 그녀는 자신의 장애의 몸을 작품 소재로 삼아 장애인의 몸도 비장애인의 몸과 마찬가지로 아름다울 수 있다는 것을 보여주었으며, 장애인도 비장애인과 마찬가지로 아이를 훌륭히 키울 수 있음을 입증하였다. 그녀는 자신을 학대하거나 비관하지 않고 세상과 자신을 사랑하는 밝고 낙천적인 성격을 가진 채로 예술가로서, 그리고 한 아이의 엄마로서 열정적인 삶을 영위하고 있다. 이러한 래퍼의 열정적인 삶을 형상화하여 영국 런

없어 넓적다리에 발이 붙어 있는 선천성 기형아로 태어났다. 그녀는 소위 말하는 '탈리도마이드 베이비' 이다.

1957년 독일의 그루넨탈 제약회사는 새로운 물질의 수면제를 개발했다. 동물을 대상으로 실험을 한 결과 그 물질은 부작용이 전혀 없는 것처럼 보였다. 그러나 충분한 시간적 여유를 두고 동물실험이 행해지지 않았다. 사람을 대상으로 한 임상실험에서는 약간의 현기증 등이 보고되었지만 그것은 곧 은폐되었다. 그리하여 이 물질은 제약회사에 의해 임산부의 입덧 예방과 임신 초기 불면증 치료를 위한 처방전이 필요없는 약으로 약국에서 자유롭게 판매되었다. 이 약이 바로 탈리도마이드이다.

그 이후 독일을 비롯한 유럽 전역에서는 팔과 다리가 짧은 기형아들이 만 여 명 이상 출생했다. 정부와 학계가 기형아 급증의 원인을 규명하기 위해 다각적인 노력을 기울인 결과 1961년 유전학 교수인 렌츠 박사에 의해 결국 탈리도마이드가 기형의 원인이라는 점이 밝혀졌다. 탈리도마이드는 혈관 생성을 억제하기 때문에 임신 초기에 복용하게 되면 태아의 사지 발달에 장애가 온다는 것이다. 그리하여 탈리도마이드의 시판은 중지되었으나 이미 래퍼와 같은 수많은 기형아들이 출생하여 고통을 겪은 뒤였다.

한편 미국 식약품안전청(FDA)의 켈시 박사는 탈리도마이드의 동물실험 자료가 엉성한 것을 알고 미국에서의 시판을 허용하지 않았다.[5)] 그리하여 그는 1962년 미국을 구한 영웅으로 케네디 대통령으로부터 훈장을 수여받기도 하였다.

우리는 이 사례를 통하여 연구윤리의 중요성을 알 수 있다. 만약 탈리도마이드에 대한 동물실험과 임상실험이 오랜 기간을 거치면서 충분히 실시되어 그 약효가 명확히 드러났었다면, 혹은 현기증을 비롯한 일부의 부작용이 은폐되지 않았다면 탈리도마이드 베이비와 같은 불행한 사태가 생기지 않았을 것이다. 미국의 켈시 박사처럼 미흡한 약효실험에 대

던의 트라팔가 광장에는 그녀를 모델로 한 대형조각이 전시되어 있다.

5- 미국 FDA는 1998년 탈리도마이드를 한센증 합병증 치료제나 골수 종양 환자 치료제로서의 제한적 사용을 허가하였다.

해 이의를 제기하고 이에 대한 적절한 조치를 취했었다면 래퍼와 같은 기형아들이 출산되지 않았을 것이다.

우리는 이 사례를 통해 연구윤리의 중요성과 더불어 공학자에게는 과학자보다 더 큰 윤리의식이 강력히 요청됨을 확인할 수 있다. 우리는 과학자가 잘못된 이론이나 학설을 제출하였다고 그 과학자에게 실질적인 법적 책임을 묻기는 어렵다. 그리고 잘못된 이론이나 학설이 대중이나 사회에 미치는 영향은 그리 크지 않다고도 할 수 있다. 그러나 공학자가 잘못된 이론이나 학설에 의거하여 제품을 설계 · 생산하고, 이 제품이 시중에 유통되었을 경우에는 사회적으로 큰 피해와 파장을 불러일으킨다. 이 사례의 경우에 있어서도 수면효과를 가지는 신물질의 약효가 오해된 채로 제약회사의 실험실 내에서만 머물렀다면 그리 큰 사회적 문제를 야기하지는 않았을 것이다. 그러나 이 물질이 제약 공학자의 손을 거치면서 충분한 임상실험도 하지 않은 채, 그리하여 그 약효가 명확히 검증되지 않은 상황에서 탈리도마이드로 시판되었기 때문에 커다란 사회적 피해를 가져오게 되었다. 이러한 점을 고려할 때, 일반 과학자보다 공학자에게 더 큰 윤리의식이 요구된다고 할 수 있다.

4. 성수대교 붕괴 사건[6)]

1994년 10월 21일 한강 성수대교 교량 상판 중의 일부인 48m가 강으로 추락하는 사고가 발생했다. 이 사고로 시내버스 1대를 비롯한 6대의 차량이 추락하여 32

명이 사망하고 17명이 부상을 입었다. 성수대교는 총 길이 1,160m의 국내 최초 용접 트러스교로서 1979년에 완공되었다. 당시의 제작기술로는 트러스교 장대교량에 대한 완벽한 제작이 어려운 상황임에도 불구하고 과감하게 이 방식을 채택하였으나 불완전한 시공과정과 준공 후의 유지 관리가 부실하여 준공 15년 만에 붕괴되는 참사를 야기하였다. 이 사고는 설계 및 시공, 관리의 미비로 인해 발생한 전형적인 후진국형 인재로서, 우리나라의 토목·건설 공학자 그리고 관련 관료들에게 뼈저린 교훈과 커다란 경종을 울려주었으며, 우리 국민의 안전 불감증에도 일침을 가하였다.

우선 성수대교는 시공업체의 선정과정에서부터 문제점을 안고 있었다. 당시 농지정리를 하던 OO건설이 OO정당에 정치자금을 제공하며 공사를 수주하였다. 그러다 보니 공사의 전 과정이 권력층의 비호 아래 진행되었고, 시공과정에서 감리절차가 생략되고, 준공시에도 안전검사를 제대로 실시하지 않았다. 더욱이 준공 후 붕괴될 때까지 15년 동안 한 차례의 안전진단도 실시되지 않았다. 심지어 붕괴 2년 전인 1992년 택시기사들이 교량의 이상징후를 발견하고 서울시에 신고하였으나 서울시는 전문가들의 세부적인 조사를 통해 문제점을 발견하려 하지 않았다. 이처럼 성수대교는 시공 당시부터 건설과정과 준공 그리고 일반 유지 관리에 이르기까지 안전지침을 무시했으며, 이는 전문직 기술자들의 묵인과 방조 하에 가능하였다.

성수대교가 붕괴한 직접적인 원인은 트러스의 핀 연결 용접 부위에 피로균열이 진전되어 절단된 것이다. 그리하여 성수대교 교량 상판의 일부가 아래로 추락하게 되었다. 설계도면상에는 트러스의 용접이 X형 맞대기로 되어 있으나 실제로는 I형 용접으로 시공되어 설계 하중을 견디기 힘들었다. 더욱이 정부는 공사비의 부족을 핑계로 총 공사비의 60-70%만 지급하였으며, 이에 따라 부실한 시공이 조장되기도 하였다. 또한 설계과정에서도 문제가 있었다. 성수대교는 당시의 시공능력 및 시공환경을 충분히 감안하지 않은 트러스교 형식으로 설계되었으며, 특히 용접부위에 대한 유지 관리가 불편하도록 설계되었다. 시공과정에서의 감리 부족과 더불어 준공 후의 유지 관리 미비도 성수대교의 붕괴를 가져오는 데 일조했다. 성수대교는 준공 이후 규정 이상의 과적 차량이 통행함으로써 균열 진전이 가속화되었고, 더욱이 담당 공무원들의 전문성 부족과 부족한 유지 보수 예산으로 인해 연결부 균열에 대한 신고가 있었음에도 불구하고 적절한 대처가 이루어지지 못하였다. 이처럼 성수

6- 이 사례는 김정식, 『공학 기술 윤리학』, 서울 : 인터비젼, pp. 49-54 ; 김 진 외 9인, 『공학윤리』, 서울 : 철학과 현실사, 2003, pp. 36-37 등을 참고하여 재구성하였음.

대교 붕괴는 시공 당시 공사기간과 공사비에 대한 무리한 계획, 전문적인 감리 및 유지 관리 체계의 미 확립, 관련 기술의 연구 투자 미흡, 전문기술 인력 부족 등으로 말미암아 발생한 전형적인 후진국형 인재라 할 수 있다.

우리는 이 사건을 통해 공공시설을 설계 · 시공 · 유지 · 운영하는 공학자의 사명이 실로 막중함을 다시 한 번 깨달을 수 있다. 특히 소비자 또는 피해자를 직접 대면하지 않은 채 특정한 조직 내에서 제품을 설계 또는 시공 · 생산하는 공학자에게는 더욱 큰 윤리적 책임이 필요함을 알 수 있다. 우리가 병원에서 치료나 수술을 받는 상황을 가정해 보자. 의사는 독단적으로 치료했을 때에 발생할 가능성이 있는 윤리적 책임과 문제를 방지하기 위해 반드시 환자나 보호자에게 병의 종류 및 진행상태, 치료나 수술의 과정 혹은 치료나 수술 이후의 후유증이나 장애 등에 대해 설명한다. 즉 환자나 보호자가 자신의 의사에 따라 수술이나 치료를 받도록 한다.

그러나 기계나 구조물을 생산하는 공학자에게 있어서는 시공물을 이용하는 사람과 직접 대면하고 그들의 이야기나 결정을 들을 기회는 없다. 즉 잠재적으로 피해자와 가해자가 될 수 있는 사람들이 직접 대면하지 않는다. 그러다 보니 공학자에게는 책임과 윤리의식이 약화될 가능성이 높다. 의사는 잠재적인 피해자가 될 수 있는 환자에게 직접 대면을 하고 책임을 져야 하기 때문에 가급적 환자나 보호자의 의사를 존중하고, 그들에게 불평을 사지 않도록 하기 위해 최선을 다한다. 반면에 조직 속에 소속된 공학자는 제품의 잠재적 피해자를 직접 대면하지 않을 뿐더러 잠재적 피해자로부터 직접 불평을 듣는 것도 아니다. 그럼에도 불구하고 만들어진 제품이나 구조물은 불특정 다수에게 커다란 피해를 줄 수 있다. 이처럼 잠재적인 피해자와 가해자가 직접 대면하지 않는 공학자에게는 책임과 윤리의식이 약화될 소지가 있다. 그러기에 공학자에게는 더욱 강한 윤리의식이 요구된다고 할 수 있다.

5. 새만금 간척사업[7)]

새만금 간척사업은 전라북도 군산과 부안을 연결하는 방조제 33km를 설치하여 28,300ha(1억 2천만 평, 여의도의 140배, 제주도의 1/4면적)의 새로운 땅과 담수호 11,800ha의 수자원 등을 확보하기 위해 정부가 추진하고 있는 사업이다. 이 사업은 만경강과 동진강 상류의 상습 수해지를 해소하고 식량 부족 및 물 부족을 해결할 농경지와 수자원의 확보, 그리고 관광 레저 타운 및 신항만 건설 등으로 황해를 통한 물류 중심지를 구성하여 지역경제를 활성화할 목적으로 진행되고 있다.

현재 이 사업은 방조제 공사가 거의 완료된 상태에 있으며, 향후 외곽시설을 개발하는 과제가 남아 있는 상황이다. 그러나 이 사업은 환경오염이 사회적 문제로 부각되면서 환경단체 등이 수질오염 등을 비롯한 여러 가지 문제점을 제기했고, 그에 따라 정부는 사업을 일시 정지하고 환경문제에 대한 점검과 필요한 추가 대책 등을 마련하기 위해 민관 공동조사단을 구성하여 관련 사항들을 조사했다. 이 과정에서 사업을 추진하려는 정부 및 해당 지방자치단체와 시민단체 간의 대립과 논쟁, 법정소송 등이 지속되다가 결국 최종적으로 2006년 대법원 판결에 의해 이 사업의 지속 추진이 결정되었다.

7- 이 사례는 "전라북도 새만금 사업," http://www.saemankum.go.kr/(검색일 2007. 06. 05) ; "희망의 갯벌 새만금," http://sos.kfem.or.kr(검색일 2007. 06. 05) ; 김 진 외 9인, 『공학윤리』, 서울 : 철학과 현실사, 2003, pp. 202-206 ; 김정식, 『공학기술 윤리학』, 서울 : 인터비젼, 2004, pp. 170-171 등을 참고하여 재구성.

사실 새만금 간척사업은 1970년대 초, 식량확보 차원에서 서남해안 간척농지 개발 계획을 수립하면서부터 구상되었다. 그후 1980년대 중반부터 사업 타당성 조사, 환경영향 평가, 공유수면 매립 면허, 사업시행 인가 등 관련 절차를 거치면서 1991년 11월에 본격적으로 공사가 착수되었다. 그러나 사업계획 및 시행 초기 단계부터 여러 시민단체들이 사업의 경제성, 수질문제, 갯벌의 재생 가능성 등에 의문을 제시하며 공사 중단 등을 요구하였고, 2001년에 사업 취소를 요구하는 소송을 법원에 정식 제기하면서 법정분쟁으로 비화하였다. 특히 2003년 7월 법원이 방조제 공사 집행정지 가처분 신청을 받아들임에 따라 2년 이상 공사가 중단되는 상황을 맞이하기도 하였다. 그러다가 2006년 3월 대법원이 최종적으로 환경단체의 패소를 결정하여 그동안의 논란을 일단락지었다.

새만금 간척사업은 대법원의 결정에 의해 국가 정책적 사업으로 지속적으로 추진될 것이다. 그러나 사실 공학적 관점에서 볼 때 이 사업은 상당한 위험과 모험적인 요소를 포함하고 있다. 왜냐하면, 간척사업을 통해 새로운 토지가 형성되어 국토의 효율적 이용이 예상되지만, 반대로 막대한 환경파괴로 인한 생태계 피해, 특히 갯벌의 파괴가 우려되기 때문이다. 이러한 점에서 우리는 사업의 지속적 추진 결정에 문제가 없는지를 검토해 볼 필요가 있다.

새만금 간척사업에 찬성하는 사람들은 사업의 필요성과 환경보존을 위한 대안을 제시하며 사업의 지속 추진을 주장한다. 그들의 주장에 의하면 새만금 간첩사업은 식량안보를 위한 농경지 확보, 경제성장을 위한 공업용지 확보, 그리고 물류기지나 관광 레저타운 건설 등으로 지역경제의 성장에 크게 도움이 된다고 주장한다. 또한 그들은 새만금 간척사업은 미래의 물 부족을 대비하기 위한 수자원 확보차원에서 필요하며, 수질오염을 막기 위해 인공습지 건설, 금강호의 물 유입, 침전지 및 축산 분뇨처리 시설, 농경 시비량 감축 등을 시행할 것이며, 이러한 조치들을 통해 수질을 보존할 수 있다고 주장한다. 더 나아가 그들은 새만금 간척사업을 도중에 중단하는 것은 이미 투자된 재정을 낭비하는 것이고 정책에 대한 신뢰도를 저하시키기 때문에 지속적으로 이 사업을 추진하는 것이 타당하다고 주장한다.

한편, 새만금 간척사업에 반대하는 사람들은 위의 주장들을 반박한다. 즉 그들은 현재 우리나라는 기존의 농지도 다른 용도로 전용되고 있으며, 일손 부족이나 채산성 등을 이유로 휴경지가 증가하고 있다는 점을 고려해 볼 때 농업용지를 확보하는 것은 그리 시급한 문제가 아니라고 주장한다. 또한 그들은 시화호의 예를 볼 때 공사 후 수질오염이 되는 것은 당연한 일이며, 예산도 확보되지 않은 상태에서 수질오염 시설을 갖춘다는 것은 설득력이 떨어진다고 주장한다. 특히 대부분의 환경사고가 관리가 제대로 이루어지지 않아 발생하는 것인 만큼 새만금호의 경우도 관리가 제대로 되지 않아 오염될 것이라 주장한다. 또한 그들은 지금이라도 공사를 중단하고 관련자를 문책하는 것이 정부에 대한 신뢰도를 높일 것이며, 더 나아가 새만금호의 개발 이익이 낙후된 전라북도 주민들에게 돌아갈 가능성보다는 오히려 다른 지역의 경제력을 가진 개발업자들에게 돌아갈 가능성이 높다고 주장한다.

위와 같은 주장들이 대립하고 있는 상황에서 사업의 지속적인 추진이 결정되었다는 점에서 우리는 한 가지 교훈을 얻을 수 있다. 그것은 주요한 정책의 결정과정에 반드시 공학적 판단만이 작용하는 것은 아니라는 점이다. 즉 공학기술적 가능성이나 사업의 경제성, 그리고 환경에의 영향평가만으로 정책적 의사결정이 이루어지지 않는다는 점이다. 이 사업의 지속이 결정된 주요한 배경 중의 하나는 전라북도 도민들에 대한 정책적 고려이다. 전라북도의 인구는 1970년 230만 명을 넘던 인구가

1990년 200만 명, 2006년 12월 현재 188만 여 명으로 지속적으로 감소하고 있다. 이것은 많은 사람들이 생계를 위해 고향을 떠나고 있음을 의미한다. 또한 시도별 1인당 총생산에서도 전라북도는 하위권을 맴돌고 있다. 이러한 점들을 볼 때 전라북도 지역경제는 점점 낙후되고 있으며, 지역경제가 심각하게 불균형 상태에 놓여져 있음을 알 수 있다. 이러한 상황에서 지역경제의 활성화와 국토의 균형적 발전이라는 관점에서 새만금 사업의 지속적 추진이 결정되었다고도 할 수 있다.

생각해 볼 문제들

1. 내가 만일 챌린저 호 로켓 부스터의 오링에 결함이 있음을 알고 있는 보이스 졸리였다면 어떻게 행동해야 했을까?
2. 새만금 간척사업에 찬성하는 근거와 반대하는 근거를 조사해 보고, 그것의 지속 여부에 대해 토론해 보자.
3. 나의 전공분야와 관련된 사건 · 사고 사례를 찾아보고, 그 사례에서 얻을 수 있는 교훈을 추출해 보자.
4. 공학자에게 강한 윤리의식과 사회적 책임감이 요구되는 이유는 무엇인가?

더 읽어야 할 책들

1. 배원병 · 김종식 · 윤순현 · 임오강, 『공학 윤리』 서울 : 북스힐, 2006, 부록 Ⅱ.
2. 김 진 외 9인, 『공학윤리』, 서울 : 철학과 현실사, 2006.

참고문헌

김 진 외 9인, 『공학윤리』, 서울 : 철학과 현실사, 2003.
김경천, "챌린저 호 폭발사건," 대한기계학회, 『기계저널 42권 1호』, 2002.
김정식, 『공학 기술 윤리학』, 서울 : 인터비젼, 2004.
배원병 · 김종식 · 윤순현 · 임오강, 『공학 윤리』, 서울 : 북스힐, 2006.
앨리슨 래퍼, 노혜숙 역, 『앨리슨 래퍼이야기』, 서울 : 황금나침반, 2006.

http://cafe.daum.net/subwayburn/ (검색일 ; 2007. 06. 05).
http://goodking.new21.net (검색일 ; 2007, 05. 30).
http://sos.kfem.or.kr (검색일 2007. 06.05)
www.alisonlapper.com (검색일 ; 2007. 06. 05).
http://www.saemankum.go.kr/ (검색일 ; 2007. 06. 05).

저자 약력

■ 권혁길

서울교대 및 서울대 대학원(교육학박사)

충북대 국민윤리교육과 교수

『국가발전의 제 문제』,

"A Complex Systems Approach to Modeling for Analyzing the Revolutions" 외 다수

■ 김대용

연세대 및 동 대학원(교육학박사)

충북대 국민윤리교육과 교수

"도덕 교과서에 나타난 성 윤리의 문제,"

"급변하는 한국사회와 교육체제의 개혁" 외 다수

■ 김연숙

충북대 및 서울대 대학원(교육학박사)

충북대 국민윤리교육과 조교수

『레비나스 타자윤리학』,

"레비나스의 평화윤리 연구" 외 다수

■ 김용환

서울대 및 동 대학원(철학박사)

충북대 국민윤리교육과 교수

『만다라-깨달음의 영성세계』,

『현대사회와 윤리담론』 외 다수

■ 조일수
서울대 및 동 대학원(교육학박사)
충북대 국민윤리교육과 조교수
"사이버 공간에서의 새로운 민주시민성에 대한 고찰,"
"정보화 시대의 민주주의 모델에 대한 시론적 연구" 외 다수

■ 조태훈
연세대 및 동 대학원(철학박사)
충북대 국민윤리교육과 교수
『자아와 사회의 변증법』,
『데카르트』 외 다수

공학윤리

초판1쇄 / 2007년 8월 30일
2쇄 / 2008년 7월 20일

지은이 **권혁길, 김대용, 김연숙**
김용환, 조일수, 조태훈
펴낸이 **여국동**
펴낸곳 **도서출판 인간사랑**
인 쇄 **백왕인쇄**
제 본 **은정제책사**

출판등록 1983. 1. 26. / 제일 3호

(411- 815) 경기도 고양시 일산구 백석동 1178-1
TEL (031)901-8144, 907-2003
FAX (031)905-5815
e-mail/igsr@yahoo.co.kr / igsr@naver.com

정가 19,000원
ISBN 978-89-7418-227-4 93190